高等学校应用型特色规划教材

Visual C# .NET 程序设计与应用开发

(第 2 版)

郑广成　沈蕴梅　虞　勤　主　编
顾蓬蓬　沈　晔　戴锐青　副主编

清华大学出版社
北　京

内 容 简 介

C#作为.NET 框架中的主流编程语言，深受专业爱好者和从业人员的青睐。本书采用理论知识与实例操作相结合的方式，由浅入深、循序渐进地介绍 Visual C#编程语言的相关知识。包括面向对象编程知识，以及基于数据库的 Windows 应用程序开发知识。最后给出一个综合性的实战项目，全面讲述以数据库为基础的应用系统的开发全过程。

本书学以致用，注重能力，以"基础理论→实用技术→实训"为主线编写，在讲解技术方法的过程中贯穿实例，在实训项目中巩固技术方法。课后附有习题，且每一章都设置了"案例实训"，使读者能够掌握该章的重点及提高实际操作能力。

本书还将提供配套教学课件和各单元的源代码程序，以供读者参考。本书既可作为大中专院校的教材，也可作为各类培训班的培训教程。

本书封面贴有清华大学出版社防伪标签，无标签者不得销售。
版权所有，侵权必究。侵权举报电话：010-62782989 13701121933

图书在版编目(CIP)数据

Visual C# .NET 程序设计与应用开发/郑广成，沈蕴梅，虞勤主编. —2 版. —北京：清华大学出版社，2014(2019.12重印)
（高等学校应用型特色规划教材）
ISBN 978-7-302-35468-0

Ⅰ. ①V… Ⅱ. ①郑… ②沈… ③虞… Ⅲ. ①C 语言—程序设计—高等学校—教材 Ⅳ. ①TP312

中国版本图书馆 CIP 数据核字(2014)第 023015 号

责任编辑：章忆文
封面设计：杨玉兰
责任校对：周剑云
责任印制：刘海龙

出版发行：清华大学出版社
　　网　　址：http://www.tup.com.cn, http://www.wqbook.com
　　地　　址：北京清华大学学研大厦 A 座　　邮　　编：100084
　　社 总 机：010-62770175　　邮　　购：010-62786544
　　投稿与读者服务：010-62776969, c-service@tup.tsinghua.edu.cn
　　质量反馈：010-62772015, zhiliang@tup.tsinghua.edu.cn
　　课件下载：http://www.tup.com.cn, 010-62791865

印 装 者：北京密云胶印厂
经　　销：全国新华书店
开　　本：185mm×260mm　　印　张：20.75　　字　数：503 千字
版　　次：2008 年 5 月第 1 版　2014 年 3 月第 2 版　印　次：2019 年 12 月第 5 次印刷
定　　价：49.00 元

产品编号：051847-02

前　　言

　　Visual Studio .NET 已成为面向对象程序开发的主流平台，它可以开发 Windows 应用程序、Web 应用程序、嵌入式软件应用程序、游戏程序等各种软件，深受广大专业人士和学习者的青睐。

　　本书主要介绍 Visual C# 2012 编程的基础知识，共分为 15 章，包括 Visual C#简介、变量与表达式、流程控制、数组与字符串、函数字段与属性、面向对象编程、绘图、程序部署与调试、ASP.NET、综合训练等内容，内容编排由浅入深，并采用理论知识结合实例操作的方式进行详尽的讲解，本书的主要内容如下。

　　第 1 章：介绍.NET 框架，并且对 C#语言的特点进行描述。

　　第 2 章：介绍 C#应用程序的基础知识。包括变量、数据类型、表达式，以及变量的声明、使用方法和注意事项等。

　　第 3 章：介绍选择结构、循环结构的设计。

　　第 4 章：介绍数组和字符串处理的基础知识。

　　第 5 章：介绍函数的定义、使用，以及几种参数传递的不同和注意事项，还将介绍属性和字段的概念及使用方法。

　　第 6 章：介绍程序调试的方法，以及常见的几种调试方法的演示。

　　第 7 章：介绍面向对象编程思想在 Visual C#中的应用，并依次讲解类与对象的建立，构造函数、析构函数，以及继承、多态、代理等面向对象编程常用的手段。

　　第 8 章：介绍 Windows 应用程序常用的控件及其相关的属性、方法和事件。

　　第 9 章：介绍 ADO.NET 向用户提供的数据集、数据适配器、数据连接、Windows 窗体等组件。

　　第 10 章：介绍 System.Drawing 命名空间中的一些类，介绍颜色的设置以及 GDI+中的坐标的分类以及 GDI+中的几种绘图对象。

　　第 11 章：介绍 ASP.NET 的特点以及 IIS 的安装，这些内容都是学习 ASP.NET 编程之前的前期工作。

　　第 12 章：介绍如何通过 File 类和 Directory 类进行目录和文件的操作，以及如何采用 StreamReader、StreamWriter、BinaryReader、BinaryWriter 类进行文本模式和二进制模式的文件读写操作。

　　第 13 章：介绍多项目操作以及 MDI 开发环境项目编程技术。

　　第 14 章：介绍 Windows 应用程序的部署方法，训练程序项目的应用程序制作技术。

　　第 15 章：通过一个综合实训项目，从软件工程的角度进行设计与开发。

本书由郑广成、沈蕴梅、虞勤担任主编，顾蓬蓬、沈晔、戴锐青担任副主编，郑广成负责统稿。此外，参与本书编写的还有王珊珊、周海霞、卢振侠、石雅琴、陈海燕、缪静文、马新兵、何光明、钱妍池、赵梅、周汉、崔丹、冯勇、韩雪等。作为学习 Visual C# 2012 的一本实用的书籍，作者充分考虑了读者的习惯，在讲解理论知识的过程中插入了适当的实例，让读者能轻松、快速地进入 Visual C# 2012 编程世界。

本书适合以应用能力为本位的高职高专、应用型本科的教学训练要求。由于编者水平有限，书中难免有错误和疏漏之处，敬请广大读者批评指正。

目 录

第 1 章 Visual C#简介 1
1.1 .NET Framework 4.5 介绍 1
1.2 Visual C#介绍 3
1.2.1 Visual C#的由来 3
1.2.2 C# 4.5 新增的功能 4
1.3 Visual C#语言的特点 5
1.3.1 简洁的语法 5
1.3.2 精细的面向对象设计架构 5
1.3.3 与 Web 紧密结合 6
1.3.4 完善的安全性与错误处理 6
1.3.5 灵活的版本处理技术 6
1.3.6 更好的灵活性和兼容性 7
1.4 VS2012 开发环境介绍 7
1.4.1 VS2012 的界面 7
1.4.2 菜单栏 8
1.4.3 标题栏 9
1.4.4 工具栏按钮 9
1.4.5 代码和文本编辑器 10
1.4.6 类视图窗口和解决方案资源管理器 11
1.4.7 属性窗口 12
1.5 案例实训 13
1.6 小结 18
1.7 习题 18

第 2 章 变量与表达式 19
2.1 变量 19
2.1.1 变量的声明 19
2.1.2 变量的命名 20
2.1.3 变量的种类、赋值 21
2.1.4 变量类型之间的转换 26
2.2 常量 28
2.3 表达式 29
2.3.1 算术运算符 30
2.3.2 赋值运算符 31
2.3.3 运算符的优先级 32
2.4 数据类型 33
2.4.1 值类型 33
2.4.2 引用类型 37
2.5 案例实训 37
2.6 小结 39
2.7 习题 39

第 3 章 流程控制 40
3.1 选择结构控制语句 40
3.1.1 三元运算符 40
3.1.2 if 语句 42
3.1.3 switch 语句 45
3.2 循环结构 48
3.2.1 while 循环 48
3.2.2 do 循环 49
3.2.3 for 循环 50
3.2.4 foreach 语句 51
3.2.5 死循环 52
3.3 跳转语句在循环体中的作用 52
3.3.1 break 和 continue 语句 52
3.3.2 goto 语句 53
3.3.3 return 语句 54
3.4 案例实训 54
3.5 小结 56
3.6 习题 56

第 4 章 数组与字符串 58
4.1 一维数组 58
4.2 多维数组与交错数组 59
4.3 String 类 61
4.4 HashTable 61
4.4.1 HashTable 简述 61
4.4.2 HashTable 的简单操作 62
4.4.3 遍历 HashTable 62

	4.4.4 对 HashTable 进行排序 63
4.5	字符与字符串 63
	4.5.1 字符串的声明和初始化 63
	4.5.2 字符串的处理 64
4.6	案例实训 67
4.7	小结 68
4.8	习题 68

第 5 章 函数、字段和属性 70

5.1	函数的定义和使用 70
5.2	函数参数的传递方式 74
	5.2.1 值参数 74
	5.2.2 引用型参数 76
	5.2.3 输出参数 77
	5.2.4 数组型参数 78
	5.2.5 参数的匹配 79
5.3	区块变量与字段成员 79
	5.3.1 区块变量 79
	5.3.2 字段成员 80
5.4	运算符重载 80
	5.4.1 一元运算符重载 80
	5.4.2 二元运算符重载 82
	5.4.3 比较运算符重载 83
5.5	Main()函数 83
5.6	字段 85
5.7	属性 86
5.8	案例实训 87
5.9	小结 89
5.10	习题 90

第 6 章 程序调试与异常处理 91

6.1	程序调试和调试方法 91
6.2	异常处理 93
	6.2.1 异常处理的注意事项 93
	6.2.2 异常处理中使用的语句 94
6.3	抛出异常 98
6.4	案例实训 100
6.5	小结 100
6.6	习题 101

第 7 章 面向对象编程技术 102

7.1	面向对象编程的基本思想 102
7.2	类与对象的建立 104
7.3	构造函数和析构函数 105
	7.3.1 构造函数 105
	7.3.2 析构函数 107
7.4	继承与多态 109
	7.4.1 继承 109
	7.4.2 多态 111
	7.4.3 抽象与密封 113
7.5	接口 117
	7.5.1 接口的声明以及实现 118
	7.5.2 通过使用 is 实现查询 119
	7.5.3 通过使用 as 实现查询 120
7.6	代理(delegate) 121
7.7	案例实训 122
7.8	小结 125
7.9	习题 125

第 8 章 常见窗体控件的使用 127

8.1	Windows 控件 127
	8.1.1 Windows 窗体 127
	8.1.2 控件的公有属性、事件和方法 129
	8.1.3 Button 控件 133
	8.1.4 TextBox 控件 136
	8.1.5 RadioButton 控件和 CheckBox 控件 138
	8.1.6 ListBox 控件 141
	8.1.7 ComboBox 控件 142
	8.1.8 ListView 控件 146
	8.1.9 ToolStrip 控件 149
	8.1.10 StatusStrip 控件 150
	8.1.11 MenuStrip 控件 152
8.2	用户自定义控件 154
	8.2.1 用户自定义控件概述 154
	8.2.2 定制控件示例 155
8.3	案例实训 161
8.4	小结 163

| 8.5 | 习题 | 163 |

第 9 章 使用 ADO.NET 访问数据库 165

9.1	ADO.NET 类和对象概述	165
	9.1.1 ADO.NET	165
	9.1.2 .NET 框架数据提供程序	166
	9.1.3 DataSet	174
9.2	ADO.NET 基本数据库编程	178
	9.2.1 连接数据库	178
	9.2.2 插入新的数据记录	179
	9.2.3 删除数据记录	180
	9.2.4 修改数据记录	181
9.3	ADO.NET 与 XML	182
	9.3.1 了解 ADO.NET 和 XML	182
	9.3.2 DataSet 对象对 XML 的支持	183
9.4	案例实训	185
9.5	小结	189
9.6	习题	189

第 10 章 GDI 绘图技术 191

10.1	GDI+简介	191
	10.1.1 GDI+新增功能的介绍	191
	10.1.2 GDI+的工作机制	192
10.2	颜色与坐标	193
	10.2.1 GDI+的颜色设置	193
	10.2.2 GDI+中的坐标空间	194
10.3	绘图对象的介绍	195
	10.3.1 Graphics 对象	196
	10.3.2 Pen 对象	196
	10.3.3 Brush 对象	197
10.4	案例实训	198
10.5	小结	200
10.6	习题	200

第 11 章 Web 应用程序基础 201

11.1	ASP.NET 的特点	201
11.2	IIS 的安装以及虚拟目录的设置	202
	11.2.1 IIS 的安装	202
	11.2.2 ASP.NET 虚拟目录的设置	203
11.3	ASP.NET 对象简介	206
	11.3.1 Request 对象	206
	11.3.2 Page 对象	209
	11.3.3 Application 对象	212
	11.3.4 Session 对象	214
	11.3.5 Response 对象	215
	11.3.6 Server 对象	217
	11.3.7 使用对象来保存数据	218
11.4	ASP.NET 控件简介	219
	11.4.1 HTML 服务器控件	220
	11.4.2 Web 服务器控件	221
	11.4.3 输入验证控件	222
11.5	案例实训	223
11.6	小结	230
11.7	习题	231

第 12 章 文件操作 232

12.1	文件和目录	232
	12.1.1 目录操作	232
	12.1.2 DirectoryInfo 对象的创建	235
	12.1.3 文件操作	236
12.2	数据的读取和写入	241
	12.2.1 按文本模式读写	241
	12.2.2 按二进制模式读写	245
12.3	异步文件操作	247
12.4	案例实训	248
12.5	小结	251
12.6	习题	251

第 13 章 综合 WinForm 程序设计与开发 252

13.1	Visual Studio 2012 中的方案与项目	252
13.2	组装式应用程序设计	253
13.3	MDI 开发环境	263
13.4	应用程序间的调用	265
13.5	案例实训	266
13.6	小结	273
13.7	习题	273

第 14 章 Windows 窗口应用程序的部署 274

- 14.1 窗口应用程序的部署 274
- 14.2 窗口应用程序的安装 285
- 14.3 远程安装 Windows 窗口应用程序 287
- 14.4 小结 290
- 14.5 习题 290

第 15 章 项目实践 291

- 15.1 软件的生存周期 291
  - 15.1.1 软件定义阶段 291
  - 15.1.2 软件开发阶段 291
  - 15.1.3 软件运行维护阶段 292
- 15.2 图书馆管理信息系统 292
  - 15.2.1 系统总体设计 292
  - 15.2.2 系统数据库设计 293
  - 15.2.3 系统主界面设计 295
  - 15.2.4 用户登录和添加 296
  - 15.2.5 图书信息管理 307
  - 15.2.6 借阅信息管理 317
  - 15.2.7 系统方案设计方法及配置 321
- 15.3 小结 322

参考文献 323

第 1 章　Visual C#简介

本章要点

- .NET Framework 4.5 介绍
- Visual C#程序设计语言的优点
- Visual Studio 2012 开发平台的展示

本章主要是对 C#语言基础知识的介绍，其中包括 C#特点的介绍，以及 Visual Studio 开发环境的介绍。最后将给出一个简单的示例，初步熟悉窗体应用程序的编写方法。

1.1　.NET Framework 4.5 介绍

目前，.NET 框架的主流版本是 4.5，.NET 框架是微软为开发应用程序而创建的一个富有革命性的平台。.NET 框架发布的第一个版本是运行在 Windows 操作系统上的，以后随着技术的成熟和更新，其他操作系统，如 Linux、FreeBSD，甚至个人数字助理(PDA)类设备，都将有运行在其上的.NET 框架版本。

.NET 框架是.NET 的核心部分。.NET 应用程序运行时，所需的所有核心服务都是由.NET 框架提供的。.NET 框架的核心是公共语言运行时(CLR)，另外还包括了.NET 框架类库。

在.NET 框架中，CLR 是一个公共语言运行环境。它为.NET 应用程序运行提供了各种必要的服务。所有符合公共语言规范的语言——包括 Microsoft Visual Basic、Microsoft Visual C++和其他微软的编程语言，以及针对.NET 平台推出的第三方语言，都可以使用这些服务。公共语言运行时解决了语言的集成问题。在逐渐以网络计算为重点的今天，公共语言运行时显得尤为重要。

.NET 框架从底层的内存管理和构件装载一直到前端的用户界面，在各个层次上为用户提供了所有可能的支持。图 1.1 中给出了.NET 框架的主要组成部分。

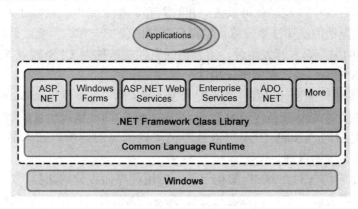

图 1.1　.NET 框架的组成

.NET 框架的最底层是公共语言运行时 CLR。它是.NET 框架的核心，也是其关键的功能引擎。CLR 为所有语言和环境提供了一个通用基础，使得跨语言集成成为可能。CLR 还负责内存的分配和管理、代码的即时编译、代码的装载、对象的引用计数，以及垃圾回收等操作。

CLR 之上是.NET 框架的基本类库(Base Class Library，BCL)。BCL 实现了运行时的各种功能，并通过各种命名空间为开发者提供了所需的各种高级服务。例如，Collections 命名空间包括了链表、哈希表等集合类型；System.IO 命名空间包含了输入/输出服务；BCL 是.NET 语言共享的标准类库，任何遵从.NET 规范的编程语言都可以使用它，这些服务都在.NET 框架的控制之下，为所有的语言提供了统一的类库支持。

ADO.NET 中主要使用 DataSet(数据集)在内存中处理数据。在 DataSet 中，数据表格可以单独存放，也可以通过 DataRelation 对象在表格之间建立关联，包括一对多、多对多、甚至是同一表格的自我关联(同一表格的外键关联到同一表格的主键)，大大增加了数据处理的灵活性，再加上 DataSet 中的所有数据都是离线的，也就是说，数据是直接存储在内存中的，因此可以降低后台 DBMS(数据库管理系统)的负担，特别适合用在 Web 数据库应用程序的开发上。

除了使用数据库的存取方式进行数据处理外，.NET 上还支持 XML 文档的操作，通过 XmlDataDocument 类就可以进行 XML 文档的存取。而要使用这个类，就应该添加对命名空间 System.Xml 的引用。

.NET 依旧支持对 Windows 应用程序的开发，以前我们在 Visual Basic 中经常使用的 ActiveX 控件，现在则由基类库中的 System.Windows.Forms 命名空间下的类取代(当然 ActiveX 控件还可以继续沿用)。新一代的 Web 应用程序开发则使用了 ASP.NET 技术，相比于原来的 ASP，它延续了容易使用的优点，而且对其进行了改进。

ASP.NET 在 2001 年由微软公司推出，在结构上，与前面的版本相比大不相同，几乎完全是基于组件和模块化的。Web 应用程序的开发人员使用这个开发环境，可以实现更加模块化的、功能更加强大的应用程序。

要使各种不同的程序语言在同一个软件平台上运行，这看起来有点不可思议。.NET 框架就实现了这个看似无解的难题。通用语言规范(Common Language Specification，CLS)包含了函数(类的方法)调用方式、参数传递方式、数据类型、异常处理方式等规则，任何编程语言只要符合这个规范，就可以彼此相容共存、相安无事。就好比人们不论是如何赚钱的，只要符合当地的法律法规，就可以得到法律的保护一样。因此，只要遵循 CLS 和只使用 CLS 兼容的编程语言开发组件，所获得的组件就被称为 CLS 兼容的组件，就可以保证其他支持 CLS 的编程语言都能够使用这个组件。

.NET 支持多种程序设计语言，常见的有 Visual C#、Visual C++、Visual Basic、Visual J#等。.NET 架构至少默认支持 Visual Basic 和 Visual C#两种编程语言。

本书主要是面向 Visual C#编程语言的使用者编写的，所以在本书的内容中，只对 Visual C#内容做详细的讲解。

Visual C#是专门针对在.NET 架构上开发应用程序而设计的新型程序设计语言，就程序语法来说，有点类似于 C++，或者说更像 Java。因此有着易用、灵活性大的特点，拥有完整的面向对象支持，是.NET 平台上最常用的语言之一。

1.2 Visual C#介绍

1.2.1 Visual C#的由来

最近 20 年，C 和 C++一直被商用软件开发者普遍使用。C#的出现，为开发者提供了一个快速建立应用程序的开发平台。微软对 C#的定义是"一种类型安全、现代、简单、由 C 和 C++衍生出来的面向对象的编程语言，它是牢牢植根于 C 和 C++语言之上的，并可立即被 C 和 C++的使用者所熟悉。Visual C#的目的就是综合 Visual Basic 的高生产率和 C++的行动力"。

Visual C#是一种强大的语言，在 C++中能完成的任务利用 Visual C#也能完成。但在 Visual C#中，与 C++比较高级的功能等价的功能(例如直接访问和处理系统内存)，只能在标记为"不安全"的代码中使用。这种高级编程技术是非常危险的，因为它可能覆盖系统中重要的内存块，导致严重的后果。因此本书将不讨论这方面的特殊内容。

过去，人们改进、开发了许多语言，以提高软件生产的效率。但是这些或多或少都以牺牲 C 和 C++程序员所需要的灵活性为代价。这样的解决方案给程序员套上了太多的枷锁，限制了他们能力的发挥，且无法很好地与原有的系统兼容。更为头痛的是，那些语言并不总是与当前的 Web 应用结合得很好。

理想的解决方案是将快速的应用开发与对底层平台所有功能的访问紧密结合在一起。程序员们需要一种环境：它与 Web 标准完全同步，并且具备与现存程序方便地进行集成的能力。除此之外，程序员们希望这种开发环境允许自己在需要时使用底层代码。

针对该问题，微软的解决方案就是推出了 Visual C#，它是一种现代的、面向对象的程序开发语言，它使得程序员能够在新的微软.NET 平台上快速开发种类丰富的应用程序。.NET 平台提供了大量的工具和服务，能够最大限度地发掘和使用计算及通信能力。

由于其一流的面向对象的设计，从构建组件形式的高层商业对象，到构建系统级应用程序，我们都会发现，Visual C#将是最合适的选择。

使用 Visual C#语言设计的组件能够用于 Web 服务，这样通过 Internet，就可以被运行于任何操作系统上的任何编程语言所调用。

任何面向对象语言的核心在于支持对类的定义和处理。类定义了新的类型，可以扩展语言，以创造更适合于解决具体问题的模型。Visual C#中有声明新的类及其方法和性质的关键字，含有对实现面向对象编程的三大支柱封装、继承和多态的支持。

在 Visual C#中，与类的定义有关的一切都可在声明本身中找到，C#的类定义并不需要独立的头文件或 IDL(接口定义语言)文件。而且，Visual C#支持新的 XML 风格的内嵌文档，大大简化了软件的在线和印刷参考文档的制作工作。

Visual C#还支持接口(Interface)，一种与其所指定的服务的类订立合同(Contract)的方式。在 Visual C#中，类只能从一个父类继承，但可以实现多个接口。在实现接口时，C#类实际上也承诺了要提供接口所规定的功能。

Visual C#还提供了对结构体(Struct)的支持，但此概念的含义与 C++有显著的不同。在 C#中，结构体是有严格限制的轻量级类型，实例化时，比传统的类对操作系统和内存的需求都小得多。结构体不能从类继承，也不能被类继承，但它可以实现接口。

Visual C#提供了面向组件的特性，如属性(Property)、方法、事件和称为特性信息(Attribute)的声明性结构。面向组件编程是通过 CLR 将元数据(Metadata)与类的代码一起保存而实现的。元数据负责描述类，包括其方法和性质，以及安全要求和其他属性信息，如是否可以序列化(Serialize)；代码则包含执行功能所必需的逻辑流程。因此已编译的类是自成一体的独立单位。这样宿主环境只需能够识别类的元数据和代码，无需其他信息(如类的注册信息)，就可以使用它。使用 Visual C#和 CLR，可以通过自定义特性信息来给类添加自定义元数据。同样也可以用支持反射的 CLR 类型阅读类的元数据。

程序集(Assembly)是文件的集合，对编程人员而言，就是 DLL 或者 EXE 文件。在.NET 中，程序集是重用、版本协调、安全性和部署的基本单位。CLR 提供了大量处理程序集的类。

使用 Visual C#开发应用程序比使用 C++更简单，因为 C#的语法更简单、Visual Studio 2012 平台的可视化功能更加直观，编辑方法更加灵活和方便。如前所述，Visual C#还支持使用 C++式的指针和关键字直接访问内存，不过这种操作都被归入不安全的范畴，并且会警告 CLR 无法使用内存回收器，在指针所引用的对象被释放前不进行回收。

1.2.2　C# 4.5 新增的功能

C# 4.5 新增的功能主要体现在如下一些方面。

(1) 异步读取和写入 HTTP 请求和响应：ASP.NET 4.5 可以异步读取、编写并刷新流。此异步性可以将增量数据发送到客户端，而不必占用操作系统线程。

(2) 当"请求验证"启用时，对读取 unvalidated 请求数据提供支持：ASP.NET 4.5 提供用于读取 unvalidated 请求数据的支持，以便允许用户选定字段或页的标记。

(3) 为 WebSockets 协议提供支持：在新 System.Web.WebSockets 命名空间中的方法提供 WebSockets 协议支持，可让我们读取和写入字符串及二进制数据。

(4) 客户端脚本的绑定和缩减：ASP.NET 4.5 通过合并，能更快加载不同的 JavaScript 文件绑定(通过移除不必要的字符减少 JavaScript 和 CSS 文件的大小)。

(5) 对于异步模块和处理程序支持：新 async 和 await 关键字可以方便地编写异步 HTTP 模块和异步 HTTP 处理程序。以异步开发的更新包括如下几个。

- ClientDisconnectedToken：异步通知应用程序的 CancellationToken。
- TimedOutToken：异步通知应用程序的请求超时时的 CancellationToken。
- ThreadAbortOnTimeout：如果希望应用程序控制计时请求行为，应将此特性设置为 false。
- Abort：使用此方法在应用程序中强制停止请求的基础 TCP 连接。

(6) 集成反 XSS 编码例程：反 XSS(脚本的跨站点)核心编码例程集成于 ASP.NET 4.5 之中。这些实例仅使用过去提供的外部库。

(7) 为 OAuth 和 OpenID 提供支持：OAuth 和 OpenID 可以创建允许用户登录其他站点的凭据，包括 Google、雅虎、Facebook 和 Windows Live 的站点。

1.3 Visual C#语言的特点

Visual C#语言的特点可以归结为以下几种：
- 简洁的语法。
- 精细的面向对象设计架构。
- 与 Web 紧密结合。
- 完善的安全性与错误处理。
- 灵活的版本处理技术。
- 更好的灵活性与兼容性。

1.3.1 简洁的语法

在默认的情况下，Visual C#的代码在.NET 框架提供的"可操控"环境下运行，不允许直接内存操作。这与 C++不同，C++中会出现大量的"->"、"::"操作符，这些在 Visual C#中已经不再出现，Visual C#只支持"."操作符，对于我们来说，现在需要理解的仅仅是名称嵌套而已。

语法的冗余是 C++常见的问题，比如"Const"和"#Define"、各种各样的字符类型等。Visual C#对此做了简化，只保留了常见的形式，而别的冗余形式已经从它的语法结构中清除出去。

1.3.2 精细的面向对象设计架构

面向对象的话题从 Smalltalk 开始就缠绕着任何一种现代程序设计语言，众多开发人员也越来越沉浸于面向对象编程思想给编程人员带来的便利以及给人们带来的快乐。

Visual C#语言具有面向对象语言所应有的一切特性：封装、继承、多态，这是很正常的。然而，通过精细的面向对象设计架构，对于高级商业目标和系统级应用来说，Visual C#已经成为建造各种组件的最佳选择。

Visual C#的类型系统可分为值类型和引用类型，引用类型是对象，值类型可通过一个叫作"装箱与拆箱"的机制来完成与引用类型之间的转换操作，这在以后的章节中将会进行更为详细的介绍。

Visual C#中只允许单继承，即每个类只允许有一个父类(亦称基类)，从而避免了类型定义的混乱。同时，Visual C#不存在全局函数、全局变量，也不存在全局常数。所有的东西都必须封装在类之中，这样做的好处是，代码将有更好的可读性，并且命名冲突的问题也迎刃而解。

整个 Visual C#的类模型是建立在.NET 虚拟对象系统(Visual Object System，VOS)的基础之上的，其对象模型是.NET 基础架构的一部分，而不再是其本身的组成部分。

1.3.3 与 Web 紧密结合

Web 编程是当今编程的一大趋势和潮流，在.NET 中，新的程序开发模型越来越多地需要与 Web 标准相结合、相统一。例如使用超文本标记语言(Hypertext Markup Language，HTML)和 XML。由于历史的原因，现存的一些开发工具不能与 Web 紧密地结合。SOAP 的使用使得 Visual C# .NET 克服了这一缺陷，大规模深层次的分布式开发从此成为可能。

由于有了 Web 服务框架的帮助，对于程序员来说，网络服务看起来就像是 C#的本地对象。程序员们能够方便地为 Web 服务，并允许服务通过 Internet 被运行在操作系统上的任何语言调用。举例说，XML 已经成为网络中结构化数据传送的标准，为了提高效率，Visual C#允许直接将 XML 数据映射为结构，这样就可以有效地处理各种数据了。

1.3.4 完善的安全性与错误处理

语言的安全性和处理错误的能力，是衡量一种语言是否优秀的重要依据。任何人都会犯错误，即使是最熟练的程序员也不例外：忘记变量的初始化，对不属于自己管理范围的内存空间进行修改等。这些错误常常产生难以预见的后果。一旦这样的软件被投入使用，寻找与改正这些简单错误的代价也是让人难以忍受的。Visual C#的先进设计思想可以消除软件开发中的许多常见错误，并提供了包括类型安全在内的完整的安全性能。为了减少开发中的错误，Visual C#会帮助开发者通过更少的代码完成相同的功能，这不但减轻了编程人员的工作量，同时更有效地避免了错误的发生。

.NET 运行库提供了代码访问安全特性，它允许管理员和用户根据代码的 ID 来配置安全等级。当应用程序执行时，运行库将自动对它进行计算，然后给它一个权限集。根据应用程序获得的权限不同，应用程序或者正常运行，或者发生安全性异常，计算机上的本地安全设置最终决定代码所收到的权限。内存管理中的垃圾收集机制减轻了开发人员对内存管理的负担。.NET 平台提供的垃圾收集器(Garbage Collection，GC)将负责资源的释放和对象撤消时的内存清理工作。

变量是类型安全的。Visual C#中不能使用未初始化的变量，对象的成员变量由编译器负责将其置为 0，当局部变量未经初始化而被使用时，编译器将做出提醒；Visual C#不支持不安全的指针，不能将整数指向引用类型，例如对象，当进行向下转型时，Visual C#将自动验证转型的有效性；Visual C#中提供了边界检查和溢出检查功能。

1.3.5 灵活的版本处理技术

Visual C#中提供内置的版本支持来减少开发成本，使用 Visual C#将会使开发人员能够更加轻易地开发和维护各种商业应用。

升级软件系统中的组件(模块)是一件容易产生错误的工作。在代码修改过程中，可能对现存的软件产生影响，很有可能导致程序崩溃。为了帮助开发人员处理这些问题，Visual C#在语言中内置了版本控制功能。例如，函数重载必须被显式地声明，而不会像在 C++或者 Java 中经常发生的那样意外地被使用，这可以防止代码级错误和保留版本化的特性。另一个相关的特性是对接口和接口继承的支持。这些特性可以保证复杂的软件能够被方便地开发和升级。

1.3.6 更好的灵活性和兼容性

在简化语法的同时，Visual C#并没有失去灵活性，尽管它不是一种无所不能的语言。比如，它不能用来开发硬件驱动程序，在默认的状态下没有指针等，但是，在学习过程中我们将发现，它仍然是那样的灵巧。

如果需要，Visual C#允许我们将某些类或者类的某些方法声明为非安全的，这样一来，我们将能够使用指针，并且调用这些非安全的代码不会带来任何其他的问题。此外，它还提供了代理(Delegate)来模拟指针的功能。又比如说，Visual C#不能支持类对多个类的继承，但是可以通过对多个接口的继承，来实现这一功能。

正是由于其灵活性，C#允许与 C 风格的需要传递指针型参数的 API 进行交互操作，DLL 的任何入口点都可以在程序中进行访问。Visual C#遵守.NET 公用语言规范(Common Language Specification，CLS)，从而保证了 Visual C#与其他语言组件间的互操作性。元数据(Metadata)概念的引入，既保证了兼容性，又实现了类型安全。

1.4 VS2012 开发环境介绍

1.4.1 VS2012 的界面

启动 Visual Studio 2012(简称 VS2012)，进入其集成开发环境，用户首先将可以看见如图 1.2 所示的界面窗口，这个界面窗口中包含进行 C#程序开发的基本工具。

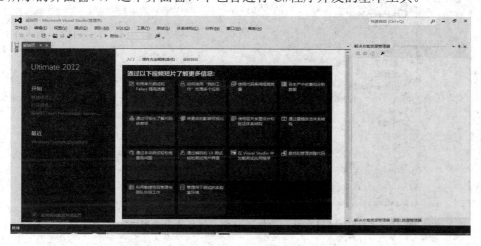

图 1.2　Visual Studio 2012(Visual C#的界面)

从界面窗口中，可以看到菜单栏、工具栏按钮、标题栏、类视图、解决方案资源管理器、属性视图窗口、代码编辑窗口。

可以单击"创建"按钮，进行新项目的创建；同样，我们也可以单击"打开"按钮，从目录中寻找我们已经写好的程序。Visual C#的初始界面上也会显示最近 6 个我们曾经打开的程序，这很方便用户的操作。

1.4.2 菜单栏

菜单栏中列出了 C#开发环境的各个主菜单项，单击某个菜单项，便会显示出下拉菜单中的各个命令项。单击某个命令，就可以完成相应的操作。

(1) C#菜单中的命令可以分为 4 类：普通命令、带有快捷键的命令、带有子菜单的命令和可弹出对话框的命令。下面分别介绍这几种命令的使用方法。

- 普通菜单命令：普通菜单命令的选用只需直接在下拉菜单上单击命令或键入命令中带有下划线的字母即可。如"生成"菜单中的"重新生成解决方案"菜单项、"窗口"菜单中的"隐藏"菜单项都属于普通菜单命令。
- 带有快捷键的命令：快捷键亦称热键，要选用该命令，除了用第一种方法之外，还可以直接按下快捷键。例如针对"编辑"菜单中的"复制"命令，直接按 **Ctrl+C** 组合键即可，方法为先按住 **Ctrl** 键，然后再按住 **C** 键。用户应该多记住些快捷键，以节省操作时间。
- 可弹出对话框的命令：这类命令后面都带有 3 个小圆点的省略符号，如"项目"菜单中的"添加现有项…"命令，以及通过"文件"→"新建"菜单可以展开的"项目…"、"文件…"、"网站…"等命令，单击这种命令，就会弹出一个对话框。如图 1.3 所示为选择"项目"→"添加现有项…"菜单命令后弹出的对话框。

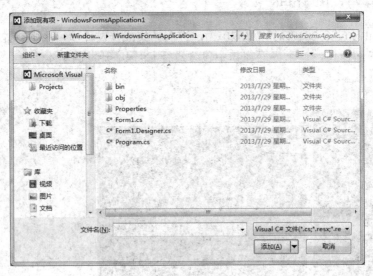

图 1.3 选择"项目"→"添加现有项…"菜单命令后弹出的对话框

- 带有子菜单的命令：C#的菜单命令中带有子菜单的命令很多，这些命令的最后都有一个向右的黑三角，表明有子菜单。如"文件"菜单中的"新建"、"打开"、"添加"等。

(2) C#主菜单为用户提供了开发、调试以及管理应用程序的各个功能和工具。

- 文件：包含用于打开、保存、新建应用程序文件的各种命令。

- 编辑：包含编辑应用程序代码和窗体上各个组件的各种命令，例如删除、粘贴以及撤消、重做等。
- 视图：包含用于编辑视图、控制各个视图窗口是否显示等的命令。
- 项目：用于管理项目的文件、编译项目和进行项目设置。
- 生成：用于生成解决方案。
- 调试：用于调试和运行程序。
- 团队：用于连接到 Team Foundation Server。
- SQL：用于新建查询命令等。
- 格式：用于控件的格式设置。
- 工具：用于设置 C#环境并提供一些 C#外挂的工具。
- 测试：用于调试运行。
- 体系结构：用于新建生成关系图。
- 分析：用于启动、比较性能分析。
- 窗口：用于进行窗口的管理。
- 帮助：用于寻求 C#帮助、查询关键字，包含.NET 的说明文件。

1.4.3　标题栏

在所有窗口的最顶端，有一个蓝色的水平长条，这个蓝色条就是我们所说的标题栏。在标题栏上分别包含了 C#开发的项目名和当前打开的文件名。在标题栏的最右侧有最小化、最大化和关闭这 3 个按钮。

需要注意的是，这里的关闭按钮用来控制整个 C#环境的关闭，单击该按钮就表示退出整个 C#开发环境。在标题栏的最左侧有一个小图标，用来显示窗口的控制菜单，单击该图标或按"Alt+空格键"就会弹出控制菜单，可以从中选择相应的命令，来完成一种操作。

1.4.4　工具栏按钮

工具栏按钮位于菜单栏下方，由一些常用菜单命令的加速按钮组成，如图 1.4 所示。

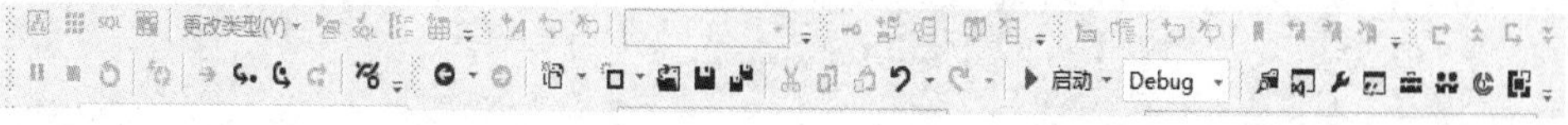

图 1.4　常用工具栏

工具栏上的每个按钮都有提示，将鼠标移到某个按钮上停留一秒左右，就会弹出一条提示，告诉用户与该按钮相对应的菜单命令。

用户可以定制自己的工具栏、直接将工具栏按钮删除或添加。具体方法是：用鼠标在工具栏或者工具栏的空白处右击，弹出一个工具栏编辑器的快捷菜单，里面有与各工具栏按钮对应的选项，通过在对应的选项上勾选，实现想要的工具项。例如，要把"类设计器"按钮加入到工具栏中去，则先在工具栏空白处右击，把鼠标指针移到"类设计器"命令上并单击鼠标左键，可以看到"类设计器"命令的左边已经勾选了，这时"类设计器"按钮也会出现在工具栏中，如图 1.5 所示。

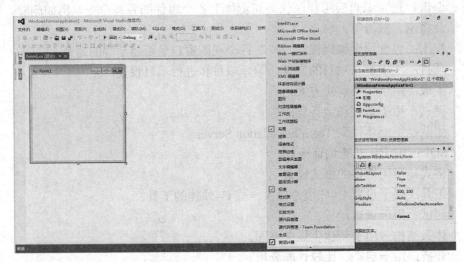

图 1.5　定制自己的工具栏

1.4.5　代码和文本编辑器

"代码和文本编辑器"在屏幕的左中部,就是我们所看到的窗口中占用面积最大的那一块。它是一种用来输入、显示及编辑代码或文本的字处理实用工具。根据该编辑器的内容,将其称为"文本编辑器"或"代码编辑器","文本编辑器"对应的是界面的设计状态。如果它仅包含没有关联语言的文本,则称为"文本编辑器"。如果它包含与某种语言相关联的源代码,则称为"代码编辑器"。由于该编辑器通常用于编辑代码,因此可将其称作"代码编辑器"。

可以打开多个"代码编辑器",在不同的窗体或模块中查看代码,并在它们之间复制和粘贴代码。"窗口"菜单下列出了所有打开的"代码编辑器"。由于代码编辑器可以同时打开多个文件,所以在代码编辑器的窗口上有多个选项卡,用来控制文件的切换。每个选项卡的标签标明一个被打开的文件的文件名,如图 1.6 所示。

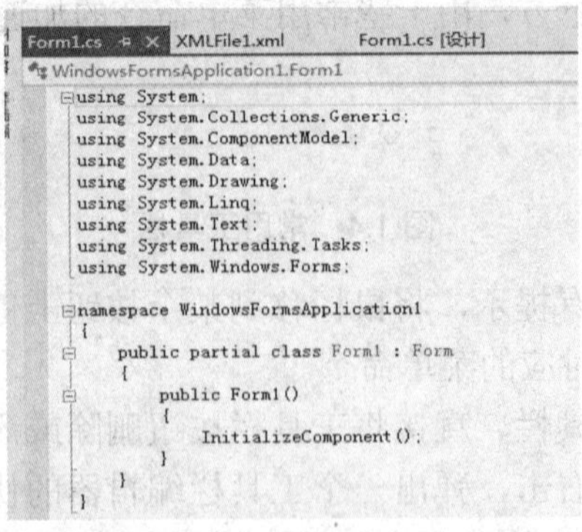

图 1.6　代码编辑器中的部分代码显示

"代码编辑器"就是我们实现各种功能的容器,我们把代码以特殊的语言法则放进"代码编辑器",进行定制,最终生成我们所期望的结果。

可以通过下列方式进入"代码编辑器":
- 右击窗体或者是窗体上的某个控件,然后从快捷菜单中选择"查看代码"命令。
- 在解决方案资源管理器窗口中,直接右击窗体图标,从弹出的快捷菜单中选择"查看代码"命令,或者是选中窗体图标,单击上面的"查看代码"快捷方式图标 <>,或是在设计状态双击要编辑的对象即可。

1.4.6 类视图窗口和解决方案资源管理器

类视图窗口和解决方案资源管理器通常占用屏幕上的同一块空间,它们之间的切换是靠选项卡来选择的。用户也可以通过拖动窗口,把两个窗口拖到不同的位置。方法是拖动类视图窗口或者解决方案资源管理器窗口上方的蓝色长条,即可把窗口拖动到任意位置。

1. 类视图窗口

类视图能使我们检查并定位到解决方案中的符号,按项目组织的符号显示在分层树视图中,以指示它们之间的包容关系。

类视图窗口默认的位置是在代码编辑窗口的右边,其作用是显示程序的数据结构。在类视图窗口中,可以清楚地看到类、函数、变量的定义和关系。在初始状态,类视图窗口中仅显示项目名称,如果单击项目名称左边的"+"符号,则会显示出更细一层的内容,即命名空间。继续单击命名空间左边的"+"符号,又会再次细化显示到 Class 级别。接着一层层展开,就可以将类的成员函数、成员变量尽收眼底,如图 1.7 所示。

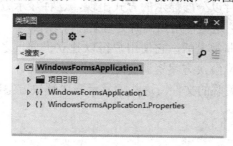

图 1.7 类视图窗口

"类视图"显示若干图标,每个图标代表不同类型的符号,如命名空间、类、函数或变量。表 1.1 给出了常见的名称以及对应的符号。

表 1.1 解决方案资源管理器中的常见图标及其说明

图 标	说 明	图 标	说 明
{ }	命名空间		方法或函数
⊸	接口	🔧	属性
⬛	结构		字段或变量
	类		枚举项
	枚举		常数

2. 解决方案资源管理器窗口

解决方案资源管理器提供项目及其文件的有组织的视图,并且提供对项目和文件相关命令的便捷访问。与此窗口关联的工具栏提供适用于列表中突出显示的项的常用命令。若要访问解决方案资源管理器,可在"视图"菜单中选择"解决方案资源管理器"命令,结果如图 1.8 所示。

图 1.8 解决方案资源管理器窗口

解决方案资源管理器使你可以在解决方案或项目中查看项目并执行项目管理任务。它还允许使用 Visual Studio 编辑器在解决方案或项目的上下文之外处理文件。

单个解决方案及其项目以分层显示的方式出现,这种显示方式提供关于解决方案、项目和项的状态的更新信息。这可使用户同时处理若干个项目。

解决方案资源管理器非常灵活,它使用户得以独立于项目之外工作;可以在没有项目的情况下编辑和创建文件。解决方案资源管理器在"杂项文件"文件夹中显示这些文件。还可以处理仅与解决方案关联的文件。这些项显示在"解决方案项"文件夹中。

1.4.7 属性窗口

属性窗口的外观如图 1.9 所示。

图 1.9 属性窗口

属性用于定义窗体、文档或控件的状态、行为和外观。多数图形控件包含可更改以定义其可视外观的属性。控件、文档和窗体还可公开一些指定它们将如何与用户进行交互以及在运行时操作过程中需要的信息的属性。使用属性窗口来查看和设置窗体、文档或控件的设计时的属性。也可以使用属性窗口来编辑和查看文件、项目和解决方案属性。其他属性可能仅在运行时可用，可通过代码访问。

属性窗口位于类视图和解决方案资源管理器下面，如果属性窗口不可见，可从"视图"菜单中选择"属性窗口"命令或按 F4 键调出。

在图 1.9 中，属性窗口上方有 5 个按钮，从左到右依次介绍如下。

- 按分类顺序：按类别列出选定对象的所有属性及属性值。可以折叠类别以减少可见属性数。展开或折叠类别时，可以在类别名左边看到加号(+)或减号(-)。类别按字母顺序列出。
- 字母顺序：按字母顺序对选定对象的所有设计时属性和事件排序。若要编辑可用的属性，应在它右边的单元格中单击并输入更改内容。
- 属性：显示对象的属性。很多对象也有可以使用"属性"窗口查看的事件。
- 事件：显示对象的事件。此"属性"窗口工具栏控件仅当窗体或控件设计器在一个 Visual C#项目的上下文中处于活动状态时才可用。
- 属性页：显示选定项的"属性页"对话框。"属性页"显示"属性"窗口中的可用属性的子集、同集或超集。使用该按钮可以查看和编辑与项目的活动配置相关的属性。

下面介绍一些属性的操作。

1．使用属性窗口来设置属性

(1) 如果要修改的项未选定，应使用属性窗口最上方的"对象"下拉列表来选择。
(2) 在属性窗口中选择要修改的属性。例如，选择前景色以更改控件上文本的颜色。
(3) 指定该属性的值。

2．为多个控件设置属性值

(1) 在控件组中选择要修改的第一个控件。
(2) 选择其他要修改控件的同时按住 Ctrl 键。
(3) 在属性窗口中设置属性值。

这样就为选定的每个控件设置了该属性值。

1.5 案 例 实 训

1．案例说明

本例是 C#入门的一个简单小例子，我们将编写一个 Windows 应用程序，在窗体中添加一个 Button(按钮)以及一个 Label(标签)。当用户以鼠标单击按钮时，Label 中将会显示"欢迎进入 C#世界！"。

2. 编程思路

编写 Button 按钮事件,通过对 Label 控件的 Text 属性的改变,实现程序设计要求。

3. 界面设计

(1) 启动 Microsoft Visual Studio 2012,进入 Visual C# 2012 开发界面。

(2) 选择"文件"→"新建"→"项目"菜单命令,弹出如图 1.10 所示的对话框,可以看到,左边是项目类型,右边是已安装的模板,包括"Windows 窗体应用程序"、"类库"、"控制台应用程序"等模板,它们指定了要创建的应用程序的类型。

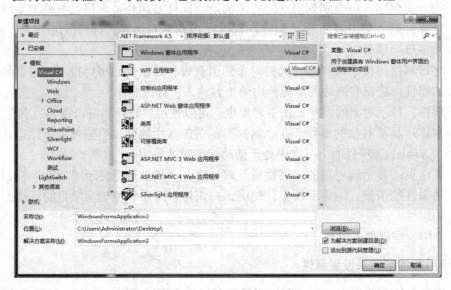

图 1.10 "新建项目"对话框

(3) 在左边选择"Visual C#",在中间选择"Windows 窗体应用程序",在"名称"文本框中输入"Welcome",并选择项目的存放位置,如图 1.11 所示。

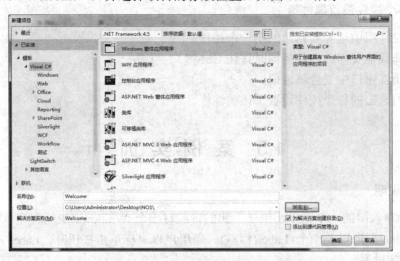

图 1.11 输入名称并选择存放位置

(4) 确认"为解决方案创建目录"复选框已被选中，然后单击"确定"按钮。出现如图 1.12 所示的窗体。

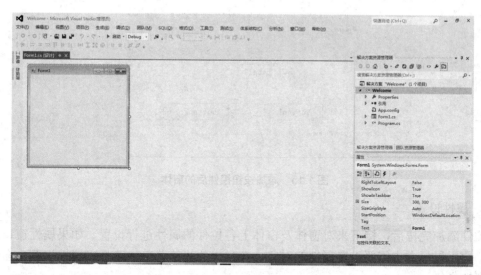

图 1.12　创建了 Welcome 项目

(5) 调整窗体到合适的大小，长宽比为 2:1，然后展开工具箱中的"所有 Windows 窗体"选项卡，找到并双击控件 **A** Label，为窗体添加一个标签控件，这时的窗体 Form1 如图 1.13 所示。

💡 **注意：** 添加控件的方法一般有两种，一种是双击工具箱的控件，然后在窗体中拖动控件到合适的位置；另一种是通过鼠标的拖动，直接把控件拖动到窗体上去。

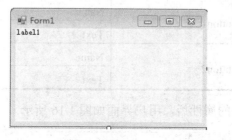

图 1.13　调整大小并添加标签后的窗体

(6) 使用鼠标拖动标签至窗体中上部，调整后的窗体 Form1 如图 1.14 所示。

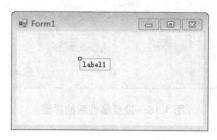

图 1.14　调整标签位置后的窗体

(7) 按照同样的方法，在工具箱中找到 Button 控件，为窗体添加两个 Button(命令按钮)，并调整其大小和位置，如图 1.15 所示。

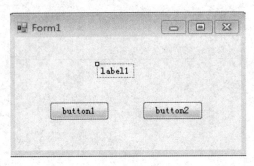

图 1.15 添加按钮控件后的窗体

4. 属性设置

控件添加完毕后，接下来对窗体及窗体上各控件的属性进行设置。如果属性窗口是隐藏的，则用鼠标右击需要设置属性的对象，在弹出的快捷菜单中选择"属性"菜单命令，打开属性窗口。

窗体、标签和命令按钮的属性设置如表 1.2 所示。

表 1.2 控件的属性设置

控件类型	控件名称	属　性	设置结果
Form	Form1	Text	欢迎
Label	Label1	Name	lblResult
Button	Button1	Name	btnOK
		Text	确定
	Button2	Name	btnCancel
		Text	取消

设置好窗体及各控件的属性后，用户界面如图 1.16 所示。

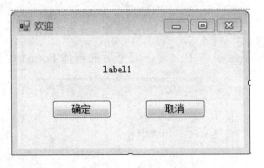

图 1.16 设置属性后的界面

5. 编写代码

双击 btnOK 按钮，在出现的代码中添加按钮单击事件的处理代码，具体如下：

```
private void btnOK_Click(object sender, EventArgs e)
{
    lblResult.Text = "欢迎进入C#世界!";
}
```

切换到用户界面窗口,再双击"取消"按钮,按照同样的方法在 btnCancel 对象的 Click 事件中加入如下代码:

```
private void btnCancel_Click(object sender, EventArgs e)
{
    Application.Exit();
}
```

至此,整个程序的代码全部添加完成,代码中的两个代码段(方法)都是用了鼠标的 Click(单击)事件。

在窗体和代码都设计好后,应当保存文件,以防止调试或运行程序时发生死机等意外而造成数据丢失,保存文件可以选择"文件"菜单下的"保存"或"全部保存"命令,也可单击工具栏上的"保存"按钮来实现。

6. 运行效果

此时,应用程序设计的前期工作已经全部完成,下一步是调试和运行程序,运行程序的方法是:选择"调试"菜单下的"启动调试"命令,或者单击工具栏中的 ▶启动 (启动)按钮,还可以按快捷键 F5。运行效果如图 1.17 所示。

图 1.17 程序运行结果

单击"确定"按钮,则会在窗体上方的标签中显示"欢迎进入C#世界!"字样,具体如图 1.18 所示。

图 1.18 点击"确定"按钮后的运行结果

单击"取消"按钮,则窗体关闭,并结束应用程序的运行。

1.6 小　　结

本章简要地介绍了.NET 框架，并且对 C#语言的特点进行了描述。由于本章主要是面向刚刚入门的读者编写的，所以比较详细地讲解了如何顺利编写第一个 C#应用程序。这个程序是读者熟悉 C#编程环境最简洁的途径，初学编程的读者并不需要对这个程序做太多的研究，因为这里毕竟只是为了熟悉一下编程环境而已。

另外，读者通过阅读本章内容，还应了解开发 Windows 应用程序的基本流程，包括界面设计、属性设置、编写代码、调试运行。

1.7 习　　题

1. 简答题

(1) 简述 Visual C#程序设计语言的优点。
(2) 开发 Windows 程序的基本流程是什么？

2. 编程题

建立一个 Windows 应用程序，在窗体上放置两个按钮和一个 TextBox 控件，将两个按钮的 Text 属性分别设置为"Red"、"Green"。编写程序，实现通过单击不同的按钮使 TextBox 控件的文字颜色发生变化，如图 1.19、1.20 所示。

图 1.19　Windows 程序界面

图 1.20　单击 Red 按钮的运行结果

第 2 章　变量与表达式

本章要点

- 变量的命名、类型以及赋值的方法
- 表达式以及运算符的优先级
- 值类型和引用类型

变量是 C#中的一个基本元素。通常而言，任何程序都离不开变量的参与。读者在理解变量的意义时，可以考虑程序的意义。程序之所以有其存在的价值，就是因为它可以提高我们的工作效率。变量的存在使其成为可能，这是由于变量可以存储不同的值或数据。

C#中的表达式是由运算符、变量以及标点符号依据一定的语法规则组合而成的。表达式是构成程序的主要元素。

2.1　变　　量

变量代表了存储单元。每个变量都有一个类型，它决定了这个变量可以存储什么值。C#是类型安全的语言，C#编译器会保证存储在变量中的值总是恰当的类型。可以通过赋值语句的操作来改变变量的值。

使用变量的一条重要原则是：变量必须先定义、后使用。

变量可以在定义时赋值，也可以在定义的时候不赋值。一个定义时被赋了值的变量很好地定义了一个初始值。而一个定义时不被赋值的变量没有初始值。要给一个定义时没有被赋值的变量赋值，必须是在一段可执行的代码中进行。

2.1.1　变量的声明

变量的作用非常重要，变量代表一个特定的数据项或值。与常量不同，变量可以反复赋值。变量关系到数据的存储，它就像一个盒子，里面存放着各种不同的数据。尽管计算机存储的数据都是 0 和 1 的组合，但变量却是存在类型差别的。读者比较熟悉的 int 类型就是一种变量类型。同样，变量还存在着许多其他类型。

若在程序中使用未声明的变量，编译时会报错。

C#中可以声明的变量类型并不仅限于 C#预先定义的那些。因为 C#有自定义类型的功能，开发人员可根据自己的需要，建立各种特定的数据类型，以方便存储复杂的数据。

C#中规定，使用变量前必须声明。变量在声明的同时规定了变量的类型和变量的名称。变量的声明采用如下规则：

```
type name;
```

例如，下面的语句声明了一个整型变量 f：

```
int f;
```

C#中并不要求在声明变量的同时初始化变量(即为变量赋值)，但是为变量赋值通常是程序员的良好习惯，例如：

```
int d = 2;
```

上面这句代码在声明了 int 型变量的同时，将其初值设置为 2。

可以在同一行中同时声明多个变量，例如：

```
bool a1=true, a2=false;
```

每一个变量都有自己的名称，但 C#规定不能用任意的字符作为变量名，即有些字符不能用于变量名中。变量的命名规则应该遵循标识符的命名规则。

2.1.2 变量的命名

在任何一种语言中，变量的命名都是有一定规则的，当然 C#也不例外，若在使用中定义了不符合一定规则的变量，系统会自动报错。

基本的变量命名规则如下。

(1) 变量名的第一个字符必须是字母、下划线(_)或者"@"。
(2) 除第一个字符外，其余的字符可以是字母、数字、下划线的组合。
(3) 不可以使用对 C#编译器而言有特定含义的名称(即 C#语言的库函数名称和关键字名称)作为变量名，如 using、namespace、struct 等。

例如，下面的变量名是错误的：

```
34abcde    //变量名的第一个字符必须是字母、下划线(_)或者"@"
class      //class 是关键字
a-b-d      //应为字母、数字、下划线的组合，不能出现减号"-"
```

而下面的命名则是正确的：

```
abc
_myHello
```

还要强调一点，C#对于大小写字母是敏感的，所以在声明以及使用变量的时候，要注意这些，例如 Variable、variable、VARIABLE 是 3 个不同的变量。

上面我们举了一些变量命名的例子。在实际的应用中，还是应该取那些有实际意义的英文名称，可以方便自己的操作，亦可使别人读代码时清晰明了，例如：

```
Name
Age
Length
```

在变量的命名过程中，遵循一定的规则是必需的。在.NET 框架命名空间中，有两种命名约定，分别为 PascalCase 和 camelCase。它们都应用到由多个单词组成的名称中，并指定名称中的每个单词除了第一个字母外，其余字母都是小写。PascalCase 中的每一个单词首字母都大写，而 camelCase 中第一个单词需以小写字母开头。

下面是 PascalCase 变量命名的举例：

```
Age
SumOfApple
DayOfWeek
```

下面是 camelCase 变量命名的举例：

```
age
sumOfApple
dayOfWeek
```

Microsoft 建议：对于简单的变量，使用 camelCase 规则，而比较高级的命名则使用 PascalCase 规则。

2.1.3 变量的种类、赋值

在 C#语言中，我们把变量分为 7 种类型，分别是静态变量(Static Variables)、实例变量(Instance Variables)、数组变量(Array Variables)、值参数(Value Parameters)、引用参数(Reference Parameters)、输出参数(Output Parameters)、局部变量(Local Variables)。

下面举一个例子，来给读者一个较为明确的概念：

```csharp
class myClass
{
    int y = 2;
    public static int x = 1;
    bool Function(int[] s, int m, ref int i, out int j)
    {
        int w = 2;
        j = x + y + i + w;
    }
}
```

在上面的代码中，x 是静态变量，y 是实例变量，s 是数组变量，m 是值参数，i 是引用参数，j 是输出参数，w 是局部变量。

1．非静态变量

不带有 static 修饰符声明的变量称为实例变量(非静态变量)，例如：

```csharp
int s = 2;
```

针对类中的非静态变量而言，一旦一个类的新的实例被创建，直到该实例不再被应用从而所在空间被释放为止，该非静态变量将一直存在。一个类的非静态变量应该在初始化时赋值。

2．静态变量

带有 static 修饰符声明的变量是静态变量。一旦静态变量所属的类被装载，直到包含该类的程序运行结束时，它将一直存在。静态变量的初始值就是该变量的默认值。静态变量最好在定义时赋值，例如：

```
public static int s = 5;
```

对于静态变量，无需对其所在的类进行实例化(即不使用 new 关键字)就可以直接通过类来使用。

【例 2.1】使用静态变量来记录网站的访问人数。

(1) 启动 Visual Studio 2012 开发工具。

(2) 选择"文件"→"新建"→"项目"菜单命令，弹出如图 2.1 所示的对话框，可以看到，左边是项目类型，中间是已安装的模板，包括"Windows 窗体应用程序"、"类库"、"控制台应用程序"等模板，它们指定了要创建的应用程序类型。

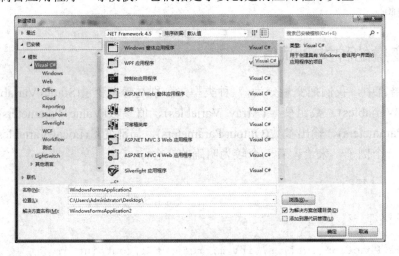

图 2.1 "新建项目"对话框

(3) 在左边选择"Visual C#"，在中间选择"控制台应用程序"，在"名称"文本框中输入"ch02-1"，并选择项目的存放位置，如图 2.2 所示。

图 2.2 输入名称并选择存放位置

(4) 确认"为解决方案创建目录"复选框已被选中，然后单击"确定"按钮。出现如

图 2.3 所示的项目设计界面。

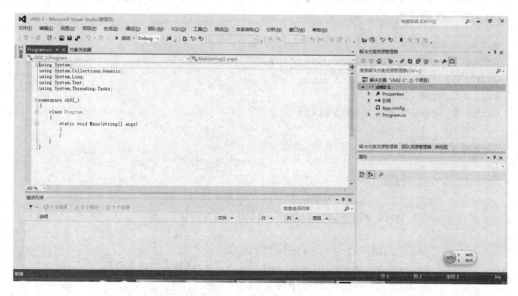

图 2.3 项目设计界面

在开始编写代码之前，先来解释以下一些名词。

- namespace：namespace(命名空间)是 C#中组织代码的方式，这样可以把紧密相关的一些代码放在同一个命名空间中，大大提高管理和使用的效率。在这段代码中，VS 自动以项目的名称作为命名空间的名称 ch02_1。
- using：在 C#中，使用 using 关键字来引用其他命名空间。在这段代码模板生成时，VS 就已经自动添加了 5 条 using 语句。
- class：C#是一种面向对象的语言，使用 class 关键字表示类。我们编写的任何代码都应该包含在一个类里面，类要包含在一个命名空间中。在程序模板生成时，VS 自动为我们起了一个类名 Program。如果不喜欢，可以改掉它。
- Main：C#中的 Main()方法是程序的大门，应用程序从这里开始运行。要注意的是，C#中的 Main()方法首字母必须大写，Main()方法的返回值可以 void 或 int，Main()方法中的命令行参数可以没有。
- ch02-1.sln：它是最顶级的解决方案文件，每个应用程序都有一个类似的文件。根据该项目的创建路径，找到 ch02-1 项目文件夹，就可以看到该解决方案文件。每个解决方案文件都包含了对一个或者多个项目文件的引用。
- ch02-1.csproj：C#的项目文件。每个项目文件都引用一个或者多个包含项目源代码的文件。
- Properties：查看 ch02-1 项目文件夹可以知道，Properties 是其中的一个文件夹，包含一个名为 AssemblyInfo.cs 的文件，它是一个特殊的文件，可以用它在一个属性中添加如"作者"、"日期"等属性。
- 引用：包含对程序可用的已编译代码的引用。
- Program.cs：从代码窗口上方的选项卡中，也可以找到 Program.cs，很明显，它是一个 C#源代码文件，用户编写的代码都包含在这个文件中，同时 VS2012 自动创建的一些源代码也被保存在其中。

(5) 编写代码：

```csharp
using System;
using System.Collections.Generic;
using System.Linq;
using System.Text;
using System.Threading.Tasks;

namespace ch02_1
{
    class Program
    {
        static void Main(string[] args)
        {
            person.ShowTotalPeople();
            person MrGreen = new person();  //格林先生进入会场
            person.ShowTotalPeople();
            person MrSmith = new person();
            person MrAllen = new person();
            person.ShowTotalPeople();
        }
        class person
        {
            public static int TotalPeople = 0;
            //static 静态方法
            public static void ShowTotalPeople()
            {
                Console.WriteLine("现在共有{0}个人访问网站", TotalPeople);
            }
            //构造函数
            public person()
            {
                TotalPeople++;
            }
        }
    }
}
```

(6) 生成并运行控制台应用程序。

编写好程序代码后，接下来应当生成控制台应用程序，即编译代码，并生成一个可执行的程序。

具体方法是：选择"生成"→"生成解决方案"菜单命令，生成的过程中会在代码编辑器的下方出现一个输出窗口，如图 2.4 所示。

在输出窗口中，提示程序编译完成，并显示了生成过程中发生的错误和警告。本程序相对比较简单，在输入正确的情况下，不会有任何的错误和警告。

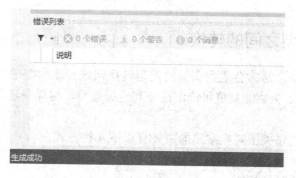

图 2.4　输出窗口

生成成功后，可以运行程序，查看结果。具体的方法是：选择"调试"→"开始执行(不调试)"菜单命令，即弹出一个命令窗口，显示程序的运行结果，如图 2.5 所示。

图 2.5　运行结果

在命令窗口中显示了执行的结果，"请按任意键继续..."是自动生成的，等待用户按任意键终止执行，即关闭命令窗口。

通过上面的程序，我们基本上可以了解到静态变量的使用方法及效果。可以使用 person.TotalPeople 存取变量，也可以使用 person.ShowTotalPeople() 执行 ShowTotalPeople() 静态方法，由于 TotalPeople 是静态变量，所以不论在哪一个对象中，我们得到的都是同一个 TotalPeople 变量，所以可以用来累加。

3．数组变量

数组变量随该数组实例的存在而存在。每一个数组元素的初始值都是该数组元素类型的默认值。数组元素最好在初始化时被赋值。有关数组的内容，在后面的章节中将会有专门的介绍。

4．局部变量

局部变量是指在一个独立的程序块、for 语句、switch 语句或者 using 语句中声明的变量，它只在该范围内有效。当程序运行到这一范围时，该变量即开始生效，程序离开时变量就失效了。

与其他几种变量类型不同的是，局部变量不会自动被初始化，所以也就没有默认值，在进行赋值检查的时候，局部变量被认为是没有被赋值。

在局部变量的使用过程中要注意的是，变量在定义前是不可以使用的。

关于值参数、输出参数和引用参数，将会在后面的函数章节中予以讲解。

2.1.4 变量类型之间的转换

在程序的设计中，常常会遇到变量的类型转换问题。比如在进行数学四则运算时，int类型的数值与double类型的数值可能混在一起进行运算，这样变量之间的类型转换需求就应运而生。

Visual C#中的变量类型转换常见的主要有以下4种方式：
- 使用隐式转换。
- 使用强制类型转换。
- 使用ToString()方法。
- 使用Convert类。

1. 隐式转换

隐式转换又称自动类型转换，若两种变量的类型是兼容的或者目标类型的取值范围大于源类型时，就可以使用隐式转换。

隐式转换的原类型与目标类型的对应关系如表2.1所示。

表2.1 隐式转换的原类型与目标类型的对应关系

原 类 型	可以转换至下列目标类型
sbyte	short、int、long、float、double、decimal
byte	short、ushort、int、uint、long、float、double、decimal
char	ushort、int、uint、long、float、double、decimal
int	long、float、double、decimal
uint	long、ulong、float、double、decimal
short	int、long、float、double、decimal
ushort	int、uint、long、float、double、decimal
long	float、double、decimal
ulong	float、double、decimal
float	double

2. 强制类型转换

在程序的编写及应用时，我们会发现上面讲述的隐式转换不能满足所有的需要，很多时候还是需要进行强制类型转换的。强制类型转换是一种指令，它告诉编译器将一种类型转换为另外一种类型。强制转换的缺点是可能产生的结果不够精确。

具体的强制类型转换语法为：

(目标类型) 变量或表达式

【例2.2】类型转换。

关键程序代码如下：

```
using System;
using System.Collections.Generic;
using System.Linq;
using System.Text;
using System.Threading.Tasks;

namespace ch02_2
{
    class Program
    {
        static void Main(string[] args)
        {
            double a = 3.2;
            int b = 5;
            int c = (int)a + b;
            Console.WriteLine("c=" + c);
        }
    }
}
```

运行结果为：

c=8

本例中，若把代码语句 int c = (int)a + b;写为 int c = a + b;就会报错，这是因为直接的隐式转换不能把 double 类型的数据转化为 int 类型的数据，故在此例子中，我们进行了强制转换。

3．ToString()方法

ToString()方法主要用于将变量转化为字符串类型，该方法是 C#语言中非常常见的一个方法。

字符串是 C#中的另外一种类型，表示一组字符，使用双引号包含，比如"Visual C#"就是一个常见的字符串。

前面我们介绍的各种类型的变量都可以通过 ToString()方法转换为 String 类型，具体看下面把 int 型变量转化为 string 类型的小例子：

```
int i = 200;
string s = i.ToString();
string t = i.ToString() + "123";  //此处"+"为字符串的连接符号
```

这样字符串类型变量 s 的值就成为"200"，字符串类型变量 t 的值变成"200123"。

4．Convert 类

前面介绍了 ToString()方法，并且给出了 int 类型转化为 string 类型的实例，可是细心的读者会发现，这个方法无法实现逆向转换，即无法把一个 string 类型的变量转化为 int 类型的变量。

下面介绍可以解决上述问题的方法——使用 Convert 类进行显式转换。Convert 类提供了很多常用的转换方法，详见表 2.2。

表 2.2 Convert 类的常用方法

方法	说明
ToBase64CharArray()	将 8 位无符号整数数组的子集转换为用 Base64 数字编码的 Unicode
ToBase64String()	将 8 位无符号整数数组转换为它的等效 String 表示形式
ToBoolean()	将指定的值转换为等效的布尔值
ToByte()	将指定的值转换为 8 位无符号整数
ToChar()	将指定的值转换为 Unicode 字符
ToDateTime()	将指定的值转换为 DateTime 类型
ToDecimal()	将指定的值转换为 Decimal 数值
ToDouble()	将指定的值转换为双精度浮点数值
ToInt16()	将指定的值转换为 16 位有符号整数
ToInt32()	将指定的值转换为 32 位有符号整数
ToInt64()	将指定的值转换为 64 位有符号整数
ToSByte()	将指定的值转换为 8 位有符号整数
ToSingle()	将指定的值转换为单精度浮点数字
ToString()	将指定的值转换为与其等效的 String 形式
ToUInt16()	将指定的值转换为 16 位无符号整数
ToUInt32()	将指定的值转换为 32 位无符号整数
ToUInt64()	将指定的值转换为 64 位无符号整数

2.2 常　　量

常量就是值在程序整个生命周期内始终不变的量。在声明常量时，要用到 const 关键字。常量在使用的过程中，不可以对其进行赋值改变，否则系统会自动报错。

常量声明的基本语法为：

```
[private/public/internal/protected] const
[int/double/long/bool/string/...] VariableName = value;
```

下面是一个声明常量的具体例子：

```
private const double PI = 3.1415926;
```

【例 2.3】输入数量，求总价。

关键程序代码如下：

```
using System;
```

```csharp
using System.Collections.Generic;
using System.Linq;
using System.Text;
using System.Threading.Tasks;
namespace ch02_3
{
    class Program
    {
        static void Main(string[] args)
        {
            const double price = 400;
            int n;
            Console.WriteLine("请输入数量,以 0 退出");
            n = Convert.ToInt32(Console.ReadLine());
            while (n != 0)
            {
                Console.WriteLine(
                  "单价为{0},数量为{1},总价为{2}", price, n, price*n);
                n = Convert.ToInt32(Console.ReadLine());
            }
        }
    }
}
```

以上程序当数量输入为 0 时,程序就运行结束了。结果如图 2.6 所示。

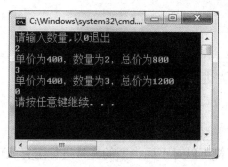

图 2.6　例 2.3 的运行结果

2.3　表　达　式

前面主要介绍了变量和常量,以及它们的声明、赋值和使用方法。本小节将介绍如何处理这些变量和常量。

C#中的表达式是由运算符、变量以及标点符号依据一定的规则组合创建起来的。运算符的范围非常广泛,简单的和复杂的都有。在本章中,主要介绍数学运算符和赋值运算符,逻辑运算符暂时不讨论。

2.3.1 算术运算符

C#中的算术运算符有 5 种：
- ＋ ：加法运算符。
- － ：减法运算符。
- ＊ ：乘法运算符。
- ／ ：除法运算符。
- ％ ：取余运算符。

上面的 5 种运算符都是二元的。而"+"与"-"运算符也可以是一元的，例如"++"和"--"，称为自增和自减运算符。以"++"为例，具体用法如下：

```
int i = 1;
i++;
```

此时 i 的值就变为了 2，"i++"这个表达式可以解释为"i=i+1"；表达式"++i"与"i++"的含义又有所不同，下面的例子简单地进行了解释：

```
//前置++
int a = 1;
int b;
b = ++a;  //运行结果是b=2
//后置++
int a = 1;
int b;
b = a++;  //运行结果是b=1
```

通过对以上两个简单程序的对比，可以得知表达式 a++是先赋值、后进行自身的运算，而++a 正好是相反的，先进行自身的运算，而后再赋值。

1．加法运算符

加法运算符可以运用于整数类型、实数类型、枚举类型、字符串类型和代理类型。在这里，只需要知道这些运算符可以对不同类型的变量进行运算就可以了。

我们知道，在数学运算中，结果可能是正无穷大、负无穷大，当然，也可能结果不存在。在 C#中，在处理这些特殊情况的时候，假设表达式为 Z=X+Y，X 与 Y 都是非 0 的有限值，如果 X 和 Y 数值相等，符号相反，则 Z 为正 0 ，如果 X+Y 结果太大，那么目标类型 Z 就被认作与 X+Y 符号相同的无穷值。如果 X+Y 太小，目标类型也无法表示，则 Z 为与 X+Y 同符号的零值。

另外，枚举类型和代理类型(Delegate)也可以进行加法运算。

【例 2.4】枚举类型的加法运算。

关键程序代码如下：

```
class Program
{
    enum Season
```

```
  { January, February, March, April, May, June, July, August,
    September, October, November, December};
    static void Main(string[] args)
    {
        Season w1 = Season.February;
        Season w2 = Season.June;
        Season w3 = w1 + 3;
        Console.WriteLine(w1);
        Console.WriteLine(w2);
        Console.WriteLine(w3);
    }
}
```

程序运行结果如图 2.7 所示。

图 2.7 例 2.4 的运行结果

加法运算符还可以作用于 delegate 类型的变量，我们称之为合并。原型为：

```
D operator +(D x, D y);
```

其中 D 是一个 delegate 类型。

如果两个操作数是同一 delegate 类型 D 时，则加法运算符执行代表合并的运算。如果第一个操作数为 Null，那么结果是第二个操作数的值。反之，如果第二个操作数为 Null，则结果是第一个操作数的值。

2．减法运算符、乘法运算符、除法运算符

减法运算符、乘法运算符、除法运算符与上面所讲的加法运算符很类似，在这里就不再赘述。另外，有几点还是需要注意的，乘法运算符、除法运算符只适用于整数以及实数之间的操作；而且在使用除法运算符的时候，默认的返回值的类型与精度最高的操作数类型相同。比如，5/2 的结果是 2，而 5.0/2 的结果是 2.5。如果两个整数类型的变量相除又不能整除的话，返回的结果是不大于被除数的最大整数。

3．取余运算符

取余运算(又称求模运算)符用来求除法的余数，在 C#语言中，取余运算既适用于整数类型，也同样适用于浮点型。如 7%3 的结果为 1，7%1.5 的结果为 1。

2.3.2 赋值运算符

赋值运算符分为两种类型，第一种是简单赋值运算符，就是前面在程序里面已经多次使用的"="号；第二种是复合赋值运算符，包含 5 类，具体的如表 2.3 所示。

表 2.3　复合赋值运算符

赋值运算符	赋值运算符类别	赋值运算符范例表达式	赋值运算符解释
+=	二元	a += value	a 被赋予 a 和 value 的和
-=	二元	a -= value	a 被赋予 a 和 value 的差
/=	二元	a /= value	a 被赋予 a 和 value 相除的商
*=	二元	a *= value	a 被赋予 a 和 value 的乘积
%=	二元	a %= value	a 被赋予 a 和 value 相除的余数

复合赋值的基本语法为：

```
a oper= value;     //这里的"oper"为某个数学运算符
```

这种语法形式与如下语法形式的作用等同：

```
a = a oper value;
```

以 a oper = value;为例，复合赋值的步骤如下。

(1) 如果所选运算符的返回类型可以隐式转换成 value 的数据类型，则执行 a = a oper value;的运算，除此之外，仅对 a 执行一次运算。

(2) 否则，若所选运算符是一个预定义运算符，则所选运算符的返回值类型可以显式地转化为 a 的类型，且 value 可以隐式地转化成 a 的类型，那么该运算符等价于 a = (T)(a oper value);运算，这里 T 是 a 的类型，除此之外，a 仅被执行一次。

(3) 否则，复合赋值是无效的，且会产生编译时错误。

2.3.3　运算符的优先级

数学中所涉及的运算符优先级内容称为四则运算，口诀是：先乘除、后加减，有括号先算括号里面的。

在程序语言中，也完全遵从这些规则。

但是需要特别注意的是：程序中的运算符要比数学中的多一些，比如++、--、%等运算符就是一般数学运算中所没有的。

另外算术运算符的优先级要排在赋值运算符之前。

下面举两个例子，以便说明得更清楚些。

(1) a=(b+c)*d;

在这句代码中，是先计算 b 与 c 的和，再用这个和与 d 进行相乘运算，所得到的积赋值给 a。

(2) a%=(++b-c*d)%e;

可以将这句代码改写为　a=a%((++b-c*d)%e);这样就可以按照基本的运算法则来计算了。具体的优先级如表 2.4 所示。

表 2.4 几种运算符优先级的比较

运算符优先级	运 算 符
优先级从高到低	++(前缀之用)、--(前缀之用)
	*、/、%
	+、-
	=、*=、/=、%=、+=、-=
	++(后缀之用)、--(后缀之用)

2.4 数 据 类 型

现实世界的数据类型是多种多样的，我们必须让计算机了解需要处理什么样的数据，以及采用哪种方式进行处理，按什么格式保存数据等。其实，任何一个完整的程序都可以看成是一些数据和作用于这些数据上的操作。每一种高级开发语言都为开发人员提供一组数据类型，不同的语言所提供的数据类型不尽相同。

对于程序中的每一个用于保存信息的量，在使用时，都必须声明其数据类型，以便编译器为它分配内存空间。在 C#语言中，数据类型可以分为两种：值类型(Value Type)和引用类型(Reference Type)。

2.4.1 值类型

值类型变量存放的是数据本身，引用变量存储的是数据的引用。下面的语句声明了两个 int 型变量，它们的值相同，但是在内存中却占用不同的地址，彼此相互独立：

```
int i1 = 4;
int i2 = i1;
```

在 C#中，值类型可以分为简单类型、结构类型、枚举类型。

1. 简单类型

简单类型是直接由一系列元素组成的数据类型。C#语言给我们提供了一组已经定义好了的简单类型。单纯地从计算机的表示角度来看，这些简单类型可以分为整数类型、布尔类型、字符类型和实数类型。

(1) 整数类型

整数类型，顾名思义，就是变量的值为整数的值类型。计算机语言中的整数与数学上的整数定义有点差别，这是由于计算机的存储单元有限所造成的。C#语言中的整数类型分为 8 类：短字节型(sbyte)、字节型(byte)、短整型(short)、无符号短整型(ushort)、整型(int)、无符号整型(uint)、长整型(long)、无符号长整型(ulong)。一些变量名称前面的"u"是"unsigned"的缩写，表示不能在这些类型的变量中存储负号。这些不同的整数类型可以用于存储不同范围的数值，占用不同的内存空间，它们的列表如表 2.5 所示。

表 2.5 整型数据类型的分类

数据类型	特征	取值范围
sbyte	有符号 8 位整数	−128 ~ 127
byte	无符号 8 位整数	0 ~ 255
short	有符号 16 位整数	−32768 ~ 32767
ushort	无符号 16 位整数	0 ~ 65535
int	有符号 32 位整数	−2147483648 ~ 2147483647
uint	无符号 32 位整数	0 ~ 4294967295
long	有符号 64 位整数	−9223372036854775808 ~ 9223372036854775807
ulong	无符号 64 位整数	0 ~ 18446744073709551615

(2) 布尔类型

在 C#语言中，布尔类型只有两种取值，即 true 或 false。在编写应用程序的流程时，布尔型的变量有着非常重要的作用。

(3) 字符类型

字符包括数字字符、英文字母、表达符号等。C#提供的字符类型按照国际上公认的标准，采用 Unicode 字符集。字符的定义方法如下：

char ch = 'A';

上面这行代码意思是：把'A'这个字符值赋给变量 ch。

同样，我们可以把转义字符以及十六进制转义符赋值给字符类型的变量，有 C 语言或者 C++基础的读者对此应该比较了解。表 2.6 列出了一些转义字符及其含义。

表 2.6 转义字符及其含义

转义字符	字 符 名
\'	单引号
\"	双引号
\\	反斜杠
\0	空字符
\a	感叹号(产生鸣响)
\b	退格
\f	换页
\n	换行
\r	回车
\t	水平制表符
\v	垂直制表符

有关于字符和字符串的内容,我们将在第 4 章中进行详细讲解。

(4) 实数类型

在 C#中,实数类型分为单精度(Float)、双精度(Double)和十进制(Decimal)类型,它们的差别在于取值范围和精度不同。计算机对实数的运算速度大大低于对整数的运算。在对精度要求不高的计算中,我们可以采用单精度型,而采用双精度型的结果将更为精确。Decimal 类型主要是为了方便在金融和货币方面的计算。在现代的企业应用程序中,不可避免地要进行大量的这方面的计算和处理,而在目前采用的大部分程序设计语言中,程序员都要自己定义货币类型等,这是一个遗憾。为此,C#专门提供这种数据类型来弥补这一遗憾。

当定义一个 Decimal 类型变量并且给其赋值的时候,使用 m 后缀,以表示它是一个十进制类型,例如:

```
Decimal de = 2.38m;
```

若在这里我们把语句改写为:

```
Decimal de = 2.38;
```

那么在 Decimal 型变量 de 被赋值前,它将被编译器当作双精度(Double)类型来处理。

2. 结构类型

一个结构类型可以声明构造函数、常数、字段、方法、属性、索引、操作符和嵌套类型。尽管列出来的功能看起来像一个成熟的类,但是在 C#中,结构和类的区别在于结构是一个值类型,而类是一个引用类型。与 C++相比,这里可以使用结构关键字定义一个类。

使用结构的主要思想是用于创建小型的对象,如 Point 和 FileInfo 等,这样可以节省内存,因为结构没有如类对象所需的那样有额外的引用产生。例如,当声明含有成千上万个对象的数组时,这将会引起巨大的差异。

定义结构和定义类几乎是完全一样的,具体见下面的例子:

```
struct myColor
{
    public int Red;
    public int Green;
    public int Blue;
}
```

到目前为止,我们看这个声明很像一个类。可以这样来使用所定义的这个结构:

```
myColor mc;
mc.Red = 255;
mc.Green = 0;
mc.Red = 0;
```

这里 mc 就是一个 myColor 结构类型的变量。上面声明中的 public 表示对结构类型的成员的访问权限,有关访问的细节问题,我们将在后面部分详细讨论。

mc.Red=255;这条语句是对结构成员赋值。结构类型包含的成员类型没有限制,可以相同，也可以不同。例如还可以在此结构类型中添加类型为 string 的成员 ColorName，如下所示：

```
struct myColor
{
    public int Red;
    public int Green;
    public int Blue;
    public string ColorName;
}
```

还可以把结构类型作为另一个结构的成员的类型，这也没有任何问题，例如：

```
struct Ball
{
    public double Weight;
    public double Radius;
    struct myColor
    {
        public int Red;
        public int Green;
        public int Blue;
        public string ColorName;
    }
}
```

这里，Ball 这个结构中又包括了 myColor 这个结构，myColor 结构包括 Red、Green、Blue、ColorName 这 4 个成员。

3．枚举类型

枚举(Enumeration)实际上是为一组在逻辑上密不可分的整数值提供便于记忆的符号。当我们希望变量提取的是一个固定集合中的值时，就可以使用枚举。例如，可以定义一个代表手机的枚举类型：

```
enum MobilePhone {Nokia, MotoRola, TCL, LG, Bird, NEC, Apple};
```

这时我们就可以声明 MobilePhone 这个枚举类型的变量：

```
MobilePhone mp;
```

下面介绍一下枚举类型与前面讲的结构类型的区别。

结构是由不同类型的数据组成的一组新的数据类型，结构类型的变量的值是由各个成员的值组合而成的。而枚举则不同，枚举类型的变量在某一时刻只能取枚举中某一个元素的值。例如上面的枚举类型 MobilePhone 的变量 mp 的取值就必然是 Nokia 到 Apple 之间的某个值。赋值方式如下：

```
mp = Apple;
```

枚举类型中的默认值是 int 类型，第一个默认值是 0，其后从 1 递增。当然也可以自己

给它赋值,例如:

enum MobilePhone {Nokia=4, MotoRola, TCL, LG, Bird, NEC, Apple};

若是这样定义的话,那么从 MotoRola 开始,逐个从 4 递增 1(即 MotoRola=5,TCL=6,...)。

2.4.2 引用类型

引用类型与 C++中的引用类似,因为你可以将它们视作类型安全的指针。与纯粹的地址不同(地址可能指向你预期的东西,也可能不是),引用(在不是 Null 时)总是确保指向一个对象,这个对象具有指定的类型,而且已经在堆上分配了。另外,引用可以是 Null,这表示它当前不引用或不指向任何对象。C#中的引用类型有 4 种:

- 类。
- 数组。
- 代理。
- 接口。

对这 4 种引用类型,在以后的章节中都会详细地介绍。其中数组将在第 4 章进行讲解;类、代理、接口将在第 7 章进行详细的介绍。

2.5 案 例 实 训

1. 案例说明

定义一个结构体 Student,该结构含有学号(Sno)、姓名(Sname)和年龄(Sage)三个字段。而后使用结构数组把键盘输入的两条记录分别保存在结构数组中,其中涉及强制转换的问题,最后为了验证强制转换的结果,我们把结构数组的内容输出。

2. 程序代码

关键程序代码如下:

```
using System;
using System.Collections.Generic;
using System.Linq;
using System.Text;
using System.Threading.Tasks;

namespace ch02_5
{
    class Program
    {
        public struct Student
        {
            public string Sname;
```

```
        public double Sno;
        public int Sage;
    }
    static void Main(string[] args)
    {
        Student[] stud = new Student[2];
        int k;
        for (k=1; k<=2; k++)
        {
            Console.WriteLine("第" + k + "条数据:");
            Console.WriteLine("学号：");
            stud[k-1].Sno = Convert.ToDouble(Console.ReadLine());
            Console.WriteLine("姓名：");
            stud[k-1].Sname = Console.ReadLine();
            Console.WriteLine("年龄：");
            stud[k-1].Sage = int.Parse(Console.ReadLine());
        }
        for (k=1; k<=2; k++)
        {
            Console.WriteLine("显示第" + k + "条数据:");
            Console.Write("学号为: " + stud[k-1].Sno);
            Console.Write("  姓名: " + stud[k-1].Sname);
            Console.WriteLine("  年龄: " + stud[k-1].Sage);
        }
        Console.ReadLine();
    }
}
```

3. 运行结果和程序解释

程序的运行结果如图 2.8 所示。

图 2.8 案例的运行结果

程序首先声明了一个结构体 Student，里面包含 Sname(姓名)、Sno(学号)、Sage(年龄），而后定义了结构体数组 stud，其数据的获取来源于键盘输入的结果。

2.6 小　　结

本章主要介绍了 C#应用程序的基础知识，包括变量、数据类型、表达式等，介绍了变量的声明、使用方法以及注意事项；还介绍了运算符的优先级和表达式的编写方法，重点介绍了值类型和引用类型的区分以及关联，通过实例进行解释和说明。

在学习控制循环之前，本章的所有实例内容都是逐行顺序地执行的，在下面的章节中，将循序渐进地学习各种循环语句和条件语句，实现复杂的代码控制、以满足不同情况的编码需要。

2.7 习　　题

1. 选择题

(1) 以下标识符中，正确的是_____。
　　A. _Time　　　　　　　　　　B. typeof
　　C. 3a　　　　　　　　　　　　D. a3#

(2) 引用类型与值类型的主要区别是_____。
　　A. 引用类型的实例可以赋值，而值类型不可以
　　B. 定义实例时，值类型可以生成引用，引用类型直接生成实例
　　C. 引用类型的实例可以赋值，而值类型不能
　　D. 定义实例时，值类型生成引用，引用类型直接生成实例

(3) 以下类型中，不属于值类型的是_____。
　　A. 整数类型　　　　　　　　　B. 布尔类型
　　C. 字符类型　　　　　　　　　D. 类类型

2. 计算题

求以下表达式的结果值。
(1) "Visual" + " C#" + " 2012"
(2) int a = 30, b = 22;　　b %= (++a - 3 * 4) % 5;
(3) int a=11; (a++*1/3);
(4) int a=6; a*=8/5+6;

3. 编程题

新建控制台应用程序，输入"***"，输出"欢迎你，***"。

第3章 流程控制

本章要点
- C#选择结构控制语句的类型
- 循环结构的定义、使用及特点
- 跳转语句的使用

到目前为止，我们所编写的小程序只能是按照编写的顺序执行，中途不能发生任何跳转、循环，或者其他的变化。然而在实际生活中，并非所有的事情都是可以这样按部就班地进行，程序也是这样。为了适应各种情况的变化，经常需要转移或者改变程序执行的顺序。用于实现这些目的的语句称为流程控制语句。

在C#语言中，流程控制语句主要分为如下几种。
- 选择结构控制语句：使用?:、if、switch。
- 循环结构控制语句：使用do、while、for、foreach。
- 跳转控制语句：使用break、continue、goto、return。

3.1 选择结构控制语句

3.1.1 三元运算符

三元运算符其实是特殊的运算符，不属于流程控制语句的范畴，但是鉴于其与选择运算符有较大的相似之处，所以在此进行讲解，以方便读者进行比较。

三元运算符亦称条件运算符，它与别的运算符的区别是它需要3个操作数。

三元运算符的语法形式如下：

```
A? B : C
```

其中 A 必须是一个布尔表达式。B、C 必须类型相同，或可以隐式转换。B、C 类型相同时，表达式的结果类型即为该类型，否则，若 B 可隐式转换为 C，表达式的结果类型就为 C，若 C 可隐式转换为 B，表达式的结果类型就为 B。

三元运算符的执行过程为：首先计算 A，如果 A 的值为 true，那么计算 B，并把 B 的计算结果作为返回值。如果 A 的值为 false，那么就计算 C，B 则不计算了，并把 C 的计算结果返回。即 B 和 C 永远只会计算一个。

下面通过一个具体的例子来演示一下。

【例 3.1】输入一个整数，判断其是否大于 5，如果大于 5，则输出 true，否则输出 false。

具体的实现步骤如下。

(1) 新建 Windows 窗体应用程序，程序界面如图 3.1 所示。

第 3 章 流程控制

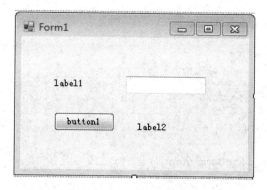

图 3.1 例 3.1 的程序界面

(2) 窗体和窗体上各控件的属性设置如表 3.1 所示。

表 3.1 控件属性列表

控件类型	控件名称	属 性	设置结果
Form	Form1	Text	判断是否大于 5
Label	Label1	Text	请输入一整数
	Label2	Name	lblResult
TextBox	TextBox1	Name	txtInput
Button	Button1	Name	btnJudge
		Text	判断是否大于 5

修改属性后的窗体如图 3.2 所示。

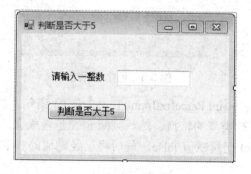

图 3.2 修改属性后的窗体

(3) 编写按钮的单击(Click)事件，代码如下：

```
using System;
using System.Collections.Generic;
using System.ComponentModel;
using System.Data;
using System.Drawing;
using System.Linq;
using System.Text;
using System.Threading.Tasks;
```

```
using System.Windows.Forms;

namespace ch03_1
{
    public partial class Form1 : Form
    {
        public Form1()
        {
            InitializeComponent();
        }
        private void btnJudge_Click(object sender, EventArgs e)
        {
            int a=int.Parse(txtInput.Text.Trim());
            bool bl = (a > 5)? true : false;
            lblResult.Text = Convert.ToString(bl);
        }
    }
}
```

(4). 运行程序，在文本框中输入一整数，单击"判断是否大于 5"按钮，在标签中显示结果。程序运行结果如图 3.3 所示。

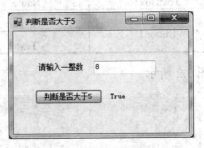

图 3.3 程序运行结果

上述程序通过 int a = int.Parse(txtInput.Text.Trim());语句，将用户输入的整数存储到整型变量 a 中，注意要进行类型的转换，然后判断 a>5 是否成立。若成立，则向 bl 变量赋值 true；若不成立，则向 bl 变量赋值 false。最后将已经赋值的 bl 结果从标签上显示出来。

3.1.2 if 语句

if 语句有 3 种基本形式：单条件选择、如果-否则、多情形选择。

1. 单条件选择(if)

单条件选择的 if 语句是最简单的 if 语句，基本语法如下：

```
if(boolean_expression)
{
    ...;
}
```

该语句必须以关键字 if 开始,其后括号内为布尔表达式。该表达式必须计算出一个 true 或者 false 值。若为 true,则执行 if 后面的大括号中的语句,否则,就跳过这些大括号中的语句。

2. 如果-否则(if-else)

如果-否则语句的基本语法如下:

```
if(boolean_expression)
{
    语句 A;
}
else
{
    语句 B;
}
```

这个语句与第一种很类似,判断 if 语句后面括号内的值,若为 true,则执行"语句 A",否则就执行"语句 B"。

【例 3.2】编写 Windows 应用程序,输入一个整数 x,判断其是否为 5 的倍数,如果是的话,则输出"x 是 5 的倍数",否则输出"x 不是 5 的倍数"。

具体实现步骤如下。

(1) 新建 Windows 窗体应用程序,程序界面如图 3.4 所示。

图 3.4 例 3.2 的程序界面

(2) 窗体和窗体上各控件的属性设置如表 3.2 所示。

表 3.2 控件属性列表

控件类型	控件名称	属　性	设置结果
Form	Form1	Text	判断是否为 5 的倍数
Label	Label1	Name	lblResult
TextBox	TextBox1	Name	txtInput
Button	Button1	Name	btnJudge
		Text	判断是否为 5 的倍数

修改属性后的窗体如图 3.5 所示。

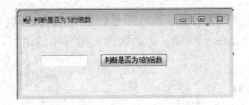

图 3.5　修改属性后的程序界面

(3) 编写按钮的单击(Click)事件，代码如下：

```
using System;
using System.Collections.Generic;
using System.ComponentModel;
using System.Data;
using System.Drawing;
using System.Linq;
using System.Text;
using System.Threading.Tasks;
using System.Windows.Forms;
namespace ch03_2
{
    public partial class Form1 : Form
    {
        public Form1()
        {
            InitializeComponent();
        }
        private void btnJudge_Click(object sender, EventArgs e)
        {
            int a = int.Parse(txtInput.Text.Trim());
            if (a % 5 == 0)
                lblResult.Text = a + "是5的倍数";
            else
                lblResult.Text = a + "不是5的倍数";
        }
    }
}
```

(4) 运行程序，在文本框中输入一整数，单击"判断是否为 5 的倍数"按钮。程序运行效果如图 3.6 所示。

图 3.6　程序运行结果

3. 多情形选择(if ... else if ... else if ... else)

多情形选择条件判断语句实际上是第 2 种形式的嵌套。在选择的时候，常常是有多种情况，这些情况有不同的指令。基本语法为：

```
if(boolean_expression1)
{
    语句 A;
}
else if(boolean_expression2)
{
    语句 B;
}
else if(boolean_expression3)
{
    语句 C;
}
...
else
{
    语句 N;
}
```

程序执行时，首先判断 if 后面括号中的 boolean_expression1，若值为 true，则执行"语句 A"，若值为 false，就跳向下一个判断，判断 else if 后面的 boolean_expression2，若为 true，就执行"语句 B"，否则就继续向下判断，若到最后的 else 语句之前还没有遇到为 true 的，就执行 else 后面大括号中的"语句 N"了。

3.1.3　switch 语句

switch 语句非常类似于 if 语句，因为它也是根据测试的值来有条件地执行代码。实际上，每一个由 switch 语句组成的代码，都可以用 if 语句进行改写。但是，switch 语句也有其特殊的地方，它可以一次将测试变量与多个值进行比较，而不仅仅是测试一个条件。注意这种测试仅限于离散的值，而不是像"小于 10"这样的子句。

switch 语句的基本语法为：

```
switch (switch_expression)
{
case value1:
    statement1;
    break;
case value2:
    statement2;
    break;
...
case valueN:
```

```
    statementN;
    break;
[default]
}
```

要记住两个主要规则。首先，switch_expression 必须是(或者能隐式地转换为)sbyte、byte、short、ushort、int、uint、long、ulong、char、string 类型，或者在这些类型上的一个枚举。其次，必须为每个 case 语句添加一个 break 语句。在执行 switch 语句的过程中，先把 switch 后面括号内的表达式 switch_expression 依次与 case 后面的表达式进行比较。如果遇到匹配的，则执行其后提供的语句。如果没有匹配的，就执行 default 部分中的代码。break 语句的作用是中断当前 switch 语句的运行，而执行该结构后面的语句。若没有 break 这个关键字，程序可能会发生意想不到的错误。

如图 3.7 所示可以更清楚地反映出 switch 语句的控制结构。

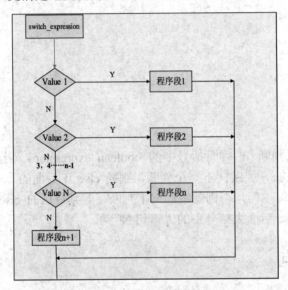

图 3.7　switch 语句的控制结构

【例 3.3】输入一个 0~100 之间的整数，判断并输出等级(90~100 为优秀，80~89 为良好，70~79 为中等，60~69 为及格，60 以下为不及格)。

具体的实现步骤如下。

(1) 新建 Windows 窗体应用程序，程序界面如图 3.8 所示。

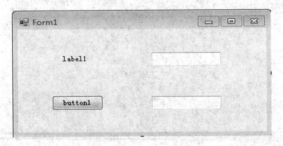

图 3.8　例 3.3 的程序界面

(2) 窗体和窗体上各控件的属性设置如表 3.3 所示。

表 3.3 控件属性列表

控件类型	控件名称	属 性	设置结果
Form	Form1	Text	等级转换
Label	Label1	Text	请输入 0-100 之间的整数
TextBox	TextBox1	Name	txtScore
	TextBox2	Name	txtGrade
		ReadOnly	true
Button	Button1	Name	btnConvert
		Text	转换

修改属性后的窗体如图 3.9 所示。

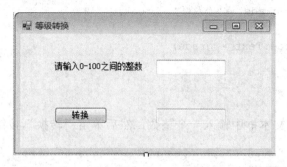

图 3.9 修改属性后的程序界面

(3) 编写按钮的单击(Click)事件处理程序，代码如下：

```
using System;
using System.Collections.Generic;
using System.ComponentModel;
using System.Data;
using System.Drawing;
using System.Linq;
using System.Text;
using System.Threading.Tasks;
using System.Windows.Forms;

namespace ch03_3
{
    public partial class Form1 : Form
    {
        public Form1()
        {
            InitializeComponent();
        }
        private void btnConvert_Click(object sender, EventArgs e)
```

```csharp
        {
            int n = int.Parse(txtScore.Text.Trim());
            string grade = "";
            switch (n / 10)
            {
                case 10:
                case 9:
                    grade = "优秀"; break;
                case 8:
                    grade = "良好"; break;
                case 7:
                    grade = "中等"; break;
                case 6:
                    grade = "及格"; break;
                default:
                    grade = "不及格"; break;
            }
            txtGrade.Text = grade;
        }
    }
}
```

（4）运行程序，在文本框中输入一个整数，然后单击"转换"按钮。程序运行效果如图 3.10 所示。

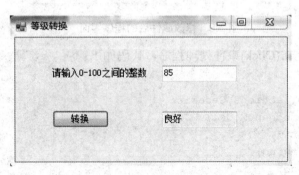

图 3.10 程序的运行结果

3.2 循环结构

循环结构可以实现一个程序模块的重复执行，它对于我们简化程序、更好地组织算法有着重要的意义。C#为我们提供了若干种循环语句，分别适用于不同的情形，下面依次予以介绍。

3.2.1 while 循环

while 循环语句可以有条件地将内嵌语句执行 0 遍或者若干遍，其基本语法为：

```
while(boolean_expression)
{
    embeded-statement;
}
```

while 循环语句执行时，先判断 while 后面括号内的语句的值，当为 false 时，不执行大括号内的嵌入程序段，若为 true 时，进入循环，执行循环内程序段一遍后，再次判断条件是否满足，若满足，就一直执行下去，直到不满足为止，跳出循环，继续后面的语句。

【例 3.4】编程实现求 1+3+5+…+99 的结果。关键代码如下：

```
static void Main(string[] args)
{
    int sum = 0;
    int i = 1;
    while (i < 100)
    {
        sum += i;
        i += 2;
    }
    Console.WriteLine("1+3+5+...+99={0}", sum);
}
```

运行结果如图 3.11 所示。

图 3.11　例 3.4 的运行结果

3.2.2　do 循环

在程序中使用循环时，若需要第一次不检查条件是否满足，直接进入循环，第二次以后才检查条件是否满足，条件为 true 时，才能进入循环，这时，便需要使用 do 循环。

do 循环的基本语法格式为：

```
do
{
    embeded_statement;
} while(boolean_expression);
```

【例 3.5】将例 3.4 改成 do 循环实现。程序代码如下：

```
static void Main(string[] args)
{
```

```
int sum = 0;
int i = 1;
do
{
    sum += i;
    i += 2;
} while (i < 100);
Console.WriteLine("1+3+5+...+99={0}", sum);
}
```

运行结果与例 3.4 的一致。

while 循环语句与 do 循环语句之间的差别在于控制循环的方式不同，do 循环语句的循环体至少要执行一次，而 while 循环语句则有可能一次都不执行。在具体的实践中，while 语句的使用比 do 语句更为频繁。但是，通过对布尔变量进行初始化，可以很容易地控制是否进入循环，所以选用其中的哪个语句只是个人喜好问题。

3.2.3　for 循环

在程序设计过程中，有时希望从某个值开始，每执行指定的程序段一次，便将该数值增加(减少)一个单位，如果结果始终比终值小(大)，便继续执行该程序段，一直到不满足终值才离开该程序段，这时，就可以使用 for 循环语句。

for 循环语句的基本语法为：

```
for(initializer; condition; iterator)
{
    statement;
}
```

其中 initializer、condition、iterator 这 3 个项都是可选项。initializer 为循环控制变量做初始化，循环控制变量可以有一个或多个(用逗号隔开)；condition 为循环控制条件，也可以有一个或者多个语句；iterator 为迭代器，按规律改变循环控制变量的值。

上面提到，初始化、循环控制条件和循环控制都是可选的。若忽略了条件，就可以产生一个死循环，需要使用跳转语句(break 或 goto)才能退出：

```
for( ; ; )
{
    break; //由于某些原因中断跳出
}
```

【例 3.6】将例 3.4 改用 for 语句来实现。程序代码为：

```
static void Main(string[] args)
{
    int sum = 0;
    for(int i=1; i<100; i+=2)
    {
        sum += i;
```

```
    }
    Console.WriteLine("1+3+5+...+99={0}", sum);
}
```

运行结果与例 3.4 的一致。

3.2.4　foreach 语句

foreach 语句是在 C#中新引入的，C 和 C++中没有这个语句，而 Visual Basic 的程序员应该对它不陌生。它表示收集一个集合中的各元素，并针对各个元素执行内嵌语句。

foreach 语句的基本语法格式为：

```
foreach(type identifier in expression)
{
    statement;
}
```

首先，identifier 变量用来逐一存放数组元素内容，故该变量声明的类型要与数组的类型一致，且必须声明后才能使用；其次，数组内元素的个数决定循环内程序段重复执行的次数；最后，每次进入循环，会依次将数组元素内容指定给变量，当所有元素都读完后，系统就会离开 foreach 循环。

【例 3.7】使用 foreach 循环语句实现数组元素相乘。程序代码如下：

```
static void Main(string[] args)
{
    int[] a = new int[] { 5, 3, 8, 9, 2, 4 };
    int f = 1;
    Console.WriteLine("数组为：");
    foreach(int i in a)
    {
        Console.Write(i + " ");
        f = f * i;
    }
    Console.WriteLine();
    Console.WriteLine("数组元素相乘为：" + f);
}
```

程序的运行结果如图 3.12 所示。

图 3.12　例 3.7 的运行结果

3.2.5 死循环

可以通过编写错误代码(或由于错误的设计),定义出永远不终止的循环,即所谓的无限循环,或死循环。下面的代码就是一个死循环的例子:

```
while (true)
{
    //statement;
}
```

当然,死循环代码也是有用的,比如说,我们可以使用跳转语句(break 等)退出这样的循环。

3.3 跳转语句在循环体中的作用

前面我们讨论的所有循环语句的嵌入语句中,都可以使用跳转语句控制执行流。跳转语句包括 break、continue、goto 和 return。

3.3.1 break 和 continue 语句

可以使用 break 语句终止当前的循环或者它所在的条件语句。然后,控制被传递到循环或条件语句的嵌入语句后面的代码行。break 语句的语法极为简单,它没有括号和参数,只要将以下语句放到希望跳出循环或条件语句的地方即可:

```
break;
```

下面的代码是一个 break 语句的简单例子:

```
int i = 9;
int sum = 0;
while (i < 10)
{
    if (i >= 0)
    {
        sum = sum + i;
        i--;
    }
    else
    {
        break;
    }
}
Console.WriteLine(sum);
```

这段代码输出 45,因为 break 语句在变量 i 的值为-1 时跳出这个 while 循环。假如此循环中没有 break 语句,这就是一个标准的死循环代码了。

若循环语句中有 continue 关键字，则会使程序在某些情况下部分被执行，而另一部分不执行。在 while 循环语句中，在嵌入语句遇到 continue 指令时，程序就会无条件地跳至循环的顶端测试条件，待条件满足后再进入循环。而在 do 循环语句中，在嵌入语句遇到 continue 指令时，程序流程会无条件地跳至循环的底部测试条件，待条件满足后再进入循环。这时在 continue 语句后的程序段将不被执行。

比如说，我们要输出 1~10 这 10 个数之间的偶数，代码如下：

```
int i = 1;
while (i <= 10)
{
    if (i%2 != 0)
    {
        i++;
        continue;
    }
    Console.Write(i.ToString() + ",");
    i++;
}
```

本程序的输出结果为：

2,4,6,8,10,

3.3.2 goto 语句

goto 语句可以跳出循环，到达已经标识好的位置上。

【例 3.8】使用 goto 语句实现程序的跳转。程序代码如下：

```
static void Main(string[] args)
{
    Console.WriteLine("请输入a：");
    int a = int.Parse(Console.ReadLine());
    Console.WriteLine("请输入b：");
    int b = int.Parse(Console.ReadLine());

    if (a > b)
        goto n1;
    goto n2;

    n1:
    Console.WriteLine(a + "-" + b + "=" + (a - b));
    n2:
    Console.WriteLine("Bye");
}
```

运行结果如图 3.13 所示。

图 3.13 例 3.8 的运行结果

3.3.3 return 语句

return 语句是函数级的，遇到 return 该方法必定返回，即不再执行它后面的代码。

【例 3.9】一个关于 return 跳转语句的简单例子。

程序代码如下：

```
static void Main(string[] args)
{
    Console.WriteLine("hello");
    return;
    Console.WriteLine("ABC");
}
```

编译时会提示"检测到无法访问的代码"，并可以定位到 Console.WriteLine("ABC");这句代码，这说明 return 语句已经阻止了后面语句的运行。

3.4 案例实训

1．案例说明

"水仙花数"是指一个三位数，它具有以下特征：其百、十、个位上的数的立方和恰好等于该数，例如 153 是一个水仙花数：$153=1^3+5^3+3^3$，编写程序，输出所有水仙花数。

2．编程思路

在 for 循环中定义三个变量，分别保存个位数、十位数、百位数，再判断立方和是否等于该数，如果是，则输出。

3．具体步骤

（1）新建 Windows 窗体应用程序，程序界面如图 3.14 所示。

图 3.14 程序界面

(2) 窗体和窗体上各控件的属性设置如表 3.4 所示。

表 3.4 控件属性列表

控件类型	控件名称	属 性	设置结果
Form	Form1	Text	求水仙花数
TextBox	TextBox1	ReadOnly	True
		Name	txtOutput
Button	Button1	Name	btnJudge
		Text	求水仙花数

修改属性后的窗体如图 3.15 所示。

图 3.15 修改属性后的程序界面

(3) 编写按钮的单击(Click)事件，代码如下：

```
private void btnJudge_Click(object sender, EventArgs e)
{
    string str = "";
    for(int i=100; i<1000; i++)
    {
        int a = i/100;
        int b = i % 100 / 10;
        int c = i%10;
        if (a*a*a + b*b*b + c*c*c == i)
            str = str + i + " ";
    }
    txtOutput.Text = str.Trim();
}
```

(4) 运行程序，单击"求水仙花数"按钮。程序运行效果如图 3.16 所示。

图 3.16 案例的运行结果

3.5 小结

本章介绍了选择结构、循环结构设计。在 C#语言中，用 if 和 switch 语句均能实现选择控制，用 for、while、do-while、foreach 均能实现循环控制。结合使用 break、continue 语句，还能改变程序的执行流程，提前退出循环或提前结束本次循环。

3.6 习题

1. 选择题

(1) while 语句循环结构和 do-while 语句构成的循环结构的区别在于_____。
    A. while 语句的执行效率比较高
    B. do-while 语句编写程序比较复杂
    C. 无论条件是否成立，while 语句都要执行一次循环体
    D. do-while 循环是先执行循环体，后判断条件表达式是否成立，而 while 语句先判断条件表达式，再决定是否执行循环体

(2) 下列使用 for 语句的描述有错误的是_____。
    A. 使用 for 语句，可以省略其中的某个或多个表达式，但不能同时省略全部 3 个表达式
    B. 在省略 for 语句的某个表达式时，如果该表达式后面原来带有分号，则一定要保留它所带的分号
    C. 在 for 语句的表达式 1 中，可以直接定义循环变量，以简化代码
    D. for 语句的表达式可以是逗号表达式

2. 填空题

看下面的一段代码，分析一下若开始输入 1，最终的输出结果是什么_____？

```
int x;
Console.WriteLine("请输入 x 的值: ");
x = int.Parse(Console.ReadLine());
switch (x)
{
    case 1:
    case 2:
        Console.Write("2 号");
        break;
    case 3:
        Console.Write("3 号");
        break;
    case 4:
        Console.WriteLine("4 号");
        break;
```

```
    case 5:
        Console.WriteLine("5号");
        break;
    default:
        Console.Write("没有号数");
        break;
}
Console.ReadLine();
```

3. 编程题

(1) 编一个程序，输入一个字符，如果是大写字母，就转换成小写字母，否则，不进行转换。

(2) 编一个程序，使用 if-else 语句。输入一个整数，如果该数大于 0，则输出"这个数大于零。"，如果该数等于 0，则输出"这个数等于零。"，否则输出"这个数小于零。"。

(3) 编一个程序，利用 for 循环语句，求出 1!+2!+3!+...+10!的和。

第 4 章 数组与字符串

本章要点

- 几种数组的定义和使用
- 字符串的定义和使用

前面几章在处理数据时,都是直接使用变量把数据放入内存中,这样有一个很大的不便,就是一个变量只能代表一个数值或者字符串数据,当我们需要大量相同类型的数据时,比如说,需要整个班级 80 个学生的年龄数据,不可能定义 80 个不同的变量来存放,否则会给程序的维护以及调试带来困难。在 C#中,可以用数组来解决这个问题。

字符串在程序的编写过程中也扮演着极其重要的角色。文字处理、文档操作以及网页制作通常都要用到字符串。

本章将讨论数组和字符串的各种处理方法。

4.1 一 维 数 组

在 C#中,声明一维数组的语法是在类型后面放一对空的方括号,如下所示:

```
int[] numbers;
```

数组在被访问之前必须初始化,初始化有两种方式。可以由字面形式指定数组的完整内容,也可以先直接指定数组的大小,再使用关键字 new 来初始化所有的数组元素。具体如下所示:

```
int[] numbers = {1, 2, 3, 4};
int[] numbers = new int[4] {1, 2, 3, 4};
```

当然,也可以使用已经赋值的变量来进行初始化,例如:

```
int a = 3;
int[] numbers = new int[a];
```

数组的下标是从 0 开始的,所以上面所定义的数组包含以下 3 个元素:

```
numbers[0]
numbers[1]
numbers[2]
```

【例 4.1】定义一个长度为 5 的字符串数组,将数组输出。

程序代码如下:

```
static void Main(string[] args)
{
    string[] a =
```

```
        new string[5] {"Monday","Tuesday","Wednesday","Thursday","Friday"};
        for(int i=0; i<5; i++) Console.WriteLine(a[i]);
}
```

程序运行结果如图 4.1 所示。

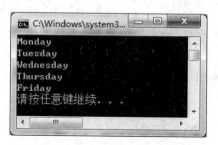

图 4.1 例 4.1 的运行结果

4.2 多维数组与交错数组

上面只是定义了一维数组。还可以定义多维数组，语法是在方括号内加逗号。例如定义一个二维数组：

```
int[,] numbers;
```

多维数组的初始化与一维数组的初始化很类似，若集体赋值，则要遵循行先序的原则，这些与其他语言很类似。例如：

```
int[,] numbers = new int[2, 2] {{1, 2}, {3, 4}};
```

相当于这样给数组赋值：

```
numbers[0, 0] = 1;
numbers[0, 1] = 2;
numbers[1, 0] = 3;
numbers[1, 1] = 4;
```

上面所讲的多维数组的每行元素个数都是相等的。

在 C#中，还可以定义一种特殊的数组，数组中的每一行元素个数可以不相同，这种数组称为交错数组(Jagged Array)。例如：

```
int[][] numbers = new int[3][ ];
numbers[0] = new int[2] {1, 2};
numbers[1] = new int[3] {2, 3, 4};
numbers[2] = new int[2] {6, 7};
```

求上述声明的交错数组的第 i 行的长度时，写法如下：

```
int slength = numbers[i].Length;
```

对交错数组的声明以及赋值可以这样进行改进：

```
int[][] numbers = {new int[]{1, 2}, new int[]{2, 3, 4}, new int[]{6, 7}};
```

C#中还提供了 foreach 语句。该语句提供一种简单明了的方法来循环访问数组的元素。例如：

```
int[] numbers = {4, 5, 6, 1, 2, 3, -2, -1, 0};
foreach (int i in numbers)
{
    System.Console.WriteLine(i);
}
```

【例 4.2】求一个二维数组中的最大值、最小值及平均值。

程序代码如下：

```
static void Main(string[] args)
{
    int[,] num = new int[4, 4] { { 11, 2, 3, 4 }, { 5, 16, 7, 12 },
                                 { 9, 10, 1, 8 }, { 13, 14, 15, 6 } };
    Console.WriteLine("数组为：");
    int max = num[0, 0];
    int min = num[0, 0];
    int sum = 0;
    for (int i=0; i<4; i++)
    {
        for (int j=0; j<4; j++)
        {
            Console.Write(num[i, j].ToString() + " ");
            if (num[i, j] > max)
                max = num[i, j];
            if (num[i, j] < min)
                min = num[i, j];
            sum = sum + num[i, j];
        }
        Console.WriteLine();
    }
    Console.WriteLine("最大值：{0}，最小值：{1}，平均值：{2}",
        max, min, (sum*1.0)/num.Length);
}
```

运行结果如图 4.2 所示。

图 4.2 例 4.2 的运行结果

4.3 String 类

字符串是在程序中非常常用的一种类型，在 C#中有一个 String 类，它位于 System 命名空间中，属于.NET 框架类库，而以前一直在用的 string 只不过是 String 类在 C#中的一个别名。现在来认识一下强大的 String 类。

通常使用格式字符串和参数列表的形式输出数据，例如：

```
int max = 10;
Console.WriteLine("最大值：{0}", max);
```

其中的"最大值：{0}"称为格式字符串，格式字符串后面的部分称为格式列表，格式字符串中的{x}称为占位符。String 类提供了一个很强大的 Format()方法来格式化字符串。Format()方法允许把字符串、数字或布尔类型的变量插入到格式字符串中，它的语法如下：

```
string str = string.Format(格式字符串，参数列表);
```

例如：

```
int x=2, y=3;
string str = string.Format("{0}+{1}={2}", x, y, x+y);
```

其中，"{0}+{1}={2}"就是一个格式字符串，{0}、{1}、{2}分别对应于后面的 x、y、x+y，占位符中的数字 0、1、2 分别对应于参数列表中的第 1、2、3 个参数，这条语句的运行结果为：

```
2+3=5
```

4.4 HashTable

本小节将讲解一种比较重要的集合类型——HashTable(哈希表)。HashTable 对于 C#初学者来说，可能比较难懂，但却是一个很重要的概念，读者应该多加体会。

4.4.1 HashTable 简述

在.NET 框架中，HashTable 是 System.Collections 命名空间提供的一个容器，用于处理和表现类似 key/value 的键值对，这些键/值对根据键的哈希代码进行组织。其中 key 通常可用来快速查找，同时 key 是区分大小写的；value 用于存储对应于 key 的值。HashTable 中的 key/value 键值对均为 Object 类型，所以 HashTable 可以支持任何类型的 key/value 键值对。HashTable 是 C#中一个较为复杂的类型，其构造函数就有十几种，这里我们只讲解两种最为简单的构造函数来供读者参考：

```
HashTable()
HashTable(Int32)
```

第 1 种构造函数使用默认的参数来初始化 HashTable 类的新的空实例。

第 2 种构造函数使用指定的容量来初始化 HashTable 类的新实例。这里我们指定的容量只是初步判断的容量，可以在后来的使用过程中根据实际需求进行修改。

下面的代码用来创建 HashTable 的新实例：

```
HashTable ht1 = new HashTable();
HashTable ht2 = new HashTable(15);
```

4.4.2　HashTable 的简单操作

类似于前面对数组的操作，可以对哈希表进行元素的添加、删除、查找等操作，具体方法如下。

- Add(key, value)：在哈希表中添加一个 key/value 键值对。
- Remove(key)：在哈希表中去除某个 key/value 键值对。
- Clear()：从哈希表中移除所有元素。
- Contains(key)：判断哈希表是否包含特定键 key。

下面的控制台程序包含了以上所有的操作：

```
using System;
using System.Collections;  //使用 Hashtable 时，必须引入这个命名空间
class hashtable
{
    public static void Main()
    {
        HashTable ht = new HashTable();
        ht.Add("A", "太仓");  //添加 key/value 键值对
        ht.Add("B", "昆山");
        ht.Add("C", "张家港");
        ht.Add("D", "常熟");
        string s = (string)ht["A"];
        Console.WriteLine(s);
        if (ht.Contains("B"))  //判断哈希表是否包含特定键，返回值为 true 或 false
            Console.WriteLine("the B key:exist");
        ht.Remove("C");  //移除一个 key/value 键值对
        ht.Clear();  //移除所有元素
        Console.WriteLine(ht["A"]);  //此处将不会有任何输出
    }
}
```

4.4.3　遍历 HashTable

C#中提供了 foreach 语句，可以对 HashTable 进行遍历。由于 HashTable 的元素是一个键/值对，因此需要使用 DictionaryEntry 类型来进行遍历。DictionaryEntry 类型在此处表示一个键/值对的集合。

下面的代码可以实现对 HashTable 中的元素进行遍历：

```
foreach(DictionaryEntry de in ht)  //ht 为一个 Hashtable 实例
{
    Console.WriteLine(de.Key);    //de.Key 对应于 key/value 键值对 key
    Console.WriteLine(de.Value);  //de.Key 对应于 key/value 键值对 value
}
```

4.4.4 对 HashTable 进行排序

此处"对 HashTable 进行排序"的含义是对 key/value 键值对中的 key 按一定规则重新排列，但实际上这是无法实现的，因为我们无法直接在 Hashtable 对 key 进行重新排列。如果需要 Hashtable 提供某种规则的输出，可以采用一种变通的做法：

```
ArrayList akeys = new ArrayList(ht.Keys);  //别忘了导入 System.Collections
akeys.Sort();  //按字母顺序进行排序
for(string skey in akeys)
{
    Console.Write(skey + ":");
    Console.WriteLine(ht[skey]);  //排序后输出
}
```

4.5 字符与字符串

如今，随着计算机技术的进步，其所能处理的也不仅仅局限于数值了，大多数程序要考虑得更多的是字符串了。文字处理、文档操作以及网页制作通常都要用到字符串。

C#内置了功能完全的 string 类型。更重要的是，C#把字符串也当成对象，封装了字符串的所有操作、排序和搜索方法。

复杂的字符串处理模式匹配要依靠正则表达式的帮助。C#将正则表达式语法的强大和复杂与完全的面向对象设计结合起来了。

4.5.1 字符串的声明和初始化

定义字符串最基本的方式是把双引号括起来的字符串赋给 string 类型的变量，例如：

```
string s = "abcd";
```

双引号括起来的字符串可以包含转义字符，如"\n"或"\t"，都以反斜线开始，用来表示换行或制表。由于反斜线本身在一些命令行语法(如 URL 或者目录路径)中会用到，所以在引号括起来的字符串中，作为路径的反斜线必须在其自身前面再加一个反斜线，如下面的代码所示：

```
string directory = "C:\\text";
```

字符串也可以用原样的字符串字面值创建,但以"@"符号开头。这样 string 构造方法就知道字符串应照原样使用,即使它要跨行或者含有转义字符。因此,上面的程序代码也可以改写成如下的代码:

```
string directory = @"C:\text";
```

4.5.2 字符串的处理

string 类型变量可以看作是 char 变量的只读数组。这样,就可以使用下面的方式来访问每个字符:

```
string myString = "abcdef";
char myChar = myString[1];  //获得'b'
```

同时,我们还可以使用 ToCharArray()函数,把 string 类型的变量转存到字符数组中。

【例 4.3】把一个 string 变量的所有值存放到一个字符数组中。

程序代码如下:

```
static void Main(string[] args)
{
    Console.WriteLine("请输入字符串:");
    string s = Console.ReadLine();
    char[] myChar = s.ToCharArray();
    Console.WriteLine("字符数组输出如下:");
    foreach (char c in myChar)
    {
        Console.WriteLine("{0}", c);
    }
    Console.ReadLine();
}
```

程序的运行结果如图 4.3 所示。

图 4.3 例 4.3 的运行结果

字符串的串接(合并)是指使用"+"符号连接前后两个字符串:

```
string ci = "太仓市";
```

```
string str = "人民路";
string address = ci + str;
Console.WriteLine("地址是: " + address);
```

上述代码的输出结果为：

地址是：太仓市人民路

string 类中有大量的方法和属性，这些会使我们在处理字符串的时候很方便，具体见表 4.1。

表 4.1 字符串处理的方法

成员名称	举例说明
Length	string str1 = "you are welcome!"; int n = str1.Length; 则 n 为 str1 字符串的长度

ToString	int n = 456;
	 string str1 = n.ToString();
	 则 str1 为整型数 n 转化为字符串的值

Compare	string str1 = "you are welcome!"; string str2 = "I like Visual C#"; int n = String.Compare(str1, str2); 则 n 值为 1； str1 与 str2 比较，若 str1>str2，则返回 1；若 str1<str2，则返回-1；若 str1=str2，则返回 0。比较的方法是比较两个字符串的第一个字母在 ASCII 表中的顺序，后面的大于前面的，若第一个相同，再比较第二个，依次类推
CompareTo	string str1 = "you are welcome!"; string str2 = "I like Visual C#"; int n = str1.CompareTo(str2); 则 n 的值为 1； 这与上面的 Compare 方法很类似，只是语法稍有不同
ToUpper /ToLower	string str1 = "I like Visual C#"; string str2 = str1.ToLower(); 那么 str2 的值为"i like visual c#"；ToLower()函数是把字符串中所有的字母都变成小写，而 ToUpper()函数则是把字符串中所有的字母都变成大写
Copy	string str1 = "I like Visual C#"; string str2 = string.Copy(str1); 那么 str2 这个字符串就是"I like Visual C#"了。Copy 函数的功能就是对字符串变量进行复制

续表

成员名称	举例说明
Concat	string str1 = "you are"; string str2 = "welcome"; string str3 = string.Concat(str1, str2); 则 str3 的值就是 you are welcome。Concat 的功能就是将 str1 和 str2 字符串头尾串接放入 str3
Equals	Equals 用来检查两个字符串是否相等， 若相等，则返回值为 true，否则为 false。 语法为：str1.Equals(str2);
Insert	string str1 = "abcdefg"; string str2 = "123456"; str1.Insert(2, str2); 那么 str1 的值为"ab123456cdefg"; Insert 函数的语法为 str1.Insert(n, str2)，用来将 str2 字符串插在 str1 字符串的第 n 个位置(由 1 算起)
IndexOf	string str1 = "you are welcome"; int n = str1.IndexOf("are"); 则 n 的值为 4； IndexOf 是从 str1 字符串找出第一次出现某子字符串的位置
ToCharArray	string str1 = "abcdef"; char[] myChar = str1.ToCharArray(); ToCharArray 函数把字符串放入字符数组

Join	string[] str = new string[3];
	str[0] = "I";
	str[1] = "Love";
	str[2] = "You!";
	string s = string.Join("$", str);
	则 s 的值为"I$Love$You"

Split	string str1 = "I Love You"; string[] s = new string[3]; s = str1.Split(' ');　　//以空格作为分隔符 则 s[0]="I"; s[1]="Love"; s[2]="You"; Split 函数的作用是以字符串中指定的字符为分隔符，将字符串分开，再将这些字符串放入指定的字符串数组中

续表

成员名称	举例说明
Remove	string str1 = "abcdefg"; string str2 = str1.Remove(2, 3); 此时 str2 字符串的值为"aefg" 该函数的主要功能是删除 str1 字符串中从第 n1 个字符开始长度为 n2 的字符串
SubString	本函数的功能是求子串，基本语法为： str1.SubString(n1, n2) 获取从 str1 字符串的第 n1 个字符开始，长度为 n2 的子串
TrimStart /TrimEnd /Trim	函数的主要功能是去掉空格，其中： TrimStart 是去掉字符串最前面的空格； TrimEnd 是去掉字符串最后面的空格； Trim 是去掉字符串中的所有空格

4.6 案例实训

1. 案例说明

编一个程序，从键盘输入一个字符串，用 foreach 循环语句，统计其中大写字母的个数和小写字母的个数。

2. 程序代码

程序代码如下：

```
static void Main(string[] args)
{
    string s;
    int n1 = 0, n2 = 0;
    Console.WriteLine("请输入一个字符串");
    s = Console.ReadLine();
    foreach (char c in s)
    {
        if (c>='A' && c<='Z')
            n1++;
        else if (c>='a' && c<='z')
            n2++;
    }
    Console.WriteLine(
      "字符串为：{0}，大写字母有{1}个，小写字母有{2}个", s, n1, n2);
}
```

3. 运行结果

程序运行结果如图 4.4 所示。

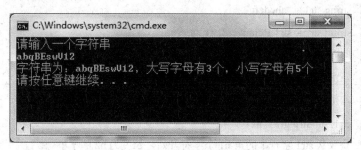

图 4.4 案例的运行结果

4.7 小 结

本章主要介绍了数组和字符串处理的基础知识。在 C#中，数组是通过在类型和变量名之间放置一个空方括号来进行声明的。C#数组可以是一维数组、多维数组或者是交错数组。针对字符串的处理，也讨论了几个基本的技巧，并将多数方法在表中列出，使用字符串处理的各种方法以及多个方法的组合，可以实现预期的处理目的。

4.8 习 题

1. 选择题

(1) 下面是几条定义初始化一维数组的语句，其中正确的是_____。
    A. int myArray[] = {1, 2, 3, 4, 5};
    B. int[] myArray = new int[];
    C. int[] myArray = new int[] {1, 2, 3, 4, 5};
    D. int[] myArray; myArray = {1, 2, 3, 4, 5};

(2) 下面是几条动态初始化二维数组的语句，指出其中正确的是_____。
    A. int myArray[][] = new int[3][2];
    B. int myArray[,] = new int[3][2];
    C. int[][] myArray = new int[3][2];
    D. int[,] myArray = new int[3][2];

2. 编程题

(1) 编一个程序，定义一个有 5 个元素的数组，使用 for 循环语句，从键盘上输入 5 名同学的数学成绩，分别求出最高分和最低分，并且求出 5 名同学的数学平均成绩。

(2) 编一个程序，定义一个字符串变量，输入字符串，然后再输入一个字符，在字符串中查找该字符出现的次数。

(3) 编一个程序，定义一个 4 行 4 列的二维整数数组，赋初值，然后求出对角线上的元素之和。

3. 综合设计题

设计一个窗体程序，添加一个文本框，在文本框中实现99乘法表，如图4.5所示。

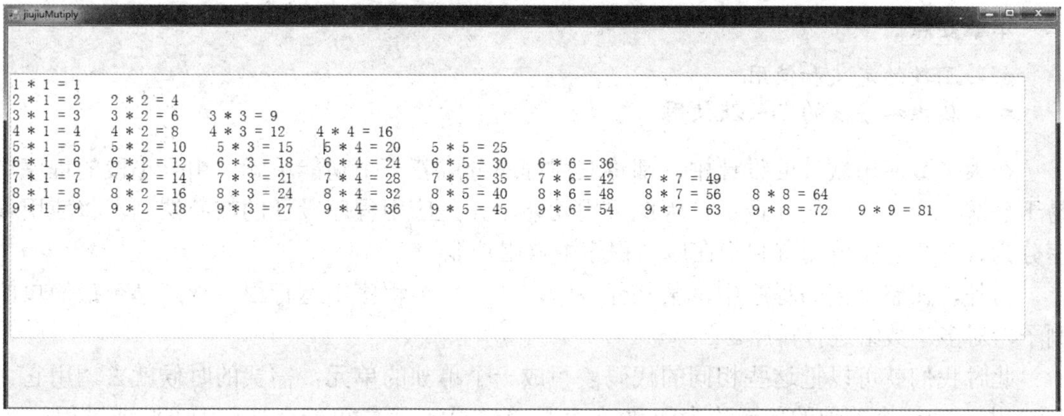

```
1 * 1 = 1
2 * 1 = 2    2 * 2 = 4
3 * 1 = 3    3 * 2 = 6    3 * 3 = 9
4 * 1 = 4    4 * 2 = 8    4 * 3 = 12   4 * 4 = 16
5 * 1 = 5    5 * 2 = 10   5 * 3 = 15   5 * 4 = 20   5 * 5 = 25
6 * 1 = 6    6 * 2 = 12   6 * 3 = 18   6 * 4 = 24   6 * 5 = 30   6 * 6 = 36
7 * 1 = 7    7 * 2 = 14   7 * 3 = 21   7 * 4 = 28   7 * 5 = 35   7 * 6 = 42   7 * 7 = 49
8 * 1 = 8    8 * 2 = 16   8 * 3 = 24   8 * 4 = 32   8 * 5 = 40   8 * 6 = 48   8 * 7 = 56   8 * 8 = 64
9 * 1 = 9    9 * 2 = 18   9 * 3 = 27   9 * 4 = 36   9 * 5 = 45   9 * 6 = 54   9 * 7 = 63   9 * 8 = 72   9 * 9 = 81
```

图 4.5　99 乘法表

第 5 章　函数、字段和属性

本章要点
- 函数的定义和使用
- 属性和字段的定义及使用

在大多数应用软件的设计中，都将应用程序分成若干个功能单元。由于小段的程序更易于理解、设计、开发和调试，因此采用功能单元是应用程序设计的核心法则。将应用程序分为若干个功能单元有利于在应用程序中重用功能构件。

另外，在整个大的程序中，某些任务常常要在一个程序中运行很多次。举个最简单的例子，对多个数组进行排序。

此时我们就可以把这些相同的代码段写成一个单独的单元，需要的时候就去调用它。在 C#中，把这个单独的单元称为函数(在有些 C#书中，函数可能会被称为方法或过程)。

1. 函数的特点

(1) 函数拥有自己的名称，可以使用合法的 C#标识符来命名。但其名称不能与变量、常数或定义在类内的属性或者其他方法名重复。

(2) 数内声明的变量属于局部变量，也就是说，C#在不同函数内声明的变量彼此互不相关，其作用域局限在该函数内。所以在不同的函数内允许声明相同的局部变量名称。

(3) 函数有特定功能，程序代码简单明确，可读性高而且容易调试和维护。

2. C#中函数的分类

(1) 用户可以自定义函数。在程序编写过程中，我们会根据要求编写许多函数。同时，在进行函数定义时，若在函数的前面加上 public，就表示此函数能被所有的程序代码使用；若加上 private，则表示此函数只允许同类的其他成员使用。

(2) .NET 框架类库中提供了众多函数。.NET 框架提供了一个巨大的类库，里面的函数很多，这就方便了我们使用。比如说函数 Math.Sqrt()表示对某个数求平方根。

(3) 事件。C#中每个对象都有相应的事件，每个事件在未使用之前都预设为空语句。换句话说，事件内的程序代码是由设计者视情况而写入的。每一个应用程序往往会使用多个对象，当在某个对象上做动作时，就会触发该对象针对这个动作指定的事件，由事件内的程序代码控制应用程序的执行流程。所以大部分的事件并不会自动执行，必须通过用户或系统来触发。

5.1　函数的定义和使用

函数就是代码的逻辑片段，它可以执行特定的操作。对象或者类可以调用函数来实现函数的功能。函数可以有返回类型，当然，返回类型也可以为 void。

函数声明的语法形式为：

修饰符 返回类型 函数名称(参数1，参数2，...)

在这里，"修饰符"是访问修饰符，"返回类型"规定了方法返回值的数据类型。函数名称后的括号内给出了函数的参数列表。

函数的修饰符可以是 new、public、protected、internal、private、static、virtual、sealed、override、abstract、extern 等。

在上面诸多函数修饰符中，public、protected、internal、private 是对函数作用域的修饰，其余的关键字有其他的含义，在此，我们只讲述函数作用域修饰符的意义，如表 5.1 所示。

表5.1 函数访问修饰符的含义

函数访问修饰符	功能说明
public	函数的访问权限完全没有限制
protected	只有本类或者继承自本类的子类(即以本类作父类的类)可以使用
internal	函数的使用仅限于当前项目
protected internal	函数的使用仅限于当前项目或者继承于此类的类
private	只有类本身可存取而已(默认)

声明函数之后，就可以通过类名或者对象名来调用函数。调用函数的语法为：

对象名.函数名(参数1，参数2，...)

当定义的函数为静态函数时，调用函数的语法为：

类名.函数名(参数1，参数2，...)

在这里，对象名是函数的类实例，函数名是函数的名称，而括号内规定了参数列表。

【例 5.1】函数的定义和调用。

程序代码如下：

```
using System;
using System.Collections.Generic;
using System.Text;
namespace ch05_1
{
    class Program
    {
        static void Main(string[] args)
        {
            Console.WriteLine("请输入用户名：");
            string name = Console.ReadLine();
            Console.WriteLine("请输入密码:");
            string pwd = Console.ReadLine();
            print(name, pwd);
        }
```

```
        private static void print(string str1, string str2)
        {
            Console.WriteLine("用户名:{0},密码:{1}", str1, str2);
        }
    }
}
```

这里,静态方法直接通过类名调用,又因为 Main 和 print 属于同一个类 Program,所以调用静态方法 print 时,把类名直接省略掉了。

程序运行结果如图 5.1 所示。

图 5.1　例 5.1 的输出结果

程序中定义并调用了 print 函数。

细心的读者会发现,该程序中的 Main()也很像函数。其实,Main()本身就是一个函数,在这个例子中,是控制台应用程序的入口函数。当执行一个 C#应用程序时,就会调用它包含的入口函数,这个函数执行完后,应用程序就终止了。所有的 C#可执行代码都必须有一个入口点。

函数的返回值的类型可以是合法的 C#的数据类型。C#在函数的执行部分通过 return 语句得到返回值。

【例 5.2】求阶乘。

(1) 新建一个 Windows 窗体应用程序,取名为 ch05-2。

(2) 拖动一个 Label、两个 TextBox、一个 Button 到窗体上,界面如图 5.2 所示,属性设置如表 5.2 所示。

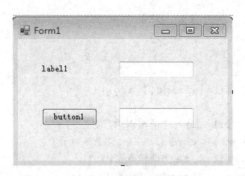

图 5.2　程序界面

表 5.2 控件属性设置

控件类型	控件名称	属　性	设置结果
Form	Form1	Text	求阶乘
Label	Label1	Text	请输入一整数
TextBox	TextBox1	Name	txtNum
	TextBox2	Name	txtResult
		ReadOnly	True
Button	Button1	Name	btnCal
		Text	计算阶乘

(3) 双击 Button 按钮，打开代码窗口，编写代码：

```
namespace ch05_2
{
    public partial class Form1 : Form
    {
        public Form1()
        {
            InitializeComponent();
        }
        private void btnCal_Click(object sender, EventArgs e)
        {
            int a = int.Parse(txtNum.Text.Trim());
            long lg = Fact(a);
            txtResult.Text = a + "!=" + lg.ToString();
        }
        private static long Fact(int n)
        {
            long f = 1;
            for (int i=1; i<=n; i++) f = f * i;
            return f;
        }
    }
}
```

(4) 调试运行结果如图 5.3 所示。

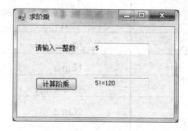

图 5.3 程序运行结果

5.2　函数参数的传递方式

在调用函数的时候，可以向函数传递参数列表。C#中函数的参数有如下4种类型。
- 值参数：不含任何修饰符。
- 引用型函数：以 ref 修饰符声明。
- 输出参数：以 out 修饰符声明。
- 数组型参数：以 params 修饰符声明。

若A语句中调用函数B，两者间有参数传递，那么，我们将A调用语句中传送的参数称为实参；被调用的函数B中使用的参数称为形参。

5.2.1　值参数

当利用值向函数传递参数时，编译程序对实参的值进行复制，并且将获得的副本传递给该函数。被调用的函数不会修改内存中实参的值，所以使用值参数时，可以保证实际值是安全的。

【例5.3】值参数传递示例。

(1) 新建一个 Windows 窗体应用程序，取名为 ch05-3。

(2) 拖动两个 Label、两个 TextBox、一个 Button 到窗体上，界面如图 5.4 所示，属性设置如表 5.3 所示。

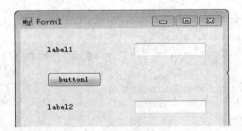

图 5.4　程序界面

表 5.3　控件属性设置

控件类型	控件名称	属　性	设置结果
Form	Form1	Text	实现两数交换
Label	Label1	Text	交换前两数
Label	Label2	Text	交换后两数
TextBox	TextBox1	Name	txtPre
	TextBox2	Name	txtNext
		ReadOnly	True
Button	Button1	Name	btnChange
		Text	交换

(3) 双击 Button 按钮，打开代码窗口，编写代码：

```csharp
public partial class Form1 : Form
{
    public Form1()
    {
        InitializeComponent();
        txtPre.Text = "a=" + a + ",b=" + b;
    }
    int a = 2, b = 3;
    private void btnChange_Click(object sender, EventArgs e)
    {
        Swap(a, b);
        txtNext.Text = "a=" + a + ",b=" + b;
    }
    private static void Swap(int n1, int n2)
    {
        int temp;
        temp = n1;
        n1 = n2;
        n2 = temp;
    }
}
```

(4) 调试运行结果如图 5.5 和 5.6 所示。

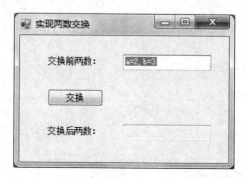

图 5.5 单击"交换"按钮前的界面

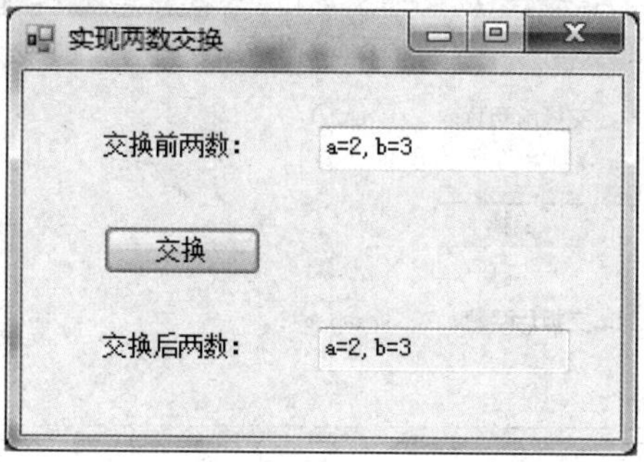

图 5.6 单击"交换"按钮后的界面

可见我们并没有达到交换的目的！在这个程序里，我们采用了值参数传递，形参值的修改并不影响实参的值。

5.2.2 引用型参数

与值参不同的是，引用型参数并不开辟新的内存区域。当利用引用型参数向函数传递形参时，编译程序将把实际值在内存中的地址传递给函数。

在函数中，引用型参数通常已经初始化。

【例5.4】把例5.3改写成引用型参数传递。

关键代码如下：

```
public partial class Form1 : Form
{
    public Form1()
    {
        InitializeComponent();
        txtPre.Text = "a=" + a + ",b=" + b;
    }
    int a = 2, b = 3;
    private void btnChange_Click(object sender, EventArgs e)
    {
        Swap(ref a, ref b);
        txtNext.Text = "a=" + a + ",b=" + b;
    }
    private static void Swap(ref int n1, ref int n2)
    {
        int temp;
        temp = n1;
        n1 = n2;
        n2 = temp;
    }
}
```

此程序的输出结果如图 5.7 所示。

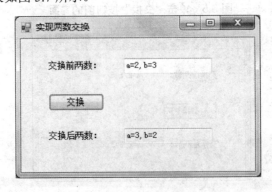

图 5.7　单击"交换"按钮后的界面

在鼠标单击事件中，调用了 Swap 函数，使用引用型参数，成功地实现了 a 和 b 的交换。n1 和 n2 所处的内存区域其实就是 a 和 b 所处的内存区域，所以当 n1 和 n2 的值互换时，a 和 b 的值自然会发生变化。

5.2.3 输出参数

与引用型参数类似，输出型参数也不开辟新的内存区域。它与引用型参数的差别在于，调用前不需对变量进行初始化。输出型参数用于传递方法返回的数据。

out 修饰符后应跟随与形参的类型相同的类型声明。在方法返回后，传递的变量被认为经过了初始化。

【例 5.5】使用 out 关键字练习编写输出参数。

程序代码如下：

```
class Program
{
    static void Main(string[] args)
    {
        int a, b;
        UseOut(out a, out b);
        Console.WriteLine("调用函数后返回主程序：a={0}, b={1}", a, b);
        Console.ReadLine();
    }
    private static void UseOut(out int x, out int y)
    {
        int temp;
        x = 2;
        y = 3;
        Console.WriteLine("函数内交换前   x={0}, y={1}", x, y);
        temp = x;
        x = y;
        y = temp;
        Console.WriteLine("函数内交换后   x={0}, y={1}", x, y);
    }
}
```

程序运行结果如图 5.8 所示。

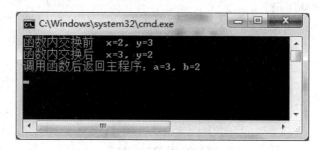

图 5.8　程序运行结果

从程序及输出的结果看，一开始，我们并没有对 Main()函数中的变量 a 和 b 进行初始化，在调用之后，它们则有了明确的值。

5.2.4 数组型参数

C#允许为函数指定一个(只能指定一个)特定的参数，这个参数必须是函数定义中的最后一个参数，称为数组型参数。数组型参数可以使用个数不定的参数来调用函数，它可以使用 params 关键字来定义。另外，参数只允许是一维数组。此外，数组型参数不能再有 ref 和 out 修饰符。

【例 5.6】数组型参数示例。

程序代码如下：

```
class Program
{
    static void Main(string[] args)
    {
        int[] a = new int[6];
        for (int i=0; i<6; i++)
        {
            a[i] = i + 1;
            Console.Write(a[i] + " ");
        }
        double dl = Age(a);
        Console.WriteLine("\n平均值为：{0}", dl);
    }
    static double Age(params int[] b)
    {
        int sum = 0;
        for (int i=0; i<b.Length; i++)
        {
            sum = sum + b[i];
        }
        return (sum*1.0)/b.Length;
    }
}
```

运行结果如图 5.9 所示。

图 5.9 程序运行结果

5.2.5 参数的匹配

在调用函数时，实参和形参必须完全匹配，这意味着形参与实参之间类型、个数和顺序都要完全匹配。例如对于下面的函数：

```
private void f(int a, string b)
{
    //something...
}
```

不能使用下面的代码调用：

```
f(1, 2)
```

这是因为，函数的形参第一个为整型，第二个为字符串型。而调用函数的代码中，第一个实参为整型，第二个还是整型，与函数的第二个形参不匹配。

同样，上面的函数也不能用以下代码调用：

```
f("there")
```

这里的实参和形参的个数明显不一样。

参数不匹配就无法通过编译，因为编译器要求必须匹配函数的签名。

5.3 区块变量与字段成员

5.3.1 区块变量

在 C#语言中，区块变量被定义于某个区块中，比如说，前面介绍的 while 循环语句中声明的变量，只能在所定义的 while 循环中使用。也就是说，某区块中定义的变量，只能供这个区块使用，在区块以外使用则报错。例如：

```
class Program
{
    static void Main(string[] args)
    {
        while(true)
        {
            int m = 0;
            m++;
            if(m == 1)
                break;
        }
        Console.WriteLine(m);
    }
}
```

上面的代码会报错，提示 m 不存在于命名空间，这是因为 m 只在其声明的 while 循环区块内才可以使用，而最后的输出超出了这个区块。上面的这一块代码没有什么意义，只是为了解释我们的区块变量而写的。

5.3.2　字段成员

字段成员与第 2 章中介绍的静态变量类似，不同的是对象字段是放在堆里面的，必须对对象进行实例化，才可以使用字段；而静态变量是放在全局变量区的，不需要实例化对象就直接可以引用静态变量。类中静态变量与字段成员的形式差别如下：

```
class test
{
    public static int value;         //静态变量
    public int value1;               //字段成员
}
```

5.4　运算符重载

运算符重载十分有用，因为可以在运算符重载中执行所需要的任何操作。为了表达的方便，人们希望可以重新给已定义的运算符赋予新的含义，在特定的类的实例上进行新的解释。这就需要通过运算符重载来实现。

下列运算符可以重载。

- 一元运算符：+、-、!、~、++、--、true、false。
- 二元运算符：+、-、*、/、&、|、^、<<、>>。
- 比较运算符：==、!=、<、>、<=、>=。

除了上面列举出来的运算符外，其余的运算符都是不可以重载的。

在使用重载运算符时，所有的运算符的运算方法必须被定义为 public 和 static。

5.4.1　一元运算符重载

顾名思义，一元运算符重载时运算符只作用于一个对象，此时参数表为空，当前对象作为运算符的单操作数。

举一个极为常见的例子：比如说在某游戏中，若某个兵营遭到抢劫，那么钱物、武器、战斗力、兵营面积都会变小；若对别的兵营进行掠夺，则钱物、武器、战斗力、兵营面积都会变多。

【例 5.7】一元运算符重载的一个小例子。

程序代码如下：

```
namespace ch05_7
{
    class Program
    {
```

```csharp
        public double a;
        public double b;
        //构造函数
        public Program(double qa, double qb)
        {
            this.a = qa;
            this.b = qb;
        }
        //重载运算符++
        public static Program operator ++(Program g)
        {
            g.a += 8;
            g.b += 8;
            return g;
        }
        //重载运算符--
        public static Program operator --(Program g)
        {
            g.a -= 4;
            g.b -= 4;
            return g;
        }
        public void show()
        {
            Console.WriteLine("a=" + a);
            Console.WriteLine("b=" + b);
        }
    }
    class test
    {
        static void Main(string[] args)
        {
            Program g1 = new Program(5, 5);
            Console.WriteLine("最初的值为：");
            g1.show();
            g1++;
            Console.WriteLine("自增后结果为:");
            g1.show();
            g1--;
            Console.WriteLine("自减后结果为:");
            g1.show();
            Console.ReadLine();
        }
    }
}
```

运行结果如图 5.10 所示。

图 5.10　程序的运行结果

5.4.2　二元运算符重载

对于上面介绍的一元运算符重载，我们平时使用得不多，而二元运算符使用得特别多。在使用二元运算符时，参数表中有一个参数，当前对象作为该运算符的左操作数，参数作为操作符的右操作数。下面给出一个简单的二元运算符重载的例子。

【例 5.8】使用二元运算符重载。

程序代码如下：

```
namespace ch05_8
{
    class test
    {
        public int x;
        public int y;
        public test(int x1, int y1)
        {
            x = x1;
            y = y1;
        }
        public static test operator +(test c1, test c2)
        {
            test c = new test(0, 0);
            c.x = c1.x*c1.x + c2.x*c2.x;
            c.y = c1.y*c1.y + c2.y*c2.y;
            return c;
        }
    }
    class Program
    {
        static void Main(string[] args)
        {
            test te1 = new test(2, 3);
            test te2 = new test(4, 5);
            test t;
```

```
            t = te1 + te2;
            Console.WriteLine("t.x={0},t.y={1}", t.x, t.y);
        }
    }
}
```

程序运行结果如图 5.11 所示。

图 5.11　程序运行结果

5.4.3　比较运算符重载

比较运算符的重载比较常见，但是要注意的是，在重载比较运算符的过程中，有些必须成对重载，例如，在重载运算符"<"的同时，必须也对运算符">"进行重载。

下面的代码就是对运算符"=="和运算符"!="的成对重载：

```
class Class1
{
    public int x;
    //重载运算符
    public static bool operator ==(Class1 c1, Class1 c2)
    {
        return (c1.x==c2.x);
    }
    public static bool operator !=(Class1 c1, Class1 c2)
    {
        return !(c1==c2);
    }
}
```

5.5　Main()函数

所有的 C#应用程序必须在它的一个类中定义一个名为 Main 的函数。这个函数作为应用程序的入口点，它必须被定义为静态的。具体在哪个类中使用 Main()函数对 C#编译器并无影响，而且你选择的类也不影响编译的次序。这与 C++不同，在 C++中，编译应用程序时必须密切注意依赖性。C#编译器很精明，可以自己在源代码文件中自动搜寻到 Main()函数。因此，这个最重要的方法是所有 C#应用程序的入口点。

虽然一个 C#应用中可能会有很多类，但是其中只有一个入口。在同一个应用中，可能多个类都有 Main()函数，但是只有一个 Main()函数是被执行的。我们需要在编译的时候指定究竟使用哪一个 Main()函数。常见的 Main()函数是下面这样的：

```
static void Main(string[] args)
{
    //...
}
```

Main()函数中的参数 args 是从应用程序的外部接受信息的方法，这些信息在运行期间指定，其形式是命令行参数。

细心的读者会注意到，Main()函数必须定义为静态的，这是因为 C#是一门真正的面向对象的编程语言，Main()函数是整个应用程序的入口，static 可以保证程序调用的时候不需要实例化就可以运行程序。

看看下面的一段代码：

```
namespace test
{
    class Test
    {
        public void InstanceMethod() { }        //实例成员
        public static void StaticMethod { }     //静态成员
        static void Main(string[] args)
        {
            InstanceMethod();       //错误！调用了实例成员，而此时并没有建立实例
            StaticMethod();         //正确！可以调用静态成员
            Test SomeTest = new Test();   //建立本类的一个实例
            SomeTest.InstanceMethod();    //再在这个实例上调用实例成员就对了
            SomeTest.StaticMethod();  //附加一句，在实例上调用静态成员也是错误的！
        }
    }
}
```

上面代码中的注释很明确，在这里就不多解释了。

【例 5.9】设置命令行参数的例子。

新建一个控制台应用程序，程序代码如下：

```
namespace ch05_9
{
    class Program
    {
        static void Main(string[] args)
        {
            Console.WriteLine("有 {0} 个命令行参数：", args.Length);
            foreach (string str in args)
            {
                Console.WriteLine(str);
            }
```

        }
      }
    }

在运行程序之前,我们先对命令行参数进行小的改动,这样会在程序运行结果中显示出来,具体操作为:选中解决方案,右击,通过菜单命令打开属性界面,单击"调试"按钮,在"命令行参数"一列中填写希望的命令行参数,如图 5.12 所示。

图 5.12　设置命令行参数

最终的运行结果如图 5.13 所示。

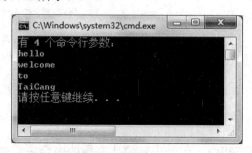

图 5.13　程序运行结果

使用 args 参数与使用其余的字符串数组很类似。参数之间使用空格隔开,若一个参数本身就包含空格,就必须在这个参数的最外面加上双引号。

5.6　字　　段

为了保存类的实例的各种数据信息,C#给我们提供了两种方法:字段和属性。其中,属性实现了良好的数据封装和数据隐藏。本节我们主要介绍字段的声明及使用方法,下节再介绍属性。

字段使用标准的变量命名格式和修饰符就可以声明,声明格式如下:

field_modifiers type variable_declarators;

其中 field_modifiers 表示字段的修饰符，type 表示字段的具体类型，而 variable_declarators 表示字段的变量名。

字段的修饰符 field_modifiers 可以是 new、public、protected、internal、private、static 和 readonly。

比如说，在下面的代码中，类 A 中包含了 3 个字段：公有的整型字段 i，公有的字符串型字段 s，私有的浮点型字段 f：

```
class A
{
    public int i;
    public string s;
    private float f;
}
```

字段可以分为静态字段和非静态字段，静态字段和非静态字段分别属于 C#中的静态变量和非静态变量。若将一个字段声明为静态的，无论建立多少个该类的实例，内存中只存在一个静态数据的副本(copy)。需要访问静态字段时，可以通过定义它们的类来访问。与之相反，非静态字段在类每次实例化时，每个实例都拥有一份单独的副本。

字段还可以使用关键字 readonly，表示这个字段只可以在执行构造函数的过程中赋值，或者由初始化赋值语句进行赋值。例如：

```
class A
{
    public readonly int i = 10;
}
```

只读字段可以保证我们在运算的过程中不可以对某些值进行修改。

5.7 属　　性

属性的定义与字段有些相似，但是内容要比字段的内容多。属性是对现实世界中实体特征的抽象，它提供了对类或对象性质的访问。例如，一个用户的姓名、一个文件的大小、一件物品的重量都可以作为属性。类的属性所描述的是状态信息，在类的某个实例中，属性的值表示该对象的状态值。

C#中的属性更充分体现了对象的封装性：不直接操作类的数据内容，而是通过访问器进行访问。它借助于 get 和 set 对属性进行读写，这在 C++中是需要程序员自己手工完成的任务。

属性的声明格式如下：

```
property_modifiers type members
{
    accessor_declarations;
}
```

属性修饰符(property_modifiers)有 new、public、protected、internal、private、static、virtual、sealed、override、abstract。在这些修饰符中，static、virtual、override 和 abstract 这 4 个修饰符不可以同时使用。

下面的代码简单地介绍了属性 myProperties 的定义：

```
class A
{
   private int i;
   public int myProperties
   {
      get
      {
         return i;
      }
      set
      {
         i = value;
      }
   }
}
```

get 语句块是用于读取属性值的方法，其中没有任何参数，但是返回属性声明语句中所定义的数据类型值。在 get 语句块中，包含 return 或者 throw 语句，这可以有效地防止执行控制权超出 get 语句块。简单的属性一般与一个私有字段相关联，以控制对这个字段的访问，此时 get 语句块可以直接返回该字段的值。

set 语句块以类似的方式把一个值赋给字段，可以使用关键字 value 引用用户提供的属性值。比如对于上面定义的属性，我们要把整数 10 赋值给 myProperties 属性，可以使用下面的语句：

```
A a = new A();
a.myProperties = 10;
```

在声明属性的语句中，可以对属性进行如下分类。
- 只读属性：属性定义中只有 get 语句，表明属性的值只能读出，而不能设置。
- 只写属性：属性定义中只有 set 语句，表明属性的值只能设置而不能读出。
- 读写属性：属性定义中既有 get 语句又有 set 语句，这表明属性的值既能读出，又能设置。

5.8 案例实训

1．案例说明

编一个程序，输入 3 个 int 类型的数据，自定义一个静态方法，把这 3 个数送给它，显示找出的最大数。

2. 编程思路

本程序的关键是写 minimum 函数,可以先把数组的第一个值赋给一个变量 min,而后依次用数组的其余元素与变量 min 相比较,若小于变量 min,则把元素的值赋给变量 min,否则就继续循环,直到数组的元素都被过滤,而后返回变量 min 的值。

3. 步骤

(1) 新建一个 Windows 窗体应用程序,取名为 ch05_10。

(2) 拖动 4 个 Label、4 个 TextBox、1 个 Button 到窗体上,界面如图 5.14 所示,属性设置如表 5.4 所示。

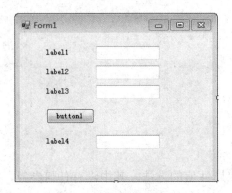

图 5.14 程序界面

表 5.4 控件属性设置

控件类型	控件名称	属　性	设置结果
Form	Form1	Text	求三个数最大值
Label	Label1	Text	A
Label	Label2	Text	B
Label	Label3	Text	C
Label	Label4	Text	最大值为:
TextBox	TextBox1	Name	txtA
	TextBox2	Name	txtB
	TextBox3	Name	txtC
	TextBox4	Name	txtResult
		ReadOnly	True
Button	Button1	Name	btnCal
		Text	求最大值

(3) 双击 Button1 按钮,打开代码窗口,编写代码:

```
namespace ch05_10
{
    public partial class Form1 : Form
```

```
    {
        public static int Max(int a, int b, int c)
        {
            int max = a;
            if (max < b)
                max = b;
            if (max < c)
                max = c;
            return max;
        }
        public Form1()
        {
            InitializeComponent();
        }
        private void btnCal_Click(object sender, EventArgs e)
        {
            int max = Max(int.Parse(txtA.Text.Trim()),
              int.Parse(txtB.Text.Trim()), int.Parse(txtC.Text.Trim()));
            txtResult.Text = max.ToString();
        }
    }
}
```

(4) 调试运行结果如图 5.15 所示。

图 5.15　程序运行结果

5.9　小　　结

本章主要介绍了函数的定义、使用，以及几种参数传递的不同和注意事项。还介绍了属性和字段的概念及使用方法。

函数是各种程序语言中极其重要的一部分，在 Visual C#中也不例外，函数拥有多种特性，如继承、代理等，这些将在后面的章节中予以介绍。本章还详细讨论了函数中各种参数传递的方式，以及函数的返回值。

本章最后还讨论了字段与属性这两个概念，它们都是用来保存类的实例的各种数据信息。其中，属性实现了良好的数据封装和数据隐藏；字段可以分为静态字段和非静态字段两种。

5.10 习　　题

1. 选择题

(1) 声明方法时，如果有参数，则必须写在方法名后面的小括号内，并且必须指明它的类型和名称，若有多个参数，需要用(　　)隔开。

  A. 逗号　　　　B. 分号　　　　C. 冒号　　　　D. 不要定义多个参数

(2) 如果方法的返回值为空，那么必须使用(　　)关键字来指定。

  A. void　　　　B. class　　　　C. out　　　　D. ref

2. 问答题

(1) 简述 return 语句的作用。

(2) 什么是形参，什么是实参？

(3) 简述 ref 参数与 out 参数的区别。

3. 编程题

(1) 编写求任意数立方的方法。

(2) 输入 m、n，求组合数 C_n^m 的值。

第 6 章　程序调试与异常处理

本章要点

- 程序调试方法的使用
- 异常处理的方法
- 如何自行抛出异常

无论是多么有经验的程序员，写代码的时候无论多么小心，也都会出错。因为人不是计算机，肯定会有考虑不周全的时候，这样就会造成错误。Visual Studio 2012 环境中提供了基本的语法检查以及错误识别机制，对于一般的小错误，稍微有点编程经验的人员通过运行时的错误提示就可以轻松地化解。

但是，也有这样的时候：我们的程序本身看不出来有什么错误，运行时也能得到结果，可是结果却不是所预期的，这时，就需要通过跟踪代码、通过窗口输出协助以及设置断点等方式，进行查找(这种错误叫逻辑错误，是最难查出的错误)。

异常(Exception)是运行时产生的错误。使用 Visual C#的异常处理子系统，我们能够以标准化并可控制的方式来处理运行时错误。C#异常处理的方式是 C++和 Java 所使用的方法的混合以及改进。因此，对于具有这些语言背景的读者，对此可能是非常熟悉的。Visual C#异常处理的与众不同之处在于它更加清晰和直接。

异常处理的主要优点是：它自动操作许多错误处理代码，而以前必须"手动"将它们输入到大型程序中。例如，在没有大型异常处理的计算机语言中，方法失败时必须返回错误代码，而且每次调用方法时都必须手动检验这些值。此过程不但繁杂，而且极其容易出错。异常处理通过允许程序定义代码块来简化错误处理，此代码块称为异常处理程序，出现错误时自动执行它。每次都手动检查特殊操作或方法调用是成功还是失败是不必要的。如果产生错误，可以通过异常处理自动地解决。

6.1　程序调试和调试方法

上面已经指出，程序在编写的过程中会因为种种原因而出现错误，总结起来，错误主要有以下 3 类。

(1) 语法错误：语法错误是初学者常犯的错误，针对这种错误，在编译阶段，程序可以自动地跳到错误之处，很容易修改。

(2) 运行时错误：运行时错误是用户在执行应用程序时，因为输入类型不符，或被除数为 0，或数组越界造成的，这种错误会造成程序的中断，可以使用 try-catch-finally 语句来解决。

(3) 逻辑错误：逻辑错误是最困难的错误，尤其在大型程序中最为明显。程序在执行过程中不提示错误信息，也会有运行结果，但是结果却不符合逻辑，或者是与我们所预期的不一样。

下面通过经典的例子来演示调试的方法。

【例 6.1】求 1+2+3+...+n <1000 的最大 n 值。程序代码如下：

```
static void Main(string[] args)
{
    int sum = 0;
    int n = 1;
    while (true)
    {
        sum = sum + n;
        if (sum >= 1000)
        {
            sum = sum - n;
            Console.WriteLine("1+2+...+{0}={1}<1000", n, sum);
            break;
        }
        n = n + 1;
    }
    Console.ReadLine();
}
```

程序运行结果如图 6.1 所示。

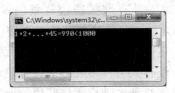

图 6.1　程序运行结果

上面的程序运行正常，也产生了结果，但是我们发现 1+2+...+45 并不等于 990，而是等于 1035，这就说明我们的程序存在逻辑错误。

下面来探讨一下如何通过调试来查询错误。在代码中设置 3 个断点。断点设置的方式是：单击所需断点语句最左边，则会出现实心圆点。再次单击，圆点则会消失。如图 6.2 所示，显示设置了 3 个断点。

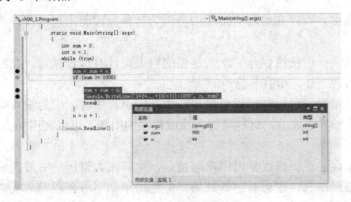

图 6.2　设置断点

单击"运行"按钮,则程序会停在第一个断点上,箭头停靠的行表示当前运行的行,图 6.2 中的小窗口可以通过"调试"→"窗口(W)/自动窗口(A)"菜单命令来打开,按 F11 键可逐语句地运行,这时便可在窗口中显示运行到某阶段时变量的值。

通过自动窗口我们发现,在上面的例子中,n=44 时,result 的值就已经是 990 了,所以在代码 sum = sum - n;后面添加代码 n = n - 1;就可以了。

修改之后,程序的运行结果如图 6.3 所示。

图 6.3 例 6.1 修改之后的运行结果

以上只是介绍了众多调试方法的一种,还有很多不正规的方法,比如用 MessageBox 显示当前变量的值,也很明确,读者可以在编程过程中多思考,面对这些错误时,就可以迎刃而解了。

6.2 异常处理

6.1 节中已经介绍了如何在应用程序的开发过程中查询和更改错误,以便使我们的程序能够正确运行。另外,还可以进行错误预料,以使程序更加健壮,可以处理错误代码,而不必中断程序的进行。这就是异常处理的目的,下面我们简要介绍一下异常处理的特点以及处理它们的方式。

C#中的异常处理由 4 个关键字来管理:try、catch、throw 和 finally。它们构成了一个相关子系统,在这个子系统中,一个关键字的使用隐含地使用另一个关键字。本节中将详细地分析每个关键字,但是开始时,大概地了解每个关键字在异常处理中的作用是有益的,也是有帮助的。try 语句块主要包含我们要监视的是否产生异常的程序语句,如果 try 语句块内的语句发生异常,那么就要抛出(throw)异常,然后使用 catch 语句捕捉此异常,并以合理的方式处理它。C#运行时系统会自动抛出系统产生的异常。要手动抛出异常,则使用关键字 throw。从 try 模块退出时绝对需要执行的代码放置在 finally 语句中。

6.2.1 异常处理的注意事项

在 C#的异常处理中,应该注意下列事项:
- 抛出异常时,需要提供一些有价值的文本信息。
- 只有在真正需要异常处理时才可以使用抛出异常。也就是说,当一个正常的返回值不满足条件时才能使用。
- 当传递给方法或属性的参数有错误时,使用一个 ArgumentException 异常。
- 当操作无意识地与对象当前状态不符时,抛出 InvalidOperationException 异常。
- 要引发合适的异常。

- 要使用链接的异常，它们允许用户跟踪异常树结构。
- 不要在流程的正常控制中使用异常处理。
- 不要用异常来控制程序的运行走向。
- 不要在函数中引发 NullReferenceException 或 IndexRangeExcepption 异常。

6.2.2 异常处理中使用的语句

1. 使用 try 和 catch 捕获异常

使用 try 语句和 catch 语句，可以使程序在发生异常时不仅不会提示给用户比较讨厌的异常信息，还会继续执行程序。

try 语句包括可能产生异常的部分，而 catch 语句可以处理一个存在的异常。

【例 6.2】两个数组的元素相除，输出结果，并且捕捉异常。

(1) 新建 Windows 窗体应用程序，程序界面如图 6.4 所示。

图 6.4 程序界面

(2) 窗体和窗体上各控件的属性设置如表 6.1 所示。

表 6.1 控件属性列表

控件类型	控件名称	属　性	设置结果
Form	Form1	Text	整数相除
Label	Label1	Text	/
	Label2	Text	为空
TextBox	TextBox1	Name	txtA
	TextBox2	Name	txtB
	TextBox3	Name	txtC
		ReadOnly	true
Button	Button1	Name	btnCal
		Text	=

修改属性后的窗体如图 6.5 所示。

图 6.5 修改属性后的程序界面

(3) 编写按钮的单击(Click)事件，代码如下：

```
private void btnCal_Click(object sender, EventArgs e)
{
    int a = int.Parse(txtA.Text.Trim());
    int b = int.Parse(txtB.Text.Trim());
    try
    {
        txtC.Text = (a / b).ToString();
    }
    catch (DivideByZeroException)
    {
        label2.Text = "can't divide by 0";
    }
}
```

(4) 运行程序，结果如图 6.6 所示。

图 6.6　程序运行结果

上面的例子体现了异常处理的优点，它允许程序响应错误并且继续运行，当出现了除数为 0 的时候，就会产生 DivideByZeroException 异常。对此异常因为我们进行了捕捉，所以并不会终止程序，而是会报告错误信息，而后继续执行。

2. 使用 try 和 finally 清除异常

使用 try 和 finally 语句可以清除异常。finally 代码块可以用于清除 try 代码块中分配的任何资源，以及运行任何即使在发生异常时也必须执行的代码。catch 语句用于处理语句块中出现的异常，而 finally 语句用于保证代码语句块的执行。控制总是传递给 finally 语句块，而与 try 语句块的退出方式无关。也就是说，finally 代码块总是会被执行到。finally 关键字既可以与 try 关键字单独配对使用，也可以与 try-catch 语句共同使用。

【例 6.3】使用 try-finally 语句清除异常。

程序代码如下：

```
using System;
using System.Collections.Generic;
using System.Linq;
using System.Text;
using System.Threading.Tasks;
namespace ch06_3
{
    class Program
    {
```

```csharp
        static void Main(string[] args)
        {
            Console.WriteLine("验证finally语句与goto语句的先后顺序：");
            try
            {
                Console.WriteLine("try");
                goto A;
            }
            finally
            {
                Console.WriteLine("finally");
            }
        A:
            Console.WriteLine("A");
            Console.ReadLine();
        }
    }
}
```

程序运行结果如图6.7所示。

图6.7　程序运行结果

从上面程序的运行结果来看，finally 语句块总是被执行，所以可以利用 try-finally 语句来清除异常。如果在执行 finally 语句块时抛出了一个异常，那么这个异常会被传播到下一轮 try 语句中，如果在异常传播的过程中又发生了另一个异常，那么这个异常将会丢失。

3. 使用 try、catch 和 finally 处理所有的异常

应用程序最有可能的途径是合并前面两种错误处理技术：捕获错误、清除并继续执行应用程序。所需做的只是在出错处理代码中使用 try-catch-finally 语句。

【例 6.4】使用 try-catch-finally 异常处理语句输入下标越界的情况，在 finally 块中清除输入的数据，等待多次输出。

(1) 新建 Windows 窗体应用程序，程序界面如图6.8所示。

图6.8　程序界面

(2) 窗体上各控件的属性设置，如表 6.2 所示。

表 6.2 控件属性设置

控件类型	控件名称	属　　性	设置结果
Label	Label1	Text	a[
	Label2	Text	]
	Label3	Text	=
TextBox	TextBox1	Name	txtNum
	TextBox2	Name	txtResult
Button	Button1	Name	btnOutPut
		Text	输出

修改属性后的窗体如图 6.9 所示。

图 6.9 修改属性后的程序界面

(3) 编写按钮的单击(Click)事件，代码如下：

```
private void btnOutPut_Click(object sender, EventArgs e)
{
    try
    {
        int[] a = new int[10];
        for (int i=0; i<10; i++)
            a[i] = i;
        int n = int.Parse(txtNum.Text.Trim());
        txtResult.Text = a[n].ToString();
    }
    catch
    {
        txtResult.Text = "数组上溢";
    }
    finally
    {
        txtNum.Text = "";
        txtNum.Focus();
    }
}
```

(4) 运行程序，结果如图 6.10 所示。

图 6.10　程序运行结果

6.3　抛出异常

C#中的异常封装成了一个 Exception 类，这个类位于 System 命名空间中。抛出异常需要的是 throw 语句和一个适当的异常类。表 6.3 提供了运行时的标准异常。

表 6.3　常见标准异常及说明

异常类型	说　　明
Exception	所有异常对象的基类
SystemException	运行时产生的所有错误的基类
IndexOutOfRangeException	当一个数组的下标超出范围时，运行时引发
NullReferenceException	当一个空对象被引用时引发
InvalidOperationException	当对方法的调用对对象的当前状态无效时，由某些方法引发所有参数异常的基类
ArgumentException	所有参数异常的基类
ArgumentNullException	在参数为空(不允许)的情况下，由方法引起
ArgumentOutOfRangeException	当参数不在一个给定范围之内时，由方法引发
InteropException	目标在或发生在 CLR 外面环境中的异常的基类
ComException	包含 COM 类的 HRESULT 信息的异常
SEHException	封装 Win32 结构异常处理信息的异常

通过使用 throw 语句可以手动抛出异常。

同样地，我们可以创建自己的异常。一般情况下，使用的都是预先定义好了的异常类，但是在实际的应用中，创建自己的异常类可能会更方便，可以允许异常类的使用者根据该异常采取不同的手段。

创建自己的异常类要遵循两个规则：

- 用 Exception 结束类名。
- 它实现了所有 3 个被推荐的通用构造方法。

下面是创建自己异常类 ExceptionExample 的源代码：

```
using System;
```

```csharp
using System.Collections.Generic;
using System.Text;
namespace Example5of6
{
    class ExceptionExample
    {
        public static void ThrowMethod()
        {
            throw new MyException("hello");
        }
        public  static void Main(string[] args)
        {
            try
            {
                ExceptionExample.ThrowMethod();
            }
            catch (Exception e)
            {
                Console.WriteLine(e);
            }
        }
    }
    public class MyException:Exception
    {
        public MyException()
            :base()
        { }
        public MyException(string message)
            : base(message)
        { }
        public MyException(string message, Exception e)
            : base(message, e)
        { }
    }
}
```

运行结果如图 6.11 所示。

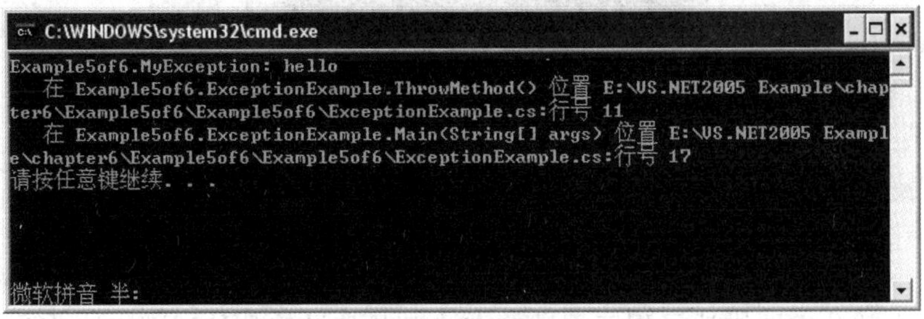

图 6.11 创建自己异常类 ExceptionExample 的运行结果

可以在 catch 语句中使用我们自己创建的异常类，来代替系统已经定义的异常类，可能抛出的新异常的客户代码可以按规定的 catch 代码发挥作用。

6.4 案例实训

1. 案例说明

使用 try-catch 结构实现数组的累加。

2. 程序代码

程序代码如下：

```
static void Main(string[] args)
{
   try
   {
      int[] a = new int[10];
      int sum = 0;
      for (int i=0; i<10; i--)
      {
         a[i] = i * i;
         sum = sum + a[i];
      }
   }
   catch (IndexOutOfRangeException ex)
   {
      Console.WriteLine(ex.Message);
   }
}
```

3. 运行结果

程序运行结果如图 6.12 所示。

图 6.12 案例的运行结果

6.5 小 结

本章在前半部分主要讲述了程序调试的方法以及常见的几种调试方法的演示。掌握调试的技巧，对于程序员来说是必不可少的。在本章中，重点讲述了用设置断点方法进行的调试，当然还有其他很多不太规范的方法，读者可以自己多摸索，积累经验，就可以快速准确地调试好自己的代码了。

本章最后还介绍了异常处理的注意事项以及如何正确地抛出异常。异常的抛出在调试程序的过程中起着指路灯的作用。

6.6 习　　题

选择题

(1) 异常类对象均为(　　)类的对象。
    A. System.Exception   B. System.Attribute
    C. System.Const   D. System.Reflection

(2) 最难以排查的错误属于(　　)。
    A. 编译错误   B. 运行时错误   C. 逻辑错误   D. 系统错误

(3) 当访问索引超出数组界限的数组元素时引发的异常是(　　)。
    A. AccessException   B. ArgumentException
    C. ArgumentOutOfRangeException D. IndexOutOfRangeException

(4) 允许用户在名称列输入一个变量或者表达式，在使用断点逐步执行程序时，可以全程监视变量或表达式的变化情况，这种调试工具是(　　)。
    A. 断点   B. 临时表达式
    C. 单步运行   D. 监视

第 7 章　面向对象编程技术

本章要点

- 面向对象编程基本思想的介绍
- 类与对象的建立，构造函数与析构函数的使用
- 继承与多态的使用
- 接口的使用方式

在.NET 语言产生以前，我们使用的语言大多是 C 语言和 C++。然而 C 语言是个面向过程的程序设计语言，在使用中有很多的缺点，例如：

- 功能与数据分离，不符合人们对现实世界的认识规律，要保持功能与数据的相容也十分困难。
- 基于模块的设计方式，导致软件修改困难。
- 自顶向下的设计方法，限制了软件的可重用性，降低了开发效率，也导致最后开发出来的系统难以维护。

为了解决结构化程序设计的诸多问题，面向对象编程技术就被提出，20 世纪 80 年代初，美国 AT&T 贝尔实验室设计并实现了 C++语言，增加了面向对象程序设计的支持。

Visual C#语言秉承了 C++语言面向对象的特性，支持面向对象的所有关键概念：封装、继承和多态。

7.1　面向对象编程的基本思想

面向对象编程(OOP)与面向过程编程(如 C、Pascal 等)有几方面不同之处，任何东西在 OOP 中都是通过对象组织起来的。面向对象编程从最纯粹的观念上定义就是：通过向对象发送消息来完成任务。可以这样认为："面向对象 = 对象 + 类 + 继承 + 通信"。如果一个软件系统是使用这样 4 个概念来设计和实现的，那么我们就认为这个软件系统是面向对象的。为了了解这些概念，首先需要知道对象是什么。

1. 什么是对象(Object)

对象是问题域或实现域中某些事物的一个抽象，它反映此事物在系统中需要保存的信息和发挥的作用；它是一组属性和有权对这些属性进行操作的一组服务的封装体。关于对象，要从两方面去理解：一方面指系统所要处理的现实世界中的对象；另一方面是指计算机不直接处理对象，而是处理相应的计算机表示，这种计算机表示也称为对象。

简单地说，一个人就是一个对象，一个尺子也可以说是个对象。当这些对象可以用数据直接表示时，就称为属性，尺子的度量单位可以是厘米、米或英尺，这些度量单位就是尺子的属性。

对象的接口由一组消息通过传递组成，每个命令执行一个特定的动作。一个对象通过

发送一个消息来要求另一个对象执行一个动作。把发送请求的对象称为发送方,而把接收的对象称为接收方,如图 7.1 所示。

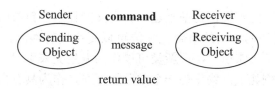

图 7.1　发送方与接收方

控制权交给了接收对象,直到它完成这个命令为止;然后控制权返回给发送对象,如图 7.2 所示。比如,一个 School 对象通过给 Student 对象发送一个请求其名字的消息来获取他的名字。接收对象 Student 返回其名字给发送对象。

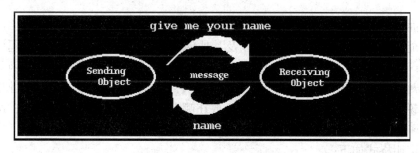

图 7.2　发送对象与接收对象

一个消息当然能够包含发送对象需要传递给接收对象的信息,这些信息称为参数。接收对象总是给发送对象一个返回值,返回值对发送对象可能有用,也可能没用,如图 7.3 所示。比如,School 对象现在想改变学生的名字。它通过发送一个消息给 Student 对象来将它的名字改为新名字。新的地址也作为一个参数包含在消息中被传递。这种情况下,这个 School 对象并不关心从消息中返回的值。

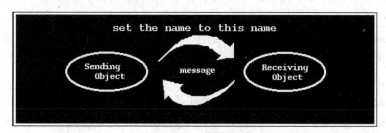

图 7.3　发送对象与接收对象之间的消息传送

2. 什么是类(class)

类是一组具有相同数据结构和相同操作的对象的集合。类是对一系列具有相同性质的对象的抽象,是对对象共同特征的描述。比如每一辆汽车都是一个对象的话,所有的汽车可以作为一个模板,我们就定义汽车这个类。

在一个类中,每个对象都是类的实例,可以使用类中提供的方法。从类中产生对象时,必须有建立实例的操作,C++和 C#中的 New 操作符可用于建立一个类的实例。C#为我们提供的方法则更加安全。

3. 什么是继承(Inheritance)

继承是使用已存在的定义作为基础建立新定义的技术。新类的定义可以是现有类所声明的数据和新类所增加的声明的组合。新类可以复用现有类的定义，而不要求修改现有类，现有类可以作为基类来引用，而新类可以作为派生类来引用。这种复用技术大大降低了软件开发的费用。例如，动物作为一个类已经存在，作为具有自身特征的狗就可以从动物类中继承；它同动物一样，具有眼睛、耳朵这些特征，可以执行奔跑和饮食方法；但是它还具有一般动物所不具备的犬吠。

7.2 类与对象的建立

类是面向对象的程序设计的基本构成模块。从定义上讲，类是一种数据结构，这种数据结构可能包含数据成员、函数成员以及其他的嵌套类型。其中数据成员类型有常量、字段和事件；函数成员类型有方法、属性、索引器、操作符、构造函数和析构函数。

在C#中使用class{...}来定义一个类，对于类，其实在前面我们已经多次使用了，只是没有专门说明。要注意的是类的定义无论放在哪儿都可以，但是不可以放在namespace{}之外或者函数之内，也就是说，类定义是全局性的声明。

类的声明格式如下：

```
class_modifiers class classname
{
    //...
}
```

其中 class_modifiers 为类的修饰符，classname 为类的类名。

类的修饰符可以是以下几种之一，或者是它们的组合(在类的声明中，同一修饰符不允许出现多次)。

- new：仅允许在嵌套类声明时使用，表明类中隐藏了由基类中继承而来的、与基类名相同的成员。
- public：表示不限制对该类的访问。
- protected：表示只能从所在类和所在类派生的子类进行访问。
- internal：此成员只在当前编译单元中可见，internal 访问修饰符是根据代码所在的位置，而不是类在层次结构中的位置，决定可见性。
- private：不能在定义此成员的类之外访问它。因此，即使是派生类也不能访问。
- abstract：抽象类，不允许建立类的实例。
- sealed：密封类，不允许被继承。

下面先来声明一个空白的类，并且使用此类来创建一个对象。

【例 7.1】创建一个类，并使用此类创建一个对象。

程序代码如下：

```
namespace ch07_1
```

```
{
    class Program
    {
        static void Main(string[] args)
        {
            student st = new student();
            st.name = "张三";
            st.age = 18;
            st.print();
        }
    }
    public  class student
    {
        public string name;
        public int age;
        public void print()
        {
            Console.WriteLine("我叫{0}，今年{1}岁", name, age);
        }
    }
}
```

运行结果如图 7.4 所示。

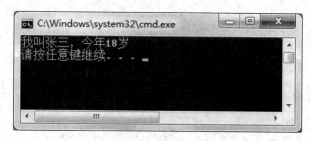

图 7.4　例 7.1 的运行结果

以上例子声明了一个名为 student 的类，并且使用代码 student st = new student();建立了一个新的对象 st。

7.3　构造函数和析构函数

关于类的成员，其中函数、字段以及属性我们在前面已经讲解过，本节将讲解类中的构造函数和析构函数。

7.3.1　构造函数

构造函数用于执行类的实例的初始化。每个类都有构造函数，即使我们没有声明它，编译器也会自动地为我们提供一个默认的构造函数。构造函数的名称与类名相同，而且在语法上类似于函数。但是，构造函数没有明确的返回类型。一般构造函数总是 public 类型的，若是 private 类型的，表明类不可以被实例化，这通常用于只含有静态成员的类。在构造函数中不要做对类的实例进行初始化以外的事情，也不要尝试显式地调用构造函数。

【例 7.2】修改例 7.1，创建构造函数。

程序代码如下：

```
namespace ch07_2
{
    class Program
    {
        static void Main(string[] args)
        {
            student st = new student("张三", 18);
            st.print();
        }
    }
    public class student
    {
        public student(string nam, int ag)
        {
            this.name = nam;
            this.age = ag;
        }
        public string name;
        public int age;
        public void print()
        {
            Console.WriteLine("我叫{0}，今年{1}岁", name, age);
        }
    }
}
```

程序运行结果如图 7.4 所示。

在上面例子中的构造函数有两个参数，可以在一个类中定义多个构造函数，这些构造函数的参数个数和类型必须有一定的差异，以便于区分。在类实例化的时候，会自动根据参数的类型和个数去寻找匹配的构造函数。下面举个具体的例子。

【例 7.3】创建一个有 3 个构造函数的类，用于计算 1、2、3 个数的和。

程序代码如下：

```
namespace ch07_3
{
    class Program
    {
        static void Main(string[] args)
        {
            Area ar1 = new Area(1);
```

```
        ar1.print();
        Area ar2 = new Area(2, 3);
        ar2.print();
        Area ar3 = new Area(4, 5, 6);
        ar3.print();
    }
}
public class Area
{
    private int result;
    public Area(int x)
    {
        result = x;
    }
    public Area(int x, int y)
    {
        result = x + y;
    }
    public Area(int x, int y, int z)
    {
        result = x + y + z;
    }
    public void print()
    {
        Console.WriteLine(result);
    }
}
```

程序运行结果如图 7.5 所示。

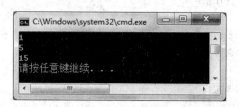

图 7.5　例 7.3 的运行结果

从上面的例子可以看到，Area 类有 3 个构造函数。若函数的签名仅由函数名组成，那么编译器就不知道该调用哪个构造函数来分别创建各个实例了。正是由于构造函数签名包括了函数的参数类型以及参数个数，所以编译器可以识别并且匹配，以至于能够帮我们正确地解决问题。

7.3.2　析构函数

在使用 new 运算符给对象分配动态空间的时候，由于内存也是有限的，可能会被用完,所以在类的实例超出范围时,我们希望确保它所占的内存能被收回。C#中提供了析构函数,专门用于释放被占用的系统资源。

定义一个在无用单元收集程序进行对象的最后消除之前调用的方法,这个方法就称为析构函数。析构函数的名称与类名也相同,只是在前面加了一个符号"~"。析构函数不接受任何参数,也不返回任何值。如果试图声明其他任何一个以符号"~"开头而不与类名相同的方法,编译器就会产生一个错误。

析构函数的基本形式为:

```
~classname
{
    //code;
}
```

析构函数不能是继承而来的,也不能显式地调用。当某个类的实例被认为不再有效,符合析构的条件时,析构函数就可能在某个时刻被执行。

【例7.4】创建一个析构函数实例。

程序代码如下:

```
namespace ch07_4
{
    class Program
    {
        static void Main(string[] args)
        {
            student st = new student("王菲");
            st.print();
        }
    }
    public class student
    {
        private string name;
        public student(string nam)
        {
            name = nam;
        }
        public void print()
        {
            Console.WriteLine(name);
        }
        ~student()
        {
            Console.WriteLine("bye");
        }
    }
}
```

程序运行结果如图 7.6 所示。

图 7.6　例 7.4 的运行结果

7.4　继承与多态

　　了解了类的基本定义以及对象的使用之后，接下来就要进一步讲解 Visual C#面向对象中的两个最为有力的机制——继承与多态。

　　如果所有的类都处在同一级别上，这种没有相互关系的平坦结构就会限制系统面向对象的特性。继承的引入，就是在类之间建立一种相交关系，使得新定义的派生类的实例可以继承已有的基类的特征和能力，而且可以加入新的特性或者是修改已有的特性，建立起类的层次。

　　同一操作作用于不同的对象，可以有不同的解释，产生不同的执行结果，这就是多态性。多态性通过派生类重载基类中的虚函数型方法来实现。

7.4.1　继承

　　类继承的基本语法是：

```
class A
{
    //Acode;
}
class B : A
{
    //Bcode;
}
```

　　上述代码就是类继承的基本样式，类 B 继承于类 A，我们把类 A 称作父类(也叫基类)，类 B 称作子类(也叫派生类)。需要注意的是，不同于 C++，在 Visual C#中，派生类只可以从一个类中继承。派生类从基类中继承除了构造函数和析构函数以外的所有成员，如函数、字段、属性、事件和索引器等。

　　在下面的例子中，我们首先定义一个 Person 类，而后定义一个继承自 Person 类的新类 Woman。

　　【例 7.5】关于类继承的一个小例子。

　　程序代码如下：

```
namespace ch07_5
{
    class Program
    {
        static void Main(string[] args)
        {
            Woman wm = new Woman("江苏太仓", 170, "long");
            wm.Description();
        }
    }
    class Person
    {
        public string jiguan;       //籍贯
        public int Height;          //身高
    }
    class Woman : Person
    {
        public string hair;         //头发
        public Woman(string jg, int Hei, string hr)
        {
            jiguan = jg;
            Height = Hei;
            hair = hr;
        }
        public void Description()
        {
            Console.WriteLine(
              "籍贯={0},身高={1}cm,头发={2}", jiguan, Height, hair);
        }
    }
}
```

程序运行结果如图 7.7 所示。

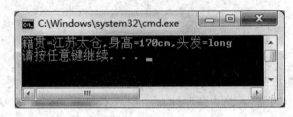

图 7.7 例 7.5 的运行结果

在这个例子中，Woman 类继承自 Person 类，我们在 Woman 类中使用了 Person 类的字段，并且增加了 Description()这个方法。

C#中的继承应遵循下列规则：
- 继承是可以传递的。如果类 C 继承于类 B，同时类 B 又继承于类 A，那么类 C 不仅继承了类 B 中声明的成员，同样也继承了类 A 中的成员。Object 类是所有类的基类。
- 派生类应该是对基类的扩展。派生类可以添加新的成员，但是不能除去已经继承的成员的定义。
- 构造函数和析构函数不可以被继承。除此以外的其他成员，不论对它们定义了怎样的访问方式，都能被继承。基类中设置的成员访问方式只能决定派生类能否访问它们。
- 派生类如果定义了与继承而来的成员同名的新成员，就可以覆盖已继承的成员。但这并不意味着派生类删除了这些成员，只是不能再访问这些成员。
- 类可以定义虚方法、虚属性以及虚索引器，它的派生类能够重载这些成员，从而实现类可以展示出的多态性。

在例 7.5 中，我们注意到 Woman 类中的成员都声明为 public 类型的，关于类中成员的保护等级，在前面的章节提到过，这里再强调一下。

(1) public：使用 public 所声明出来的成员，就会变成类的一个接口，也就是允许任何来自外界的直接访问。

(2) private：使用 private 所声明出来的成员，只允许类中的程序来引用，外界不可以使用。

(3) protected：使用 protected 所声明的成员，不仅仅可以在本类中使用，在本类的派生类中也可以使用。

7.4.2 多态

在面向对象编程思想中，多态是一个非常重要的概念。在程序的编写过程中，如果子类需要对父类中定义的方法进行修正或者增加新功能，就可以在子类中重新定义原本继承自父类中的方法。

下面先看一个简单的多态的例子。

【例 7.6】将例 7.5 简单修改为一个多态的例子。

程序代码如下：

```
namespace ch07_6
{
    class Program
    {
        static void Main(string[] args)
        {
            Person ps = new Person("江苏南京", 180);
            ps.Description();
            Woman wm = new Woman("江苏太仓", 170, "long");
            wm.Description();
            ps = wm;
            ps.Description();
            Man mn = new Man("江苏南京", 175, false);
            mn.Description();
```

```csharp
            ps = mn;
            ps.Description();
        }
    }
    class Person
    {
        public string jiguan;     //籍贯
        public int Height;
        public Person(string pjiguan, int pHeight)
        {
            jiguan = pjiguan;
            Height = pHeight;
        }
        public virtual void Description()
        {
            Console.WriteLine("这是基类(Person 类)");
        }
    }
    class Woman : Person
    {
        public string hair;         //头发
        public Woman(string pjiguan, int pHeight, string Phr)
          : base(pjiguan, pHeight)
        {
            jiguan = pjiguan;
            Height = pHeight;
            hair = Phr;
        }
        public override void Description()
        {
            Console.WriteLine("这是派生类(Woman 类)");
            Console.WriteLine(
              "籍贯={0},身高={1}cm,头发={2}", jiguan, Height, hair);
        }
    }
    class Man : Person
    {
        public bool zy;
        public Man(string pjiguan, int pHeight, bool pzy)
          : base(pjiguan, pHeight)
        {
            jiguan = pjiguan;
            Height = pHeight;
            zy = pzy;
        }
        public override void Description()
        {
```

```
            Console.WriteLine("这是派生类(Man 类)");
            Console.WriteLine(
              "籍贯={0},身高={1}cm,是否抽烟={2}", jiguan, Height, zy);
        }
    }
}
```

程序运行结果如图 7.8 所示。

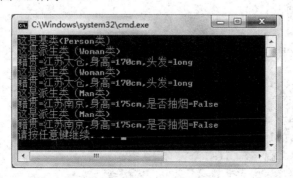

图 7.8 例 7.6 的运行结果

在上面的例子中，我们在基类 Person 中的 Description()方法声明前添加了 virtual 修饰符，使之成为虚方法。使用了 virtual 修饰符后，就不允许再使用 static、abstract 或者 override 修饰符了。应该注意到，在派生类中，我们也定义了 Description()方法，且在 Description()方法之前添加了 override 修饰符，这样就完成了派生类中声明对虚方法的重载，添加 override 修饰符后，就不能有 new、static 或者 virtual 修饰符了。

另外，还可以从上面的例子中看出，Person 类的实例 ps 先后被赋予 Woman 类的实例 wm 以及 Man 类的实例 mn。在执行的过程中，ps 先后指代不同的类的实例，从而调用不同的版本。这里 ps 的 Description()方法实现了多态性，并且 ps.Description()究竟执行哪个版本，不是在程序编译时确定的，而是在程序动态运行时，根据 ps 某一时刻的指代类型来确定的，所以体现了动态的多态性。

在 C#中，编译时的多态主要通过函数的重载以及操作符重载来实现，而运行时的多态主要通过虚成员来实现。

7.4.3 抽象与密封

在创建一个基类的时候，有时候我们只想定义派生类的一般化形式，而后让派生类具体实现内容。这种类决定了方法(派生类必须实现这些方法，而此类本身不提供这些方法的实现)，我们把这种类称为抽象类。抽象类使用 abstract 关键字作为修饰符。

对于抽象类的使用，有以下几点规定：

- 抽象类只可以作为其他类的基类，它不能直接被实例化，而且抽象类不能使用 new 操作符。如果抽象类中含有抽象的变量或值，则它们要么是 Null 类型，要么包含了对非抽象类的实例的引用。
- 抽象类可以包含抽象成员。

- 抽象类不可以又是封装的。即一个类中不可以 abstract 关键字与 sealed 关键字共存(关键字为 sealed 的类称为封装类)。

如果一个类 A 派生于一个抽象类 B，那么这个类 A 就要通过重载方法实现所有这个抽象类 B 中的抽象成员。下面举一个具体的简单例子。

【例 7.7】一个简单抽象类的例子。

程序代码如下：

```
namespace ch07_7
{
    class Program
    {
        static void Main(string[] args)
        {
            Redcar rd = new Redcar();
            rd.Run();
        }
    }
    abstract class car
    {
        public abstract void Run();
    }
    class Redcar : car
    {
        public override void Run()
        {
            Console.WriteLine("Red Car No:999 is running!");
        }
    }
}
```

程序运行结果如图 7.9 所示。

图 7.9　例 7.7 的运行结果

上面的例子就是一个简单的抽象类的例子，先是定义了抽象类 car 以及抽象类 car 中的抽象函数 Run，而后又定义了类 Redcar 作为抽象类 car 的派生类，正如前面所述，在类 Redcar 中，必须对函数 Run 进行重载，因为函数 Run 是一个存在于抽象类中的抽象方法。

需要注意的是，并非抽象类中的所有函数和变量都必须是抽象的，也可以不是抽象的。若不是抽象的，则用途跟我们前面所讲的类的函数以及变量的用法一样，但是要切记，不可以对抽象类进行实例化。抽象方法必须定义在抽象类中，不可以在派生类中通过

base 关键字对抽象方法进行访问。例如，下面的代码编译的时候就会报错：

```
abstract class A
{
    public abstract void F();
}
class B : A
{
    public override void F()
    {
        base.F();   //错误!!!
    }
}
```

我们还可以使用抽象方法重载基类的虚方法，这时基类中的虚方法的执行代码就会被拦截，具体的见下面的例子。

【例 7.8】使用抽象方法重载基类的虚方法。程序代码如下：

```
namespace ch07_8
{
    class Program
    {
        static void Main(string[] args)
        {
            Redcar rd = new Redcar();
            rd.Run();
        }
    }
    class vehicle
    {
        public virtual void Run()
        {
            Console.WriteLine("这是基类(vehicle 类)");
        }
    }
    abstract class car : vehicle
    {
        public abstract override void Run();
    }
    class Redcar : car
    {
        public override void Run()
        {
            Console.WriteLine("Red Car No:999 is running!");
        }
    }
}
```

程序运行结果如图 7.10 所示。

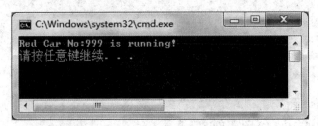

图 7.10　例 7.8 的运行结果

在上面的例子中，我们在类 vehicle 中声明了一个虚函数 Run，派生类 car 使用抽象方法重载了函数 Run，这样类 car 的派生类 Redcar 就可以重载 Run 并提供自己的实现了。

密封与抽象相比，在某种程度上可以看作是两个相反的概念。上面讲到，抽象类必须被继承，而密封类恰恰相反，密封类不允许建立其派生类。密封类的好处是，不允许类被随意地继承，可以避免类的层次结构变得复杂庞大。

密封类在声明时使用关键字 sealed，这样就可以防止该类被其余类所继承。

密封函数与密封类类似，使用关键字 sealed 修饰函数，这样，可以防止在类的派生类中实现对函数的重载。不是类的每个成员函数都可以作为密封函数，密封函数必须对基类的虚方法进行重载，提供具体的实现方法。所以，在函数的声明中，sealed 修饰符总是与 override 修饰符同时使用的。

【例 7.9】一个简单密封函数的例子。

程序代码如下：

```
namespace ch07_9
{
    class Program
    {
        static void Main(string[] args)
        {
            car cr = new car();
            cr.Run();
            cr.wheels();
            Redcar rd = new Redcar();
            rd.Run();
            rd.wheels();
        }
    }
    abstract class vehicle
    {
        public  virtual void Run()
        {
            Console.WriteLine("这是 vehicle 中的 Run 方法");
        }
        public  abstract void wheels();
```

```
    }
    class car : vehicle
    {
        public sealed override void Run()
        {
            Console.WriteLine("这是 car 中的 Run 方法");
        }
        public override void wheels()
        {
            Console.WriteLine("这是 car 中的 wheels 方法");
        }
    }
    class Redcar : car
    {
        public override void wheels()
        {
            Console.WriteLine("这是 Redcar 中的 wheels 方法");
        }
    }
}
```

程序的运行结果如图 7.11 所示。

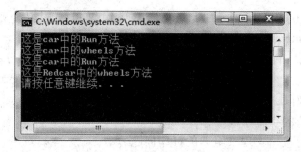

图 7.11 例 7.9 的运行结果

在以上的例子中，先是定义了抽象类 vehicle，在抽象类 vehicle 中我们定义了两个成员：虚函数 Run 以及抽象函数 wheels。而后又定义了类 vehicle 的派生类 car，car 的成员也有两个，其中 Run 函数是一个密封函数，是对类 vehicle 中的 Run 函数的重写；wheels 函数是对类 vehicle 的 wheels 函数的重写，这是必需的，因为类 vehicle 中的 wheels 函数是个抽象函数。类 Redcar 派生于类 car，Redcar 中也重写了 wheels 函数，但是 Redcar 中不可以重载 Run 函数，否则编译器会报错。

7.5　接　　口

在面向对象程序设计中，定义类必须完成的内容而不是完成的方法有时是很有帮助的。我们已经见过使用抽象方法的示例。抽象方法定义函数的签名而不提供实现，需要每个派生类必须提供基类定义的所有抽象函数的实现。因此，抽象函数指定了函数的接口而不是实现。

7.5.1 接口的声明以及实现

接口在语法上与抽象类类似。接口是把隐式公共方法和属性组合起来，以封装特定功能的一个集合。一旦定义了一个接口，就可以在类中执行它。这样，类就可以支持接口所指定的所有属性和成员了。

值得注意的是，接口是不可以单独存在的，不能像实例化一个类那样实例化一个接口。另外，接口不能包含执行其成员的任何代码，而只能定义成员本身。执行过程必须在执行接口的类中实现。另外，一个类可以实现多个接口，若要实现多个接口，必须在这些接口之间用逗号(,)隔开。

接口的声明格式如下：

```
interface_modifiers interface interfacename
{
    type method_name1(param_list);
    type method_name2(param_list);
    type method_name3(param_list);
    ...
}
```

这里 interface_modifiers 为接口修饰符，接口仅可使用以下这些修饰符：new、public、protected、internal、private。

在一个接口定义中，同一修饰符不允许出现多次，new 修饰符只能出现在嵌套接口中，表示覆盖了继承而来的同名成员。public、protected、internal、private 这几个修饰符定义了对接口的访问权限。

下面举一个接口的小例子。

【例 7.10】使用接口实现一组票的打印问题。

程序代码如下：

```
namespace ch07_10
{
    class Program
    {
        static void Main(string[] args)
        {
            A a1 = new A();
            a1.print();
            B b1 = new B();
            b1.print();
            C c1 = new C();
            c1.print();
        }
    }
    public interface Iprint
```

```
    {
        void print();
    }
    class A : Iprint
    {
        public void print()
        {
            Console.WriteLine("这是学生票");
        }
    }
    class B : Iprint
    {
        public void print()
        {
            Console.WriteLine("这是成人票");
        }
    }
    class C : Iprint
    {
        public void print()
        {
            Console.WriteLine("这是折扣票");
        }
    }
}
```

运行结果如图 7.12 所示。

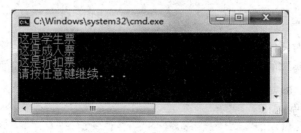

图 7.12　例 7.10 的运行结果

在上面的这个例子中，先是定义了接口 Iprint，而后分别定义了类 A、B、C，这 3 个类继承于接口 Iprint。可以看到，这 3 个类实现了接口 Iprint 的所有函数成员。这样，我们就可以在 Main 函数中对这 3 个类进行实例化了，最终实现程序的最初设计目的。

7.5.2　通过使用 is 实现查询

用户可以使用 is 关键字检测运行时对象的类型是否与某一给定的类型兼容，使用的语法如下：

表达式 is 类型

其中，"表达式"为一种引用类型表达式，而"类型"则为一种引用类型。这个 is 运算符运算之后产生的结果为一个布尔值，因此可以使用条件语句来判断。当表达式不为 Null 且表达式可以被强制转换为引用类型时，is 表达式就返回 true，否则就返回 false。

看看下面的代码：

```
static void Main(string[] args)
{
    string str = "";
    if(str is string)
        Console.WriteLine("true");
    else
        Console.WriteLine("false");
}
```

程序运行结果如图 7.13 所示。

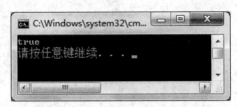

图 7.13 使用 is 运算符例子的运行结果

7.5.3 通过使用 as 实现查询

用户可以使用 as 运算符在兼容类型之间实现转换，其使用语法为：

对象 = 表达式 as 类型

其中，表达式为任何引用类型，可以把 as 运算符看作是 is 运算符的组合，而如果在问题中两个类型是兼容的，就转换类型。as 运算符和 is 运算符之间的主要不同是，如果表达式与类型不兼容，as 运算符设置对象为 Null，代替返回一个值。

看看下面的代码：

```
using System;
using System.Collections.Generic;
using System.Text;
namespace InterfaceAs
{
    public interface Interface1
    { }
    public interface Interface2
    { }
    public class classTest : Interface1
    { }
    class Program
    {
```

```
static void Main(string[] args)
{
    classTest ct = new classTest();
    Interface2 testInterface = ct as Interface2;
    if (testInterface != null)
    {
        Console.WriteLine(
          "the Interface2 Interface is implemented");
    }
    else
    {
        Console.WriteLine(
          "the Interface2 Interface is not implemented");
    }
    Console.ReadLine();
}
```

程序运行结果如图 7.14 所示。

图 7.14　使用 as 运算符例子的运行结果

7.6　代理(delegate)

在程序开发中，回调函数是一个比较重要的机制。在 Windows 操作系统中就大量地使用回调函数，如窗口过程、挂钩函数以及异步过程调用等。同样，在 Microsoft .NET 框架中，也要大量地使用回调函数，例如用户可以注册回调方法来获取程序状态改变的通知和文件系统的改变通知等。

熟悉 C 或者 C++语言的读者，可以对 C#中的代理这样理解：代理很类似于 C/C++中的指针。

在程序运行中，同一个代理能够用来调用不同的方法，只要改变它引用的函数即可。因此，代理调用的函数不是在编译时决定的，而是在运行时决定。这就是代理的主要优点。代理声明的语法为：

delegate_modifiers delegate return_type delegate_name(param_list);

这里 delegate_modifiers 是代理修饰符，delegate_name 是代理名，param_list 是参数列

表，return_type 是被代理函数的返回类型。

【例 7.11】创建一个简单的代理实例。

程序代码如下：

```
namespace ch07_11
{
    class Program
    {
        static void DelegateMethod(string message)
        {
            Console.WriteLine(message);
        }
        static void Main(string[] args)
        {
            Delegate d1 = new Delegate(DelegateMethod);
            d1("Hello");
        }
    }
    delegate void Delegate(string message);
}
```

程序运行结果如图 7.15 所示。

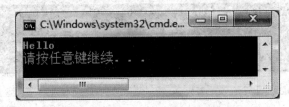

图 7.15　例 7.11 的运行结果

代理三步曲归纳如下。
- 首先生成自定义代理类：delegate void Delegate(string message);
- 然后实例化代理类：Delegate d1 = new Delegate(DelegateMethod);
- 最后通过实例对象调用方法：d1("Hello");

7.7　案例实训

1．案例说明

本例是关于继承时构造函数设置的一个小例子，类 Vehicle 是一个父类，Car 类是其子类，Train 类有两个构造函数，一个是没有参数的，另外一个有多个参数。通过此例，仔细推敲一下构造函数中参数的传递过程。

2．编程思路

子类与父类之间的继承关系可以参照前面部分讲解的内容。

3. 步骤

(1) 新建一个 Windows 窗体应用程序,取名为 ch07-12。

(2) 拖动 3 个 Label 控件、4 个 TextBox 控件、一个 Button 控件到窗体上,界面如图 7.16 所示,属性设置如表 7.1 所示。

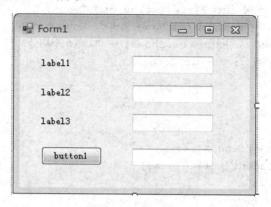

图 7.16 程序界面

表 7.1 控件属性设置

控件类型	控件名称	属 性	设置结果
Form	Form1	Text	求总分平均数
Label	Label1	Text	请输入姓名:
	Label2	Text	请输入英语成绩:
	Label3	Text	请输入数学成绩:
TextBox	TextBox1	Name	txtName
	TextBox2	Name	txtEnglish
	TextBox3	Name	txtMath
	TextBox4	Name	txtResult
		ReadOnly	True
Button	Button1	Name	btnCal
		Text	求值

(3) 双击 Button 按钮,打开代码窗口,编写代码:

```
namespace ch07_12
{
    public partial class Form1 : Form
    {
        public Form1()
        {
```

```csharp
            InitializeComponent();
        }
        private void btnCal_Click(object sender, EventArgs e)
        {
            int Math = int.Parse(txtMath.Text);
            int Eng = int.Parse(txtEnglish.Text);
            Stu s1 = new Stu(txtName.Text, Eng, Math);
            txtResult.Text = s1.Show() + "\r\n平均分:" + s1.Average()
                + ",总分:" + s1.Total();
        }
    }
    class Student
    {
        protected string Name;
        public Student(string name)
        {
            Name = name;
        }
        public string Show()
        {
            return "姓名:" + Name;
        }
    }

    //创建派生类
    class Stu : Student
    {
        private int Score1, Score2;
        public Stu(string name, int score1, int score2)
          : base(name)
        {
            this.Score1 = score1;
            this.Score2 = score2;
        }
        public int Total()
        {
            return Score1 + Score2;
        }
        public float Average()
        {
            return (float)(Score1 + Score2) / 2;
        }
    }
}
```

(4) 调试运行结果如图 7.17 所示。

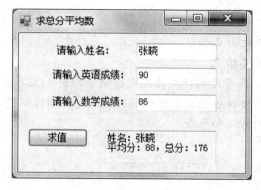

图 7.17 案例的运行结果

7.8 小 结

本章主要介绍了面向对象编程思想在 Visual C#中的应用，并依次讲解了类与对象的建立、构造函数、析构函数以及继承、多态、代理等面向对象编程常用的手段。

类的概念以及与对象的关系是基于对象的程序设计的思想基础。C#的继承与 C++是不同的，C#只支持单一继承，当需要多重继承的时候，必须借助于实现多重接口来达到最终目的。

在 Visual C#中，代理是类型安全、操作可靠的对象，起着与 C++的函数指针一样的作用，用来管理对象。代理与类以及接口不一样，代理是在编译时定义的，它一般用于执行异步处理，并能把用户代码加到一个类的代码路径中去。代理可以用于许多目的，包括使用它们作为 callback(回调)方法，定义静态方法以及使用它们来定义事件。

7.9 习 题

1. 选择题

(1) 在 Visual C#中，接口与类的主要不同在于_____。
    A. 类不可以多重继承而接口可以
    B. 类可以继承而接口不可以
    C. 类不可以继承而接口可以
    D. 类可以多重继承而接口不可以

(2) is 运算符的作用是_____。
    A. 检测对象类型
    B. 检测运行时对象的类型是否与某一给定的类型兼容
    C. 强制类型转换
    D. 检测表达式是否正确

(3) as 运算符的作用是_____。
    A. 在兼容类型之间进行转换

B. 检测类型兼容性
C. 检测表达式是否正确
D. 检测逻辑运算结果

(4) 在声明接口时，不可为接口成员指定任何修饰符，且不需要为接口成员指定任何代码，故不可为接口成员实例化代码，只需在声明接口的时指定_____即可。
A. 接口成员的名称和参数
B. 成员的名称
C. 成员的类型
D. 成员的参数

2. 填空题

(1) sealed 类的作用是_____。
(2) 构造方法实例化对象的形式是_____。
(3) 代理是一种用来引用静态方法或者_____的数据类型，同类接口、字符串和对象一样，代理也是 C#的一种_____数据类型。

3. 编程题

(1) 计算圆的面积和周长：定义一个圆类，使用类方法实现计算。

(2) 编一个程序，定义类 student 和它的成员(学号,姓名,年龄和 c_sharp 程序设计成绩)，使用构造函数实现对数据的输入，使用成员函数实现对数据的输出。

(3) 编一个程序，定义类(有姓名、年龄、手机号码 3 个字段)，再定义一个一维数组，使数组元素为类，存入数据，然后依次输出，使用 for 循环语句进行输入输出操作。

第 8 章　常见窗体控件的使用

本章要点
- 常见控件的使用
- 定制控件

Microsoft Visual Studio 2012 是新一代的可视化集成开发环境，所有的开发工具都被集成到一个 IDE(Integrated Development Environment)中，可以用 Visual C#创建 Windows 应用程序。

本章介绍的几乎所有功能都是通过包含在 System.Windows.Forms 命名空间中的类来实现的。该命名空间包含了许多类和命名空间，它们都用于创建 Windows 应用程序，其中许多类都是从 System.Windows.Forms.Control 中派生而来的。

8.1　Windows 控件

8.1.1　Windows 窗体

使用 Visual Studio 2012 可以大大简化 Windows Forms 应用程序的编写，Visual Studio 2012 减少了开发人员花在界面框架上的编程时间，使开发人员可以集中精力去解决具体的业务问题。

下面就简单介绍一下如何使用 Visual Studio 2012 来创建一个简单的 Windows Forms 应用程序。

1．创建空白窗体

创建空白窗体的操作如下。

(1) 在 Visual Studio 2012 开发环境中，选择"文件"→"新建"→"项目"命令，弹出"新建项目"对话框。

(2) 在左边选中"Visual C#"，在右边选中"Windows 窗体应用程序"，然后在该对话框下方的"名称"文本框中输入该项目的名称，如"MyFirstWindowsApplication"，在"位置"文本框中输入保存项目的位置，如图 8.1 所示。

(3) 单击"确定"按钮，在 Visual Studio 2012 的编辑窗口中将显示一个空白窗体，如图 8.2 所示。

2．设置窗体属性

上面创建了一个名为 Form1 的窗体，"Form1"出现在新建窗体的标题栏上。下面根据实际需要对窗体属性进行适当的设置。

(1) 在窗体上任意位置单击，选中要设置属性的窗体，窗体四周将出现 3 个控点，可以拖动控点，适当调整窗体大小。

图 8.1 在"新建项目"对话框中创建 Windows 应用程序

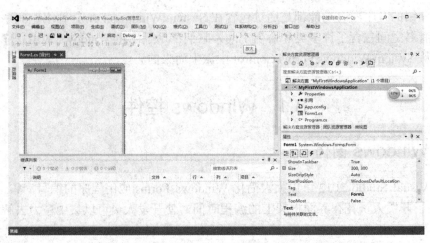

图 8.2 在 Visual Studio 2012 编辑器窗口中显示一个空白窗体

(2) 选择"视图"→"属性窗口"命令,在 Visual Studio 2012 开发窗口右侧就会出现一个属性窗口,如图 8.3 所示。

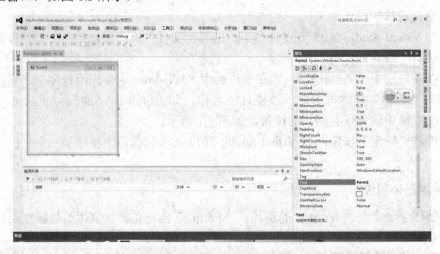

图 8.3 右侧出现"属性"窗口

(3) 在属性窗口中，列出了该窗体当前的各项属性，可以进行相应的设置。不同的属性在属性窗口中的设置方式也有所不同，用户可以直接输入属性值(例如 Size、Location 和 Text 等属性)、从下拉列表中选择一个值(FormBorderStyle 和 StartPosition)，或者执行更加复杂的操作。

8.1.2 控件的公有属性、事件和方法

.NET 中的大多数控件都派生于 System.Windows.Forms.Control 类。因此，在介绍其他各个控件之前，先来介绍一下 Control 这个类，Control 类实现了所有窗体交互控件的基本功能：处理用户键盘输入、处理消息驱动、限制控件大小等。

Control 类的属性、方法和事件是所有窗体控件所共有的，在程序设计过程中经常会遇到，所以充分了解 Control 类的成员可以为以后的窗体编程打下坚实的基础。

下面具体介绍 Control 类的各项成员。

1. Control 类的属性

所有的控件都有许多属性，用来处理控件的操作。大多数控件的基类 Control 有许多属性，其他控件要么直接继承了这些属性，要么就重写了这些属性，来提供特定的功能。

表 8.1 列出了 Control 类最常见的属性。这些属性在本章介绍的大多数控件中基本都有，所以后面就不再对它们进行详细的解释了。

表 8.1 Control 类的属性

名 称	说 明
AllowDrop	获取或设置一个值，该值指示控件是否可接受用户拖放到它上面的数据
Anchor	获取或设置控件绑定到的容器的边缘并确定控件如何随其父级一起调整大小
BackColor	获取或设置控件的背景色
BackgroundImage	获取或设置在控件中显示的背景图像
BindingContext	获取或设置控件的 BindingContext
Bottom	获取控件下边缘与其容器的工作区上边缘之间的距离(以像素为单位)
Bounds	获取或设置控件(包括其非工作区元素)相对于其父控件的大小和位置(以像素为单位)
CanFocus	获取一个值，该值指示控件是否可以接收焦点
CanSelect	获取一个值，该值指示是否可以选中控件
Capture	获取或设置一个值，该值指示控件是否已捕获鼠标
CausesValidation	获取或设置一个值，该值指示控件是否会引起在任何需要在接收焦点时执行验证的控件上执行验证
DataBindings	为该控件获取数据绑定
DefaultBackColor	获取控件的默认背景色
DefaultFont	获取控件的默认字体

续表

名 称	说 明
DefaultForeColor	获取控件的默认前景色
Dock	获取或设置哪些控件边框停靠到其父控件并确定控件如何随其父级一起调整大小
Enabled	获取或设置一个值,该值指示控件是否可以对用户交互做出响应
Focused	获取一个值,该值指示控件是否有输入焦点
Font	获取或设置控件显示的文字的字体
ForeColor	获取或设置控件的前景色
Handle	获取控件绑定到的窗口句柄
HasChildren	获取一个值,该值指示控件是否包含一个或多个子控件
Height	获取或设置控件的高度
Left	获取或设置控件左边缘与其容器的工作区左边缘之间的距离(以像素为单位)
Location	获取或设置该控件的左上角相对于其容器的左上角的坐标
Margin	获取或设置控件之间的空间
MaximumSize	获取或设置大小,该大小是 GetPreferredSize 可以指定的上限
MinimumSize	获取或设置大小,该大小是 GetPreferredSize 可以指定的下限
MouseButtons	获取一个值,该值指示哪一个鼠标按钮处于按下的状态
MousePosition	获取鼠标光标的位置(以屏幕坐标表示)
Name	获取或设置控件的名称
Padding	获取或设置控件内的边距
Parent	获取或设置控件的父容器
Right	获取控件右边缘与其容器的工作区左边缘之间的距离(以像素为单位)
Size	获取或设置控件的高度和宽度
TabIndex	获取或设置在控件容器的控件的 Tab 键顺序
Text	获取或设置与此控件关联的文本
Top	获取或设置控件上边缘与其容器的工作区上边缘之间的距离(以像素为单位)
Visible	获取或设置一个值,该值指示是否显示该控件
Width	获取或设置控件的宽度

下面重点介绍几个编程中常用到的属性及其用法。

(1) Text 属性

每一个控件都有 Text 属性,是给用户查看或者输入的。Name 属性虽然也是每个控件对象都有的,不过它却是给程序员看的,常在编程中使用,作为每个控件的名字被程序员控制和操作。

Text 属性在很多控件中都是经常使用的。例如,在标签控件中显示的文字、在编辑框控件中用户输入的文字。

同样，在程序中也可以直接访问 Text 属性，用来获取和设置 Text 的值，这样就可以实现在程序运行过程中修改标题的名称，获取用户输入的数据等功能。

(2) Capture 属性

Capture 属性如果设为真，则不管鼠标是否在此控件的范围内，鼠标都被限定为只由此控件响应。

(3) Anchor 和 Dock 属性

在设计窗体时，这两个属性非常实用，.NET 中通过对这两个属性的设置，实现了用户改变窗口大小时，却可确保窗口看起来不显得很乱。

- Anchor：该属性用于指定在用户重新设置窗口的大小时控件该如何响应。可以指定如果控件重新设置了自己的大小，就根据控件自己的边界锁定它，或者其大小不变，但应根据窗口的边界来锚定它的位置。
- Dock：该属性与 Anchor 属性是相关的。可以使用该属性指定控件应停放在容器的边框上。如果用户重新设置了窗口大小，该控件将继续停放在窗口的边框上。

2. Control 类的方法

可以使用 Control 类的方法来获取或者设置控件的一些信息和状态。

表 8.2 列出了 Control 类最常见的方法及其功能。

表 8.2 Control 类的常见方法

名　　称	说　　明
Contains	检索一个值，该值指示指定控件是否为一个控件的子控件
CreateControl	强制创建控件，包括创建句柄和任何子控件
CreateGraphics	为控件创建 Graphics
Dispose	已重载。释放由 Control 使用的所有资源
DoDragDrop	开始拖放操作
DrawToBitmap	支持呈现到指定的位图
Equals	已重载。确定两个 Object 实例是否相等(从 Object 继承)
FindForm	检索控件所在的窗体
Focus	为控件设置输入焦点
FromChildHandle	检索包含指定句柄的控件
FromHandle	返回当前与指定句柄关联的控件
GetChildAtPoint	已重载。检索指定位置的子控件
GetNextControl	按照子控件的 Tab 键顺序向前或向后检索下一个控件
GetPreferredSize	检索可以容纳控件的矩形区域的大小
GetType	获取当前实例的 Type(从 Object 继承)
Hide	对用户隐藏控件
Invalidate	已重载。使控件的特定区域无效并向控件发送绘制消息

续表

名 称	说 明
Invoke	已重载。在拥有此控件的基础窗口句柄的线程上执行代理
IsKeyLocked	确定 Caps Lock、Num Lock 或 Scroll Lock 键是否有效
PointToClient	将指定屏幕点的位置计算成工作区坐标
PointToScreen	将指定工作区点的位置计算成屏幕坐标
RectangleToClient	计算指定屏幕矩形的大小和位置(以工作区坐标表示)
RectangleToScreen	计算指定工作区矩形的大小和位置(以屏幕坐标表示)
Refresh	强制控件使其工作区无效并立即重绘自己和任何子控件
ResetText	将 Text 属性重置为其默认值
ResumeLayout	已重载。恢复正常的布局逻辑
Scale	已重载。缩放控件和任何子控件
Select	已重载。激活控件
SelectNextControl	激活下一个控件
SendToBack	将控件发送到 Z 顺序的后面
SetBounds	已重载。设置控件的边界
Show	向用户显示控件
SuspendLayout	临时挂起控件的布局逻辑
ToString	返回包含 Component 的名称的 String(如果有)。不应重写此方法
Update	使控件重绘其工作区内的无效区域

3．Control 类的事件

当用户进行某一个操作时，会引发某个事件的发生，此时就需要调用我们写好的事件处理程序代码，实现对程序的操作。在 Visual C#中，所有的机制都被封装在控件之中了，大大方便了事件驱动程序的编写。表 8.3 是 Control 类的一些常见事件。

表 8.3 Control 类的常见事件

名 称	说 明
Click	在单击控件时发生
ClientSizeChanged	当 ClientSize 属性的值更改时发生
ContextMenuChanged	当 ContextMenu 属性的值更改时发生
ControlAdded	在将新控件添加到 Control.ControlCollection 时发生
DoubleClick	在双击控件时发生
DragOver	在将对象拖到控件的边界上发生
EnabledChanged	在 Enabled 属性值更改后发生
Enter	进入控件时发生

续表

名 称	说 明
GotFocus	在控件接收焦点时发生
LostFocus	当控件失去焦点时发生
MouseCaptureChanged	当控件失去鼠标捕获时发生
MouseClick	在鼠标单击该控件时发生
MouseDoubleClick	当用鼠标双击控件时发生
MouseDown	当鼠标指针位于控件上并按下鼠标键时发生
MouseEnter	在鼠标指针进入控件时发生
MouseHover	在鼠标指针停放在控件上时发生
MouseLeave	在鼠标指针离开控件时发生
MouseMove	在鼠标指针移到控件上时发生
MouseUp	在鼠标指针在控件上并释放鼠标键时发生
MouseWheel	在移动鼠标滚轮并且控件有焦点时发生
Move	在移动控件时发生
SizeChanged	在 Size 属性值更改时发生
TextChanged	在 Text 属性值更改时发生
Validated	在控件完成验证时发生
Validating	在控件正在验证时发生

8.1.3 Button 控件

几乎所有的 Windows 对话框中都存在按钮控件，对于按钮的处理比较简单，通常是在窗体上添加控件，再双击它，给 Click 事件添加代码。

下面介绍 Button 控件的常用属性和事件。

Button 控件常见的属性见表 8.4，其余的属性若读者需要可以具体参考 MSDN。

表 8.4 Button 控件的常见属性

名 称	说 明
AutoSize	获取或设置一个值，该值指示控件是否基于其内容调整大小
BackColor	获取或设置控件的背景色
Enabled	获取或设置一个值，该值指示控件是否可以对用户交互做出响应
ForeColor	获取或设置控件的前景色
Image	获取或设置显示在按钮控件上的图像
Name	获取或设置控件的名称
Size	获取或设置控件的高度和宽度

续表

名 称	说 明
AutoSize	获取或设置一个值,该值指示控件是否基于其内容调整大小
BackColor	获取或设置控件的背景色
Enabled	获取或设置一个值,该值指示控件是否可以对用户交互做出响应
ForeColor	获取或设置控件的前景色
Image	获取或设置显示在按钮控件上的图像
Name	获取或设置控件的名称
Size	获取或设置控件的高度和宽度
Text	获取或设置按钮控件上的文本
Visible	获取或设置一个值,该值指示是否显示该控件

下面讲解一下 Button 控件的事件。

该控件最常用的事件就是 Click。只要用户在按钮上单击鼠标左键就会引发该事件。

下面的例子说明了如何使用 Button 控件,以及如何定义 Click 事件。

【例 8.1】Button 控件的 Click 事件演示。

创建程序的操作步骤如下。

(1) 在 Visual Studio 2012 开发环境中,选择"文件"→"新建"→"项目"命令,弹出"新建项目"对话框。

(2) 在左边选中"Visual C#",右边选中"Windows 窗体应用程序"选项,然后在该对话框下方的"名称"文本框中,输入项目的名称,如"ch08-1",在"位置"文本框中输入保存该项目的位置,也可单击"浏览"按钮来选定保存位置。

(3) 单击"确定"按钮,在 Visual Studio 2012 的编辑窗口中将显示一个空白窗体。

(4) 打开工具箱,双击 Button 控件一次,在属性面板上选择 Name 属性,改为"btnShow",将 Text 属性改为"显示",再双击 TextBox 控件一次,在属性面板上选择 Name 属性,改为"txtOuput"。效果如图 8.4 所示。

图 8.4 添加 Button 控件和 TextBox 文本框

(5) 双击该按钮控件，便可以为控件添加 Click 事件。或者在属性面板上单击事件图标，在事件列表中选中 Click 并双击，同样也可以添加 Click 事件。这样就自动添加了 Click 事件代码。

(6) 查看代码，在代码中找到以下内容：

```
private void btn_Example_Click(object sender, EventArgs e)
{
}
```

在花括号中输入 Click 事件要处理的代码：

```
txtOuput.Text = "欢迎进入C#世界";
```

该代码的功能是在 TextBox 文本框中显示"欢迎进入 C#世界"。

程序代码如下：

```
using System;
using System.Collections.Generic;
using System.ComponentModel;
using System.Data;
using System.Drawing;
using System.Linq;
using System.Text;
using System.Threading.Tasks;
using System.Windows.Forms;
namespace ch08_1
{
    public partial class Form1 : Form
    {
        public Form1()
        {
            InitializeComponent();
        }
        private void btnShow_Click(object sender, EventArgs e)
        {
            txtOuput.Text = "欢迎进入C#世界";
        }
    }
}
```

运行程序，效果如图 8.5 所示。

图 8.5 例 8.1 的运行结果

8.1.4 TextBox 控件

文本框(TextBox)经常用于获取用户输入或显示文本，通常用于可编辑文本，也可以设定其成为只读控件。文本框能够显示多行数据，并添加基本的格式设置。

Text 属性是文本框最重要的属性，要显示的文本就包含在 Text 属性中。Text 属性可以在设计窗口时使用属性窗口设置，也可以在运行时用代码设置或者通过用户输入设置，同样也可以在运行时通过读取 Text 属性来获得文本框的当前内容。

(1) 属性

表 8.5 列出了 TextBox 控件的常用属性，完整的属性可以参考 MSDN。

表 8.5 TextBox 控件的常见属性

名 称	说 明
AutoSize	获取或设置一个值，该值指示当更改分配给控件的字体时，是否自动调整控件的高度。此属性与此类无关
BackColor	获取或设置控件的背景色
CausesValidation	获取或设置一个值，该值指示控件是否会引起在任何需要在接收焦点时执行验证的控件上执行验证
CharacterCasing	获取或设置 TextBox 控件是否在字符键入时修改其大小写格式
DataBindings	为该控件获取数据绑定
Enabled	获取或设置一个值，该值指示控件是否可以对用户交互做出响应
MaximumSize	获取或设置大小，该大小是 GetPreferredSize 可以指定的上限
MaxLength	获取或设置用户可在文本框控件中键入或粘贴的最大字符数
MinimumSize	获取或设置大小，该大小是 GetPreferredSize 可以指定的下限
Multiline	已重写。获取或设置一个值，该值指示此控件是否为多行 TextBox 控件
Name	获取或设置控件的名称
PasswordChar	获取或设置字符，该字符用于屏蔽单行 TextBox 控件中的密码字符
ReadOnly	获取或设置一个值，该值指示文本框中的文本是否为只读
ScrollBars	获取或设置哪些滚动条应出现在多行 TextBox 控件中
SelectedText	获取或设置一个值，该值指示控件中当前选定的文本
SelectionLength	获取或设置文本框中选定的字符数
SelectionStart	获取或设置文本框中选定的文本起始点
Text	已重写。获取或设置 TextBox 中的当前文本
TextAlign	获取或设置 TextBox 控件中文本的对齐方式
TextLength	获取控件中文本的长度
Visible	获取或设置一个值，该值指示是否显示该控件
WordWrap	指示多行文本框控件在必要时是否自动换行到下一行的开始

(2) 事件

TextBox 控件常用的事件是对文本控件中的文本进行有效性验证。如果要确保文本框中不输入无效的字符，或者只输入某个范围内的数值，就需要告诉控件的用户输入的值是否有效。

TextBox 控件提供了如表 8.6 所示的事件。

表 8.6 TextBox 控件的常用事件

名　　称	说　　明
Enter	进入控件时发生
GotFocus	在控件接收焦点时发生
Leave	在输入焦点离开控件时发生
Validating	在控件正在验证时发生
Validated	在控件完成验证时发生
LostFocus	当控件失去焦点时发生
KeyDown	在控件有焦点的情况下按下键时发生
KeyPress	在控件有焦点的情况下按下键时发生
KeyUp	在控件有焦点的情况下释放键时发生
TextChanged	在 Text 属性值更改时发生

下面是一个简单的关于文本框控件的例子。

【例 8.2】演示 TextBox 控件的常见用法。

程序界面如图 8.6 所示。

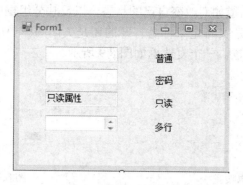

图 8.6 程序界面

新建一个 Windows 应用程序，而后在窗体上放置 4 个 TextBox 控件以及 4 个 Label 控件(见图 8.6)。4 个 Label 控件从上到下，依次把它们的 Text 属性修改为"普通"、"密码"、"只读"和"多行"。对 4 个 TextBox 控件从上到下分别修改属性：第 1 个不做任何修改；第 2 个把 Password 属性修改为"*"；第 3 个把 ReadOnly 属性修改为 True，把 Text 属性修改为"只读属性"；第 4 个把 MultiLine 属性修改为 True，把 ScrollBars 属性修改为 Vertical。

运行程序，在每个 TextBox 中都试图填入一些内容，具体结果如图 8.7 所示。

图 8.7　例 8.2 的运行结果

从运行结果中可以看到，当对 TextBox 的 Password 属性进行设置后，在其中输入文本内容时，会出现自动隐藏，以某种符号代替之，这在密码输入栏中是必需的。MultiLine 属性设置为 True 则保证了文本框可以接收多行输入。ReadOnly 属性则令文本框无法进行内容的修改，只可以读和复制。

8.1.5　RadioButton 控件和 CheckBox 控件

单选按钮(RadioButton)通常成组出现，用于为用户提供两个或多个互相排斥的选项，如图 8.8 所示。单选按钮与复选框(CheckBox)控件类似，但也存在重要的区别，即从一组单选按钮中必须且只能选择一个，而在一组复选框中，可以同时选择多个选项。

要把单选按钮组合在一起，使它们组成一个逻辑单元，必须使用 GroupBox 控件。首先在窗体上拖放一个 GroupBox 控件(组框)，再把需要的 RadioButton 按钮放在分组框的边界内，RadioButton 按钮知道如何改变自己的状态，以反映分组框中唯一被选中的选项。

复选框(CheckBox)指示某特定条件是打开的还是关闭的。当用户希望选择一个或多个选项时，就需要使用复选框。一个复选框如图 8.9 所示。

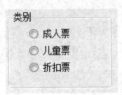 

图 8.8　单选按钮　　　　　　　　　　图 8.9　复选框

(1) RadioButton 控件的属性

表 8.7 只是列出了 RadioButton 控件的常用属性，完整的属性可以参考 MSDN。

表 8.7　RadioButton 控件的常用属性

属性名称	说　明
Appearance	获取或设置一个值，该值用于确定 RadioButton 的外观
AutoCheck	获取或设置一个值，指示在单击控件时，Checked 值和控件的外观是否自动更改

续表

属性名称	说明
CheckAlign	获取或设置 RadioButton 的复选框部分的位置
Checked	获取或设置一个值,该值指示是否已选中控件
Enabled	获取或设置一个值,该值指示控件是否可以对用户交互做出响应
FlatStyle	获取或设置按钮控件的平面样式外观
Name	获取或设置控件的名称
Text	与控件关联的文本
TextAlign	获取或设置 RadioButton 控件上的文本对齐方式

(2) RadioButton 控件的事件

表 8.8 只是列出了 RadioButton 控件的常用事件,完整的事件可以参考 MSDN。

表 8.8 RadioButton 控件的常用事件

事件名称	说明
Click	在单击控件时发生
CheckedChanged	当 Checked 属性的值更改时发生

(3) CheckBox 控件的属性

这个控件的属性和事件非常类似于 RadioButton 控件的属性和事件,但有两个新的属性,如表 8.9 所示。

表 8.9 CheckBox 控件的属性

属性名称	说明
CheckState	获取或设置 CheckBox 的状态
ThreeState	获取或设置一个值,该值指示此 CheckBox 是否允许三种复选状态而不是两种

(4) CheckBox 控件事件

表 8.10 只是列出了 CheckBox 控件的常用事件,完整的事件可以参考 MSDN。

表 8.10 CheckBox 控件的常用事件

事件名称	说明
CheckedChanged	当 Checked 属性的值更改时发生
CheckStateChanged	当 CheckState 属性的值更改时发生
Click	在单击控件时发生

下面举一个简单的关于学生注册的例子,其中有关于 RadioButton 控件以及 CheckBox 控件的使用。

【例 8.3】关于 RadioButton 控件以及 CheckBox 控件的使用。

程序界面如图 8.10 所示。

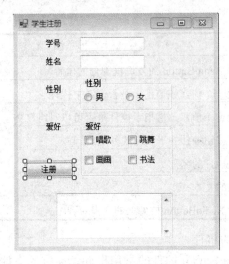

图 8.10　程序界面

在本例中，通过在文本框中输入学生的姓名以及通过对 RadioButton 和 CheckBox 控件的选择，把最终的结果输出到最下面的 TextBox 文本框中，该文本框的 MultiLine 属性设置为 True。

程序代码如下：

```csharp
using System;
using System.Collections.Generic;
using System.ComponentModel;
using System.Data;
using System.Drawing;
using System.Linq;
using System.Text;
using System.Threading.Tasks;
using System.Windows.Forms;

namespace ch08_3
{
    public partial class Form1 : Form
    {
        public Form1()
        {
            InitializeComponent();
        }

        private void btnRegister_Click(object sender, EventArgs e)
        {
            string sex = "";
            string hobby = "";
            if (rdoMale.Checked)
                sex = "男";
            else
```

```
                sex = "女";
            if (ckSing.Checked)
                hobby += "唱歌 ";
            if (ckDance.Checked)
                hobby += "跳舞 ";
            if (ckDraw.Checked)
                hobby += "画画 ";
            if (ckWrite.Checked)
                hobby += "书法";
            txtOutput.Text = "学号：" + txtSno.Text + "\r\n姓名："
                + txtName.Text + "\r\n性别：" + sex + "\r\n爱好：" + hobby;
        }
    }
}
```

程序运行的结果如图 8.11 所示。

图 8.11 例 8.3 的运行结果

8.1.6 ListBox 控件

列表框用于显示一组字符串，可以一次从中选择一个或多个选项。例如在设计期间，如果不知道用户要选择的数值个数，或者列表中的值非常多时，就应考虑使用列表框。

(1) 属性

表 8.11 中列出了 ListBox 控件的常用属性。

表 8.11 ListBox 控件的常用属性

名 称	说 明
DataBindings	为该控件获取数据绑定
DataSource	获取或设置此 ListControl 的数据源
Items	获取 ListBox 的项

续表

名 称	说 明
Name	获取或设置控件的名称
SelectedIndex	获取或设置 ListBox 中当前选定项的从零开始的索引
SelectedItem	获取或设置 ListBox 中的当前选定项
SelectedItems	获取包含 ListBox 中当前选定项的集合
SelectedValue	获取或设置由 ValueMember 属性指定的成员属性的值
SelectionMode	获取或设置在 ListBox 中选择项所用的方法
Sorted	获取或设置一个值,该值指示 ListBox 中的项是否按字母顺序排序
Text	获取或搜索 ListBox 中当前选定项的文本

(2) 方法

ListBox 控件提供许多实用的方法,可以使我们更方便地操作一个列表框。表 8.12 列出了最常用的方法。

表 8.12 ListBox 控件的方法

方法名称	说 明
ClearSelected	取消选择 ListBox 中的所有项
FindString	查找 ListBox 中以指定字符串开始的第一个项
FindStringExact	查找 ListBox 中第一个精确匹配指定字符串的项
GetItemText	返回指定项的文本表示形式
GetSelected	返回一个值,该值指示是否选定了指定的项
SetSelected	选择或清除对 ListBox 中指定项的选定
ToString	返回 ListBox 的字符串表示形式

(3) 事件

通常,ListBox 使用的事件与用户选中的选项有关,如表 8.13 所示。

表 8.13 ListBox 控件的事件

名 称	说 明
TextChanged	当 Text 属性更改时发生
SelectedIndexChanged	在 SelectedIndex 属性更改后发生

8.1.7 ComboBox 控件

与 ListBox 不同,组合框(ComboBox)从来都不能在列表中选择多个选项,但可以在 ComboBox 的 TextBox 部分输入新选项。

通常,组合框比 ListBox 节省空间,因为组合框中可见的部分只有文本框和按钮部分。

(1) 属性

ComboBox 控件包含 TextBox 和 ListBox 控件的功能，所以 ComboBox 有许多属性，这里也只列出最常见的属性，如表 8.14 所示。

表 8.14 ComboBox 控件的属性

名 称	说 明
DropDownStyle	获取或设置指定组合框样式的值
DroppedDown	获取或设置一个值，该值指示组合框是否正在显示其下拉部分
Items	获取一个对象，该对象表示该 ComboBox 中所包含项的集合
MaxDropDownItems	获取或设置要在 ComboBox 的下拉部分中显示的最大项数
MaxLength	获取或设置组合框可编辑部分中最多允许的字符数
Name	获取或设置控件的名称
SelectedIndex	获取或设置指定当前选定项的索引
SelectedItem	获取或设置 ComboBox 中当前选定的项
SelectedText	获取或设置 ComboBox 的可编辑部分中选定的文本
SelectedValue	获取或设置由 ValueMember 属性指定的成员属性的值
SelectionLength	获取或设置组合框可编辑部分中选定的字符数
SelectionStart	获取或设置组合框中选定文本的起始索引
Sorted	获取或设置指示是否对组合框中的项进行了排序的值
Text	获取或设置与此控件关联的文本

可以把 ComboBox 控件看作是结合了 TextBox、Button 以及 ListBox 功能的控件。从 ComboBox 控件的中文名称就可以看出，该控件组合了很多功能的控件。

ComboBox 控件的 DropDownStyle 属性可以进行设置，不同的设置会呈现不同的样式，具体如下。

- Simple：使得 ComboBox 的列表部分总是可见的，如图 8.12 所示。
- DropDown：这个是默认值，使得用户可以编辑 ComboBox 控件的文本框部分，必须单击右侧的箭头才可以显示列表部分，如图 8.13 所示。
- DropDownList：外观与 DropDown 的一样，不同的是用户不能编辑 ComboBox 控件的文本框部分，如图 8.14 所示。

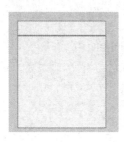

图 8.12 Simple

图 8.13 DropDown

图 8.14 DropDownList

(2) 事件

ComboBox 处理的事件主要涉及到选项的改变、下拉状态的改变、文本的改变这 3 个操作，相应的事件如表 8.15 所示。

表 8.15 ComboBox 控件的事件列表

名 称	说 明
DropDown	当显示 ComboBox 的下拉部分时发生
SelectedIndexChanged	在 SelectedIndex 属性更改后发生
SelectedValueChanged	当 SelectedValue 属性更改时发生
KeyDown	在控件有焦点的情况下按下键时发生
KeyPress	在控件有焦点的情况下按下键时发生
KeyUp	在控件有焦点的情况下释放键时发生
TextChanged	在 Text 属性值更改时发生

【例 8.4】关于 ComboBox 操作。

程序界面如图 8.15 所示。

图 8.15 程序界面

本例是要在左边的 ComboBox 中选择一个院系名称，在右边的 ComboBox 中自动添加一些被选择的院系的班级名称。

程序代码如下：

```
using System;
using System.Collections.Generic;
using System.ComponentModel;
using System.Data;
using System.Drawing;
using System.Linq;
using System.Text;
using System.Threading.Tasks;
using System.Windows.Forms;
```

```
namespace ch08_4
{
    public partial class Form1 : Form
    {
        public Form1()
        {
            InitializeComponent();
        }
        private void Form1_Load(object sender, EventArgs e)
        {
            cboGrade.Items.Add("软件与服务外包学院");
            cboGrade.Items.Add("现代港口与物流管理系");
        }
        private void cboGrade_SelectedIndexChanged(
          object sender, EventArgs e)
        {
            switch (cboGrade.SelectedIndex)
            {
                case 0:
                    cboClass.Items.Clear();
                    cboClass.Items.Add("软件1211");
                    cboClass.Items.Add("软件1212");
                    cboClass.Items.Add("网络1211");
                    break;
                case 1:
                    cboClass.Items.Clear();
                    cboClass.Items.Add("会计1211");
                    cboClass.Items.Add("会计1212");
                    cboClass.Items.Add("报关1211");
                    break;
            }
        }
    }
}
```

程序的运行结果如图 8.16 所示。

图 8.16 例 8.4 的运行结果

8.1.8 ListView 控件

ListView 是 Windows 列表视图控件，用于显示来自应用程序、数据库或文本文件的信息或者获取来自用户的信息。在标准列表视图对话框中，可以进行各种查看操作，如图标、详细视图等。

列表视图通常用于显示数据，用户可以对这些数据和显示方式进行某些控制，可以把包含在控件中的数据显示为列和行，或者显示为一列，或者显示为图标形式。

ListView 控件的主要属性就是 Items，该属性是一个包含控件所显示的项的集合，可用于在列表视图中的添加和移除项。SelectedItems 属性则包含控件中当前选定项的集合。如果将 MultiSelect 属性设置为 True，用户就可以同时选择多项。ListViewItem 类用于表示列表视图中的项，这些项可以包含子项，子项包含与父项相关的信息。

在应用程序中，我们经常使用方法和事件为列表视图提供附加功能。BeginUpdate 和 EndUpdate 方法用于为列表视图添加许多项，而且在每次添加项时并不显示控件的重新绘制，这样就提高了性能。

(1) 属性

ListView 的常用属性如表 8.16 所示。

表 8.16 ListView 控件的属性

名 称	说 明
Activation	获取或设置用户激活某个项必须要执行的操作的类型
Alignment	获取或设置控件中项的对齐方式
AllowColumnReorder	获取或设置一个值，该值指示用户是否可拖动列标头来对控件中的列重新排序
AutoArrange	获取或设置图标是否自动进行排列
CheckBoxes	获取或设置一个值，该值指示控件中各项的旁边是否显示复选框
CheckedIndices	获取控件中当前选中项的索引
CheckedItems	获取控件中当前选中的项
Columns	获取控件中显示的所有列标头的集合
FocusedItem	获取当前具有焦点的控件中的项
FullRowSelect	获取或设置一个值，该值指示单击某项是否选择其所有子项
GridLines	获取或设置一个值，该值指示在包含控件中项及其子项的行和列之间是否显示网格线
HeaderStyle	获取或设置列标头样式
HoverSelection	获取或设置一个值，该值指示当鼠标指针在项上停留几秒钟时是否自动选定该项
Items	获取包含控件中所有项的集合
LabelEdit	获取或设置一个值，该值指示用户是否可以编辑控件中项的标签

续表

名 称	说 明
LabelWrap	获取或设置一个值,该值指示当项作为图标在控件中显示时,项标签是否换行
LargeImageList	获取或设置当项以大图标在控件中显示时使用的 ImageList
MultiSelect	获取或设置一个值,该值指示是否可以选择多个项
Scrollable	获取或设置一个值,该值指示在没有足够空间来显示所有项时,是否给滚动条添加控件
SelectedIndices	获取控件中选定项的索引
SelectedItems	获取在控件中选定的项
SmallImageList	获取或设置 ImageList,当项在控件中显示为小图标时使用
Sorting	获取或设置控件中项的排序顺序
StateImageList	获取或设置与控件中应用程序定义的状态相关的 ImageList
TopItem	获取或设置控件中的第一个可见项
View	获取或设置项在控件中的显示方式

(2) 方法

ListView 控件常用的方法如表 8.17 所示。

表 8.17　ListView 控件的方法

名 称	说 明
BeginUpdate	避免在调用 EndUpdate 方法之前描述控件
Clear	从控件中移除所有项和列
EndUpdate	在 BeginUpdate 方法挂起描述后,继续描述列表视图控件
EnsureVisible	确保指定项在控件中是可见的,必要时滚动控件的内容
GetItemAt	检索位于指定位置的项

(3) 事件

ListView 控件常用的事件如表 8.18 所示。

表 8.18　ListView 控件常用的事件

名 称	说 明
AfterLabelEdit	当用户编辑项的标签时发生
BeforeLabelEdit	当用户开始编辑项的标签时发生
ColumnClick	当用户在列表视图控件中单击列标头时发生
ItemActivate	当激活项时发生

【例 8.5】ListView 控件是比较复杂的一个控件,这里编写一个范例来说明 ListView

控件的使用方法，在窗体设计器中添加列表视图可以按照如下的步骤进行操作。

(1) 在工具箱中选中 ListView 控件，并拖动到窗体中的适当位置。

(2) 单击列表视图图标，在属性窗口中将 View 属性设置为 Details。

(3) 单击属性窗口中 Columns 后的 按钮，打开"ColumnHeader 集合编辑器"对话框，如图 8.17 所示。在该对话框中单击"添加"按钮添加一个成员，并在属性列表中设置其 Text 属性为"书名"。用同样的方法再添加两个成员，其 Text 属性分别为"作者"和"单价"。最后单击"确定"按钮回到设计器。

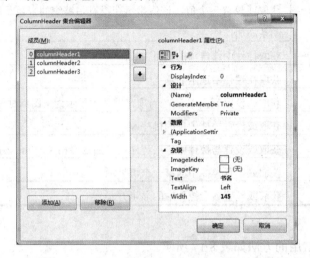

图 8.17 "ColumnHeader 集合编辑器"对话框

(4) 单击属性窗口中的 Items 后的 按钮，打开"ListViewItem 集合编辑器"对话框，如图 8.18 所示。在该对话框中单击"添加"按钮添加一个成员，并在"属性"列表中设置其 Text 属性为"C#程序设计项目化教程"。

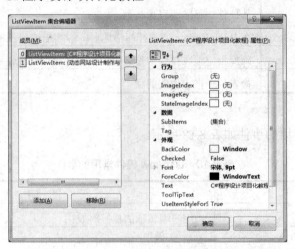

图 8.18 "ListViewItem 集合编辑器"对话框

(5) 单击"数据"组中 SubItems 后的 按钮，打开"ListViewSubItem 集合编辑器"对话框，如图 8.19 所示。在该对话框中单击"添加"按钮添加两个成员，其 Text 属性分别为"郑广成"、"26"。最后单击"确定"按钮回到"ListViewItem 集合编辑器"对话框。这时"C#程序设计项目化教程"的数据已输入完成。

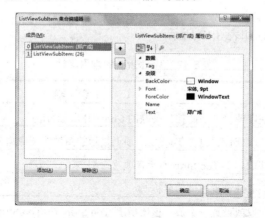

图 8.19　"ListViewSubItem 集合编辑器"对话框

(6) 用同样的方法再添加一个成员，最后单击"确定"按钮回到设计器。
(7) 按 F5 键运行应用程序，Form1 窗口出现，其中显示的列表视图如图 8.20 所示。

图 8.20　例 8.5 的运行结果

8.1.9　ToolStrip 控件

ToolStrip 控件是可以在 Windows 窗体应用程序中承载菜单、控件和用户控件的工具条。ToolStrip 控件提供丰富的设计时体验，包括就地激活和编辑、自定义布局、漂浮(即工具栏共享水平或垂直空间的能力)。尽管 ToolStrip 替换了早期版本的控件并添加了功能，但是仍可以在需要时选择保留 ToolBar 以备向后兼容和将来使用。

ToolStrip 控件有如下的功能：
- 创建易于自定义的常用工具栏，让这些工具栏支持高级用户界面和布局功能，如停靠、漂浮、带文本和图像的按钮、下拉按钮和控件、"溢出"按钮和 ToolStrip 项的运行时重新排序。
- 支持操作系统的典型外观和行为。
- 对所有容器和包含项进行事件的一致性处理，处理方式与其他控件的事件相同。
- 可以将项从一个 ToolStrip 拖到另一个 ToolStrip 内。
- 使用 ToolStripDropDown 中的高级布局创建下拉控件及用户界面类型编辑器。

ToolStrip 控件是高度可配置的、可扩展的控件，它提供了许多属性、方法和事件，可用来自定义外观和行为。以下是一些值得注意的成员。

(1) 属性

ToolStrip 的常用属性如表 8.19 所示。

表 8.19 ToolStrip 的常用属性

名 称	说 明
ContextMenuStrip	获取或设置与此控件关联的 ContextMenuStrip
ImageList	获取或设置包含 ToolStrip 项上显示的图像的图像列表
Items	获取属于 ToolStrip 的所有项
Name	获取或设置控件的名称
Stretch	获取或设置一个值，该值指示 ToolStrip 在 ToolStripContainer 中是否从一端拉伸到另一端
Text	获取或设置与此控件关联的文本

(2) 事件

ToolStrip 的常用事件如表 8.20 所示。

表 8.20 ToolStrip 的常用事件

名 称	说 明
BeginDrag	当用户开始拖动 ToolStrip 控件时发生
Click	在单击控件时发生
ContextMenuChanged	当 ContextMenu 属性的值更改时发生
ContextMenuStripChanged	当 ContextMenuStrip 属性的值更改时发生
ItemAdded	当向 ToolStripItemCollection 添加新的 ToolStripItem 时发生
ItemClicked	在单击 ToolStripItem 时发生
ItemRemoved	当从 ToolStripItemCollection 中移除 ToolStripItem 时发生
KeyDown	在控件有焦点的情况下按下键时发生
KeyPress	在控件有焦点的情况下按下键时发生
KeyUp	在控件有焦点的情况下释放键时发生
MouseClick	在鼠标单击该控件时发生
MouseDown	当鼠标指针位于控件上并按下鼠标键时发生

8.1.10 StatusStrip 控件

Windows 窗体 StatusStrip 控件在窗体中作为一个区域使用，此区域通常显示在窗口底部，应用程序可以在这里显示各种状态信息。

StatusStrip 控件上通常有 ToolStripStatusLabel 控件，用于显示指示状态的文本或图标，或者有可以用图形显示进程完成状态的 ToolStripProgressBar。

StatusStrip 控件可以显示正在 Form 上查看的对象的相关信息、对象的组件或与该对象在应用程序中的操作相关的上下文信息。通常，StatusStrip 控件由 ToolStripStatusLabel 对象组成，每个这样的对象都可以显示文本、图标或同时显示这二者。StatusStrip 还可以包含 ToolStripDropDownButton、ToolStripSplitButton 和 ToolStripProgressBar 控件。

可以用"StatusStrip 项集合编辑器"添加、移除和重排序 StatusStrip 的 ToolStripItem 控件，以及查看、设置 StatusStrip 和 ToolStripItem 属性。

可以通过下列方法显示"StatusStrip 项集合编辑器"：
- 在设计器中右击 StatusStrip 控件，并从快捷菜单中选择"编辑项"命令。
- 在设计器中单击 StatusStrip 控件上的智能标记，并从"StatusStrip 任务"对话框中选择"编辑项"。

在"StatusStrip 项集合编辑器"中可添加显示在下拉列表中的 ToolStripItem，即一个或多个下列控件：ToolStripStatusLabel、ToolStripProgressBar、ToolStripDropDownButton、ToolStripSplitButton。

下面介绍 StatusStrip 控件的常用属性和事件。

(1) StatusStrip 控件的属性

StatusStrip 的常用属性如表 8.21 所示。

表 8.21 StatusStrip 的常用属性

名 称	说 明
Anchor	获取或设置 ToolStrip 要绑定到的容器的边缘，并确定 ToolStrip 如何随其父级调整大小
ImageList	获取或设置包含 ToolStrip 项上显示的图像的图像列表
Items	获取属于 ToolStrip 的所有项
Name	获取或设置控件的名称
Stretch	获取或设置一个值，指示 StatusStrip 是否在其容器中从一端拉伸到另一端
Text	获取或设置与此控件关联的文本

(2) StatusStrip 控件的事件

StatusStrip 的常用事件如表 8.22 所示。

表 8.22 StatusStrip 控件的事件

名 称	说 明
BeginDrag	当用户开始拖动 ToolStrip 控件时发生
Click	在单击控件时发生
ItemAdded	当向 ToolStripItemCollection 添加新的 ToolStripItem 时发生
ItemClicked	在单击 ToolStripItem 时发生

续表

名 称	说 明
ItemRemoved	当从 ToolStripItemCollection 中移除 ToolStripItem 时发生
KeyDown	在控件有焦点的情况下按下键时发生
KeyPress	在控件有焦点的情况下按下键时发生
KeyUp	在控件有焦点的情况下释放键时发生

8.1.11 MenuStrip 控件

MenuStrip 控件是此版本的 Visual Studio 和.NET Framework 4.5 中的新功能。使用该控件，可以轻松创建类似于 Microsoft Office 软件中那样的菜单。

MenuStrip 控件支持多文档界面(MDI)和菜单合并、工具提示和溢出。可以通过添加访问键、快捷键、选中标记、图像和分隔条，来增强菜单的可用性和可读性。

MenuStrip 控件的使用特点如下：
- 可创建支持高级用户界面和布局功能的易自定义的常用菜单，例如文本和图像排序和对齐、拖放操作、MDI、溢出和访问菜单命令的其他模式。
- 支持操作系统的典型外观和行为。
- 可以对所有容器和包含的项进行事件的一致性处理，处理方式与其他控件的事件相同。

【例 8.6】下面新建一个菜单，具体演示一下 MenuStrip 的使用方法。

(1) 新建一个 Windows 窗体应用程序，如图 8.21 所示。

图 8.21 程序界面

(2) 在工具箱中双击 MenuStrip 控件或者是拖动此控件到窗体上，单击 MenuStrip 上的"请在此输入"，就可以输入菜单文本了，MenuStrip 还将会产生下一菜单条目的输入提示，如图 8.22 所示。

图 8.22 新建 MenuStrip

(3) 右键单击 MenuStrip 控件，还可以进行分隔符等的插入，如图 8.23 所示。

图 8.23　在 MenuStrip 上插入分隔符

(4) 还可以给菜单栏目添加图片，以方便识别和显得美观，具体操作为用右键单击 MenuStrip 控件，从快捷菜单中选择"设置图像"命令，如图 8.24 所示。

最终的结果如图 8.25 所示。

图 8.24　选择"设置图像"命令

图 8.25　设置后的结果

表 8.23 显示了 MenuStrip 控件以及其关联类的一些特别重要的属性。

表 8.23　MenuStrip 控件的属性

属　　性	说　　明
MdiWindowListItem	获取或设置用于显示 MDI 子窗体列表的 ToolStripMenuItem
System.Windows.Forms.ToolStripItem.MergeAction	获取或设置 MDI 应用程序中子菜单与父菜单合并的方式
System.Windows.Forms.ToolStripItem.MergeIndex	获取或设置 MDI 应用程序的菜单中合并项的位置
System.Windows.Forms.Form.IsMdiContainer	获取或设置一个值，该值指示窗体是否为 MDI 子窗体的容器

续表

属 性	说 明
ShowItemToolTips	获取或设置一个值,该值指示是否为 MenuStrip 显示工具提示
CanOverflow	获取或设置一个值,该值指示 MenuStrip 是否支持溢出功能
ShortcutKeys	获取或设置与 ToolStripMenuItem 关联的快捷键
ShowShortcutKeys	获取或设置一个值,该值指示与 ToolStripMenuItem 关联的快捷键是否显示在 ToolStripMenuItem 旁边

8.2 用户自定义控件

8.2.1 用户自定义控件概述

虽然 Visual Studio 2012 附带了大量的控件,但仍不能满足各个应用程序的特殊需要。比如说,Visual Studio 2012 自带的控件不能以我们希望的方式绘制自己,或者控件只能以某种方式使用,而我们却希望把控件的功能和界面一起封装,或者需要的控件不存在。此时,就需要自己开发一个新的控件。自定义控件的基本思想是允许开发人员生成新的功能,把现有的控件聚集到一个公共控件上,使之可以在应用程序中重复使用,或通过组织在多个应用程序中重复使用。

为此,Microsoft 提供了创建满足需要的控件方式。Visual Studio 2012 提供了一个工程类型 Windows Control Library,使用它可以创建自己的控件。

根据实际需要,可以用以下 3 种方法来开发定制控件。

1. 从 Windows 窗体控件继承

开发人员可以从现有的 Windows 窗体控件继承出新的控件。这种定制方式可以保留 Windows 窗体控件所有的功能,然后根据需要添加自定义属性、方法或事件来扩展这些固定的功能。甚至在某些控件中,开发人员还可以重写基类的 OnPaint()事件,将自定义外观添加到控件的图形界面上。

当我们只需要在 Windows 窗体控件的基础上扩展一些功能,或者想为现有控件设计一个新的图形前端时,就可以从 Windows 窗体控件继承,创建定制的控件。

2. 从 UserControl 类继承

用户控件是封装在公共容器内的 Windows 窗体控件的集合。该容器包含与每个 Windows 窗体控件相关联的所有固有功能,允许开发者有选择地公开和绑定它们的属性。

当需要将若干个 Windows 窗体控件的功能合成一个可重新使用的新控件时,也可以从 UserControl 类继承,来创建定制的控件。

大多数定制控件都是继承了 System.Windows.Forms.UserControl 类。这个类包含相应的功能，为开发人员提供保存控件、提供设计界面。它比较类似于基类 Form，提供了基本的执行方式，定制的派生类可以继承这些业务功能。

3. 从 Control 类继承

当想要自定义控件的图形化表示形式时，或者需要实现无法从标准控件获得的自定义功能时，开发人员就需要从 Control 类继承，来创建定制控件。Control 类提供了控件所需的所有基本功能，但不提供控件特定的功能和图形界面。从 Control 类继承来创建控件是很复杂的，用户必须为控件的 OnPaint()事件以及所需的任何功能编写代码，同时也允许用户根据自己的需要，灵活地调整控件。

控件是针对特定目的创建的，创建控件实际上也是一种编程任务，控件创建过程一般包括如下一些步骤。

(1) 确定控件要实现的目标。
(2) 确定所需要的控件类型。
(3) 将功能表示为控件及其子对象的属性、方法和事件，并指派相应的访问级别。
(4) 若控件需要自定义绘制，则为其添加对应的代码。
(5) 创建一个新的项目，对控件进行测试和调试。
(6) 在添加每个功能时，将控件添加到测试项目以试验新功能。
(7) 重复操作，改进设计。
(8) 打包和发布控件。

8.2.2 定制控件示例

本部分主要介绍上面介绍的前两种控件定制方式，第三种从头开始设计和绘制定制控件超出了本书的范围。在下面的内容中，我们将通过两个范例，来分别说明如何通过从 Windows 窗体控件继承和从 UserControl 类继承这两种定制控件方式来创建新的控件。

1. 从 Windows 窗体控件继承

如果要扩展现有控件的功能，开发人员可以继承创建由现有控件导出的控件。通过这种方式，我们不仅可以保留标准的 Windows 窗体控件的所有固有的功能和可视属性，还可以加入自定义功能。

【例 8.7】下面通过创建从现有 Windows 窗体控件继承的控件，介绍定制控件的一般过程。本例创建一个名为 ValueButton 的简单控件，该控件将继承标准 Windows 窗体按钮的功能，并公开一个名为 ButtonValue 的自定义属性。

(1) 在 Visual Studio 2012 中创建一个新的 C#工程，选择"Windows 控件库"，把新工程命名为"ValueButtonLib"，如图 8.26 所示。

单击"确定"按钮，进入如图 8.27 所示的控件设计器。

(2) 在"解决方案资源管理器"中右击 UserControl1.cs，从快捷菜单中选择"重命名"命令。将文件名更改为"ValueButton.cs"。当系统询问是否重命名对代码元素 UserControl1 的所有引用时，单击"是"按钮。

(3) 在"解决方案资源管理器"中右击 ValueButton.cs，从快捷菜单中选择"查看代码"命令。在代码中找到 class 语句行 public partial class ValueButton,并将此控件继承的类型从 UserControl 更改为 Button。这允许所继承的控件继承 Button 控件的所有功能。

图 8.26 "新建项目"窗口

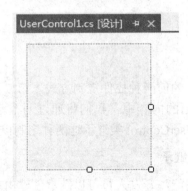

图 8.27 控件设计器

(4) 在"解决方案资源管理器"中打开 ValueButton.cs 节点,以显示设计器生成的代码文件 ValueButton.Designer.cs。找到 InitializeComponent 方法并删除分配 AutoScaleMode 属性的行。Button 控件中没有此属性。

(5) 继承的 Windows 窗体控件的可能用途之一是创建与标准 Windows 窗体控件外观相同但公开自定义属性的控件。在本例中,将向控件中添加名为"ButtonValue"的属性。找到 class 语句。紧接在{后面键入下列代码:

```
private int varValue;
public int ButtonValue
{
    get
    {
```

```
            return varValue;
        }
        set
        {
            varValue = value;
        }
    }
}
```

(6) 选择"文件"→"添加"→"新建项目"菜单命令,出现"添加新项目"对话框。在"Visual C#"节点下选择 Windows 节点,再单击"Windows 窗体应用程序"。在"名称"文本框中键入"test",如图 8.28 所示。

图 8.28　添加 Windows 应用程序

(7) 在解决方案资源管理器中,右击 test 项目,从快捷菜单中选择"添加引用"命令,出现"引用管理器"对话框,如图 8.29 所示。选中 ValueButtonLib,单击"确定"按钮。在"解决方案资源管理器"中右击"测试",从快捷菜单中选择"生成"命令。

图 8.29　"引用管理器"对话框

(8) 在"解决方案资源管理器"中,右击 Form1.cs,然后从快捷菜单中选择"视图设计器"命令。在"工具箱"中单击"ValueButtonLib 组件"。双击"ValueButton",窗体上出现一个"ValueButton"。

(9) 右击 ValueButton,从快捷菜单中选择"属性"命令。在"属性"窗口中检查该控件的属性。注意,除增加了一个 ButtonValue 属性外,它们与标准按钮公开的属性相同。将 ButtonValue 属性设置为 5。

(10) 在"工具箱"的"所有 Windows 窗体"选项卡中,双击"标签",将 Label 控件添加到窗体中。将标签重新定位到窗体的中央,界面如图 8.30 所示。

图 8.30　程序界面

(11) 添加事件处理代码。双击 valueButton1 以打开代码编辑器并显示 valueButton1_Click 事件,在 valueButton1_Click 事件处理程序中输入如下代码:

```
label1.Text = valueButton1.ButtonValue.ToString();
```

(12) 在解决方案资源管理器中,右击 test 解决方案,然后从快捷菜单中选择"设为启动项目"命令。

(13) 按 F5 键运行该项目,出现 Form1。单击 valueButton1 按钮,文本框中显示"5",如图 8.31 所示。

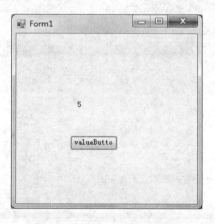

图 8.31　例 8.7 的运行结果

这说明我们为定制的控件添加的 valueButton1 属性已经通过 valueButton1_Click 方法传递到文本框。这样 valueButton1 控件便继承了标准的 Windows 窗体按钮的所有功能，并且公开了一个附加的自定义 ButtonValue 属性。

2. 从 UserControl 类继承

下面的示例说明了如何通过组合控件的方式来自定义控件。

【例 8.8】本例将 Label 和 Timer 两个控件绑定到一起，实现通过标签显示系统当前时间，每秒刷新一次。

启动 Visual Studio 2012，创建一个新工程。

(1) 在 Visual Studio 2012 中创建一个新的 C#工程，选择"Windows 控件库"，把新工程命名为"ClockLib"，如图 8.32 所示。

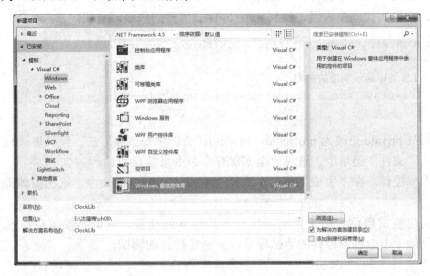

图 8.32 "新建项目"窗口

(2) 在"解决方案资源管理器"中右击 UserControl1.cs，从快捷菜单中选择"重命名"命令。将文件名改为"Clock.cs"。系统询问是否重命名对代码元素"UserControl1"的所有引用时，单击"是"按钮。

(3) 打开控件设计器的代码，找到 public partial class Clock : UserControl。默认情况下，用户控件从系统提供的 UserControl 类继承。UserControl 类提供所有用户控件所要求的功能，并实现标准方法和属性。

(4) 在用户控件中加入标签和计时器两个控件。在"解决方案资源管理器"中，切换到 Clock 控件设计器，在"工具箱"中单击"所有 Windows 窗体"选项卡，然后为 Clock 控件设计器添加一个 Label，名为 Label1 的标签控件被添加到用户控件设计器上的控件中。

在设计器中单击 label1。在"属性"窗口中设置属性，如表 8.24 所示。

同样，为 Clock 控件设计器添加一个 Timer 控件，打开 timer1 的属性窗口，将其 Interval 属性设置为 1000，Enabled 属性设置为 true。Timer1 每走过一个刻度，它都会运行一次 timer1_Tick 事件中的代码。

Interval 属性表示前后两次刻度之间的毫秒数。

表 8.24 Label 的属性设置

属　性	属性描述
Name	lblDisplay
Text	(空白)
TextAlign	MiddleCenter
Font.Size	16
Fore color	Red
Back Color	Info

选中 timer1 控件，切换到"事件窗口"，双击 Tick，为 time1 控件添加一个 timer1_Tick 事件。切换到代码编辑器，找到 timer1_Tick 事件的代码，将代码修改如下：

```
protected virtual void timer1_Tick(object sender, EventArgs e)
{
    //在标签中显示当前的时间
    lblDisplay.Text = System.DateTime.Now.ToLongTimeString();
}
```

修饰符从 private 更改为 protected，用 virtual 关键字修改该方法，使其可被重写。

(5) 从"文件"菜单中，选择"全部保存"命令来保存项目。

(6) 生成控件。在"生成"菜单中选择"生成 ClockLib"命令，输出窗体提示生成是否成功。

(7) 创建测试项目。由于定制的控件不是独立的项目，它们必须承载在容器中。因此，必须提供一个运行该控件的测试项目，来进行控件的测试。

选择"文件"→"添加"→"新建项目"命令，打开"添加新项目"对话框。在"Visual C#"节点下选择"Windows"节点，再单击"Windows 窗体应用程序"，弹出"添加新项目"对话框。在"名称"文本框中键入"testClockLib"。单击"确定"按钮，如图 8.33 所示。

图 8.33 添加 Windows 窗体应用程序

(8) 添加引用后，需要将新控件添加到工具箱。

在解决方案资源管理器中，右击 testClockLib 项目的"添加引用"节点，以打开"引用管理器"对话框，如图 8.34 所示。

选中"ClockLib"，单击"确定"按钮。在"解决方案资源管理器"中，右击 testClockLib，并从快捷菜单中选择"生成"命令。

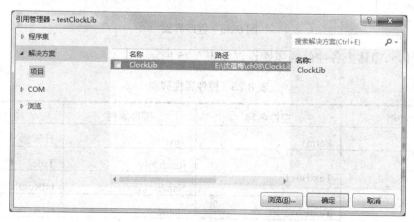

图 8.34 "引用管理集"对话框

(9) 将 Clock 控件添加到 testClockLib 的窗体设计器上，并调整到适当的大小。窗体中显示一个名为"clock1"的定制控件。

(10) 在解决方案资源管理器中，右击 testClockLib，从快捷菜单中选择"设为启动项目"命令。

(11) 按 F5 键运行该项目，出现 Form1 对话框，效果如图 8.35 所示。

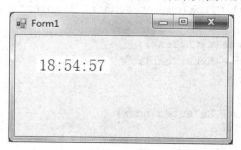

图 8.35 例 8.8 的运行结果

8.3 案例实训

1. 案例说明

利用 C#制作一个简单的计算器，能够实现加、减、乘、除简单计算功能。

2. 编程步骤

(1) 新建 Windows 窗体应用程序，程序界面如图 8.36 所示。

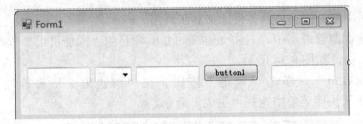

图 8.36　程序界面

(2) 窗体和窗体上各控件的属性设置如表 8.25 所示。

表 8.25　控件属性列表

控件类型	控件名称	控件属性	属 性 值
Form	Form1	Text	计算器
TextBox	TextBox1	ReadOnly	True
		Name	txtResult
	TextBox2	Name	txtA
	TextBox3	Name	txtB
Button	Button1	Name	btnCal
		Text	计算
ComboBox	comboBox1	Items	+ - * /

(3) 编写按钮的单击(Click)事件处理程序，代码如下：

```
private void btnCal_Click(object sender, EventArgs e)
{
    int a = int.Parse(txtA.Text);
    int b = int.Parse(txtB.Text);
    int result = 0;

    switch (comboBox1.SelectedIndex)
    {
    case 0:
        result = a + b;
        break;
    case 1:
        result = a - b;
        break;
    case 2:
        result = a * b;
        break;
    case 3:
        result = a / b;
        break;
    }
```

```
            txtResult.Text = result.ToString();
        }
```

(4) 运行程序，单击"计算"按钮。程序运行效果如图 8.37 所示。

图 8.37 案例的运行结果

8.4 小　　结

本章首先介绍了 Windows 应用程序常用的控件及其相关的属性、方法和事件，开发人员可以使用这些控件编写复杂的应用程序。使用这些控件进行开发，可以减少开发者很多的重复性工作。

.NET 允许开发者根据实际需求创建出自己的控件，并提供了三种常用的定制控件开发方式，开发者可以根据需要，选择一种合适自己的定制方式。

8.5 习　　题

1. 选择题

(1) .NET 中的大多数控件都派生于_____类。
　　A． System.IO　　　　　　　　　　　　B． System.Data
　　C． System.Windows.Forms.Control　　D． System.Data.Odbc

(2) 在 TextBox 控件的常用属性中，_____控件用来获取或设置字符，该字符用于屏蔽单行 TextBox 控件中的密码字符。
　　A． Name　　　　　　　　　　　　　　B． PasswordChar
　　C． SelectedText　　　　　　　　　　　D． Text

(3) 在 RadioButton 控件的事件中，_____事件当 Checked 属性的值更改时发生。
　　A． CheckState　　　　　　　　　　　　B． ThreeState
　　C． CheckedChanged　　　　　　　　　　D． Click

2. 填空题

(1) 进行自定义控件开发时，根据实际需要，可以用以下三种方法开发定制控件_____、_____和_____。

(2) _____和_____属性决定了一个 TextBox 控件的大小。

3. 编程题

建立用户自定义控件来实现改变次数的功能，运行结果如图 8.38 所示。

图 8.38　运行结果

第 9 章   使用 ADO.NET 访问数据库

本章要点

- ADO.NET 和数据库概述
- ADO.NET 的功能和组成
- Connection 对象
- Command 对象
- DataSet 对象
- ADO.NET 基本数据库编程

ADO.NET 是一组向.NET 程序员公开数据访问服务的类。ADO.NET 为创建分布式数据共享应用程序提供了一组丰富的组件。它提供了对关系数据、XML 和应用程序数据的访问，因此是.NET 框架中不可或缺的一部分。本章主要介绍 ADO.NET 类和对象的基本使用方法和 ADO.NET 基本数据库编程，还将介绍 ADO.NET 与 XML 互操作的关系，最后通过一个简单的例子，演示 ADO.NET 的基本使用方法。

9.1   ADO.NET 类和对象概述

ADO.NET 中的类大概可分为.NET 数据提供者对象和用户对象两种，.NET 数据提供者对象提供数据源，用户对象完成在数据源中实际的读取和写入工作。用户对象是将数据读入到内存中后用来访问和操作数据的对象。用户对象以非连接方式使用，即在数据库关闭之后，也可以使用内存中的数据；而.NET 数据提供者对象要求有活动的连接。

9.1.1   ADO.NET

我们创建的大部分应用程序都要访问或者保存数据，通常，这些数据都是存储在数据库中的。比如要查询某个学生大学四年的成绩，如果人工地去查，要在几千学生中查询，费时费力，而通过数据库技术，编写相应的 SQL 语句，很快就能查询到相应的数据。

常用的数据库有很多种，比如 SQL Server、Access 等。为了使客户端能够访问服务器上的数据，就需要用到访问数据库的方法和技术，ADO.NET 就是这种技术之一。

ADO.NET 是.NET 框架中不可缺少的一部分，它是一组类，通过这些类，我们的.NET 应用程序就可以访问数据库了。ADO.NET 的功能非常强大，它提供了对关系数据库、XML 以及其他数据的访问，我们的应用程序可以通过 ADO.NET 连接到这些数据源，对数据进行增、删、改、查操作。

ADO.NET 提供了两个组件，让我们能够访问和处理数据：.NET 框架数据提供程序和 DataSet(数据集)。

.NET 框架数据提供程序是专门为数据处理以及快速地修改、访问数据而设计的组件。使用它，我们可以连接到数据库、执行命令和检索结果，直接对数据库进行操作。

DataSet 是专为独立于任何数据源的数据访问而设计的。使用它，我们可以不必直接与数据库打交道，可以大批量地操作数据，也可以将数据绑定到控件上。

9.1.2 .NET 框架数据提供程序

数据提供程序是 ADO.NET 的一个组件，它在应用程序和数据源之间起着桥梁的作用，用于从数据源中检索数据，并且使对该数据的更改与数据源保持一致。表 9.1 列出了 .NET 框架数据提供程序的 4 个核心对象。

表 9.1 .NET 框架数据提供程序的 4 个核心对象

对象	说明
Connection	建立与特定数据库的连接
Command	对数据源执行命令
DataReader	对数据源中读取只读的数据流
DataAdapter	用数据源填充 DataSet 并解析更新

不同的命名空间中都有相应的对象，比如我们要操作 SQL 数据库，需要使用 System.Data.SqlClient 命名空间，SQL 数据提供程序中的类都以 Sql 开头，所以它的 4 个核心对象分别为 SqlConnetion、SqlCommand、SqlDataReader、SqlDataAdapter。本书中都是利用 SQL.NET 数据提供程序来操作数据库的。

1. Connection 对象

Connection 对象的作用主要是建立应用程序与数据库之间的连接。不利用 Connection 对象将数据库打开，是无法从数据库中获取数据的。该对象位于 ADO.NET 的底层，用户可以自己创建这个对象，也可以由其他对象自动产生。

为了能连接数据库，Connection 对象提供了一些属性和方法，如表 9.2、9.3 所示。

表 9.2 Connection 对象的主要属性

属性	说明
ConnectionString	用于连接数据库的连接字符串

表 9.3 Connection 对象的主要方法

方法	说明
Open	使用 ConnectionString 属性所指定的设置打开数据库连接
Close	关闭与数据库的连接

连接数据库一般分为 3 步。

(1) 定义连接字符串。

① 使用 SQL Server 身份验证登录：

```
Data Source=服务器名;Initial Catalog=数据库名;UserID=用户名;Pwd=密码
```
例如:
```
string connString = "Data Source=.;Initial Catalog=MySchool;UserID=sa";
```

> **说明:** 服务器如果是本机,可以输入"."来代替计算机名称或者 IP 地址。密码如果为空,可以省略 Pwd 一项。

② 使用 Windows 身份验证:
```
Data Source=服务器名;Initial Catalog=数据库名;Integrated Security=true
```
例如:
```
string connString =
  "Data Source=.;Initial Catalog=MySchool;Integrated Security=True";
```

(2) 创建 Connection:
```
SqlConnection conn = new SqlConnection(connString);
```

(3) 打开和关闭数据库的连接:
```
conn.Open();    //打开数据库连接
conn.Close();   //关闭数据库连接
```

但是有时,例如数据库服务器没有开启,我们就无法连接到数据库,也可能与数据库的连接突然中断,就不能够访问数据,这时应用程序就会出现意外错误,在程序开发中,我们把这叫作出现了异常。为了让应用程序能够很好地工作,我们要对那些可能发生的错误进行编码处理,这就是异常处理。.NET 提供了 try…catch…finally 语句块来捕获和处理异常。

语法:
```
try
{
    //可能导致异常的代码段
}
catch
{
    //异常处理代码段
}
finally
{
    //异常处理后要执行的代码段
}
```

> **说明:** ① try 块包含可能导致异常的代码段。
> ② catch 块包含异常处理代码段。
> ③ finally 块包含异常处理后要执行的代码段,即无论是否有异常都将执行。

执行过程：首先执行 try 块包含的语句，若没有发现异常，则继续执行 finally 块包含的语句，执行完之后跳出 try 结构；若在 try 块包含的语句中发现异常，则立即转向执行 catch 块包含的语句，然后再执行 finally 块包含的语句，执行完后跳出 try 结构。

【例 9.1】新建一个 Windows 应用程序，取名为 TestDB，从工具箱中拖出一个按钮到窗体上，设置按钮的 Text 属性为"测试"，name 属性为 btnTest。双击 Button 按钮，打开代码窗口，在其中编写打开和关闭数据库连接的操作程序，编写的代码如下：

```
private void btnTest_Click(object sender, EventArgs e)
{
    string connString =
      "Data Source=.;Initial Catalog=pubs;Integrated Security=True";
    SqlConnection connection = new SqlConnection(connString);
    //打开数据库连接
    connection.Open();
    MessageBox.Show("打开数据库成功");
    //关闭数据库连接
    connection.Close();
    MessageBox.Show("关闭数据库成功");
}
```

下面就来运行一下，将看到如图 9.1、9.2 所示的结果。

图 9.1　打开数据库成功

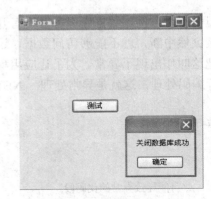

图 9.2　关闭数据库成功

2. Command 对象

同 Connection 对象一样，Command 对象属于.NET 框架数据提供程序，Command 对象的主要属性和方法见表 9.4。要使用 Command 对象，分为下列几步。

(1) 定义连接字符串。

(2) 创建 Connection：

```
SqlConnection connection = new SqlConnection(connString);
```

(3) 定义 SQL 语句：

```
string sql = "";  //暂略
```

第 9 章 使用 ADO.NET 访问数据库

表 9.4 Command 对象的主要属性和方法

属性和方法	说明
Connection 属性	Command 对象使用的数据库连接
CommandText 属性	执行的 SQL 语句
ExecuteNonQuery 方法	执行不返回行的语句，如 UPDATE 等
ExecuteReader 方法	执行查询命令，返回 DataReader 对象
ExecuteScalar 方法	返回单个值，如执行 COUNTA(*)

(4) 创建 Command 对象：

```
SqlCommand command = new SqlCommand(sql, connection);
```

(5) 打开数据库连接：

```
connection.Open();
```

(6) 执行 SQL 语句，即根据需要，调用 command 的某个方法。

(7) 关闭数据库连接：

```
connection.Close();
```

【例 9.2】ExecuteScalar()方法的使用。步骤如下。

① 新建一个 Windows 窗体应用程序，取名为 "ch09-1"。

② 拖动两个 Label，两个 TextBox，一个 Button 到窗体上，界面如图 9.3 所示。

图 9.3 初始界面

③ 设置属性，如表 9.5 所示。

表 9.5 控件属性设置

控件类型	控件名称	属性	设置结果
Form	Form1	Text	登录
Label	label1	Text	用户名：
Label	label2	Text	密码：
TextBox	textBox1	Name	txtUserName
TextBox	textBox2	Name	txtPwd
		PasswordChar	*
Button	button1	Name	btnLogin
		Text	登录

④ 属性设置后的界面如图 9.4 所示。

图 9.4 属性设置后的界面

⑤ 新建数据库 MyHotel，新建数据库 Admin，Admin 表的设计比较简单，只有 YongHuMing、MiMa 两个字段，如图 9.5 所示。

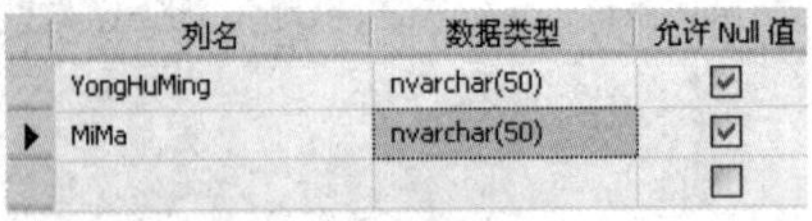

图 9.5 Admin 表

⑥ 双击"登录"按钮，打开代码窗口，参考代码如下所示：

```csharp
private void btnLogin_Click(object sender, EventArgs e)
{
    int n = 0;
    string connString =
      "Data Source=.;Initial Catalog=MyHotel;Integrated Security=True";
    SqlConnection connection = new SqlConnection(connString);
    string sql = string.Format(
      "select count(*) from Admin where YongHuMing='{0}' and MiMa='{1}'",
       txtUserName.Text.Trim(), txtPwd.Text.Trim());
    SqlCommand command = new SqlCommand(sql, connection);
    try
    {
        connection.Open();
        n = (int)command.ExecuteScalar();
    }
    catch(Exception ex)
    {
        MessageBox.Show("登录失败，失败原因为：" + ex.Message);
    }
    finally
    {
        connection.Close();
    }
    if (n == 1)
        MessageBox.Show("用户名密码正确！");
    else
        MessageBox.Show("用户名或密码错误！");
}
```

第 9 章 使用 ADO.NET 访问数据库

> **说明：** ExecuteScalar()方法返回的是第一行第一列的值，要注意类型的强制转换。

⑦ 运行结果如图 9.6 所示。

【例 9.3】ExecuteReader()方法示例。

① 新建一个 Windows 窗体应用程序，取名为"ch05-3"。

② 拖动 3 个 Label，2 个 TextBox，1 个 ComboBox，1 个 Button 到窗体上，界面如图 9.7 所示。

图 9.6 登录运行结果

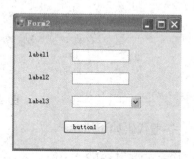

图 9.7 初始界面

③ 设置属性，如表 9.6 所示。

表 9.6 控件属性设置

控件类型	控件名称	属　性	设置结果
Form	Form2	Text	注册
Label	label1	Text	姓名：
Label	label2	Text	年龄：
Label	label3	Text	学历：
TextBox	textBox1	Name	txtUserName
TextBox	textBox2	Name	txtPwd
ComboBox	combobox1	Name	CboXueLi
Button	button1	Name	btnZhuCe
		Text	注册

④ 属性设置后的界面如图 9.8 所示。

图 9.8 属性设置后的界面

⑤ 新建数据库"MyHotel"，新建数据库表 XueLi 和 Customer，分别如图 9.9、9.10 所示。

列名	数据类型	允许 Null 值
XueLiID	int	☐
XueLiName	nvarchar(50)	☑

图 9.9　XueLi 表

列名	数据类型	允许 Null 值
YongHuMing	nvarchar(50)	☐
Age	int	☑
XueLi	nvarchar(50)	☑

图 9.10　Customer 表

⑥ 参考代码如下所示：

```
string connString =
  "Data Source=.;Initial Catalog=MyHotel;Integrated Security=True";
SqlConnection connection = new SqlConnection(connString);
string sql = "select * from XueLi";
SqlCommand command = new SqlCommand(sql, connection);
try
{
    connection.Open();
    SqlDataReader dr = command.ExecuteReader();
    string xueli = "";
    while(dr.Read())
    {
        xueli = Convert.ToString(dr["XueLiName"]);
        cboXueLi.Items.Add(xueli);
    }
    dr.Close();
}
catch(Exception ex)
{
    MessageBox.Show("失败,失败原因为: " + ex.Message);
}
finally
{
    connection.Close();
}
```

📖 说明： 使用 DataReader 对象的步骤如下。
　　(a) 创建 Command 对象。
　　(b) 调用 Command 对象的 ExecuteReader()方法创建 DataReader 对象。
　　例如：SqlDataReader dr = command.ExecuteReader();

(c) 使用 DataReader 的 Read()方法逐行读取数据，一般写在 while 循环中。

例如：while(dr.Read( ));

(d) 读取当前行的某列数据。

可以像使用数组一样，用方括号来读取某列的值，如 Convert.ToXXXdr[]，方括号中可以使用列的索引，从 0 开始，也可以使用列名。要注意类型的强制转换。

(e) 要关闭 DataReader 对象，调用 Close()方法。

例如：dr.Close( );

⑦ 运行结果如图 9.11 所示。

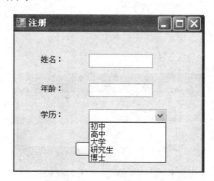

图 9.11　程序运行结果

思考：上述代码应写在哪儿呢？我们需要看事件发生时，程序应该有什么样的反应。上述例题中，我们运行该窗体，ComboBox 中就有了相应的数据，所以，代码应该写在窗体的 Load 事件中，方法是选中该窗体，在"属性"窗口中找到它的 Load 事件，生成 Load 事件的处理方法 Form1_Load()，在该方法中添加代码。

【例 9.4】 ExecuteNonQuery()方法示例。

继续来完成例 9.3 中的注册功能。

双击"注册"按钮，打开代码窗口，参考代码如下：

```
private void btnZhuCe_Click(object sender, EventArgs e)
{
    int n = 0;
    string connString =
      "Data Source=.;Initial Catalog=MyHotel;Integrated Security=True";
    SqlConnection connection = new SqlConnection(connString);
    string sql = string.Format(
"insert into Customer(YongHuMing,Age,XueLi) values('{0}','{1}','{2}')",
 txtUserName.Text.Trim(), txtAge.Text.Trim(), cboXueLi.Text.Trim());
    SqlCommand command = new SqlCommand(sql, connection);
    try
    {
        connection.Open();
        n = command.ExecuteNonQuery();
    }
```

```
catch (Exception ex)
{
    MessageBox.Show("失败，失败原因为： " + ex.Message);
}
finally
{
    connection.Close();
}
if (n == 1)
    MessageBox.Show("注册成功！");
else
    MessageBox.Show("注册失败！");
}
```

运行结果如图 9.12 所示。

图 9.12 注册运行结果

9.1.3 DataSet

通过前面的学习，我们已经知道了，当应用程序需要查询数据时，我们可以使用 DataReader 对象来读取数据，DataReader 每次只读取一行数据到内存中，如果我们要查询 100 条记录，就要从数据库中读 100 次，而且在这个过程中要一直保持与数据库的连接，这就给数据库服务器增加了很大的负担。ADO.NET 提供了 DataSet(数据集)对象来解决这个问题。利用数据集，我们可以在断开与数据库连接的情况下操作数据。

DataSet 相当于一个临时的数据库，它把应用程序需要的数据临时保存在内存中，由于这些数据都缓存在本地机器上，就不需要一直保存与数据库的连接。我们的应用程序需要数据时，就直接从内存中的数据集中读数据，也可以对数据集中的数据进行修改，然后将修改后的数据一起提交给数据库。

数据集的结构与数据库非常相似，数据集中包含多个表，这些表构成了一个数据表集合。数据集是怎样工作的呢？当应用程序需要一些数据的时候，先向数据库服务器发出请求，要求获取数据。服务器将数据发送到数据集，然后再将数据集传递给客户端。客户端应用程序修改数据集中的数据后，统一将修改过的数据集发送到服务器，服务器接受数据集，修改数据库中的数据。

1. 填充数据集

填充数据集分以下几步。

(1) 定义连接字符串 connString。

(2) 创建连接：

```
SqlConnection connection = new SqlConnection(connString);
```

(3) 定义 SQL 语句。

(4) 创建 DataAdapter 对象：

```
SqlDataAdapter da = new SqlDataAdapter(sql, connection);
```

> **说明**：数据适配器(DataAdapter)属于.NET 数据提供程序，所以不同类型的数据库需要使用不同的数据适配器，SQL Server 数据提供程序为 SqlDataAdapter。DataAdapter 就相当于一辆运货车，负责将数据从数据库中取出，放在数据集中，应用程序如果修改了数据，DataAdapter 就把数据集中修改后的数据再提交给数据库。

(5) 创建数据集：

```
DataSet ds = new DataSet();
```

(6) 填充数据集：

```
da.Fill(ds, "custom");
```

【例 9.5】填充数据集，在 DataGridView 控件中显示。

工作步骤如下。

① 新建一个 Windows 窗体应用程序，取名为"ch05-5"。

② 拖动一个 DataGridView 到窗体上，界面如图 9.13 所示。

图 9.13 初始界面

③ 设置属性，如表 9.7 所示。

表 9.7 控件属性设置

控件类型	控件名称	属性	设置结果		
Form	Form1	Text	客户一览表		
DataGridView	datagridview1	Columns	Column1	DataPropertyName	YongHuMing
				HeaderText	姓名
			Column2	DataPropertyName	Age
				HeaderText	年龄
			Column1	DataPropertyName	XueLi
				HeaderText	学历

④ 属性设置后的界面如图 9.14 所示。

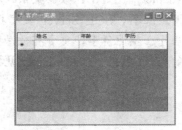

图 9.14 属性设置后的界面

⑤ 参考代码如下所示:

```
private void Form1_Load(object sender, EventArgs e)
{
    string connString =
      "Data Source=.;Initial Catalog=MyHotel;Integrated Security=True";
    SqlConnection connection = new SqlConnection(connString);
    string sql = "select * from Customer";
    SqlDataAdapter da = new SqlDataAdapter(sql, connection);
    DataSet ds = new DataSet();
    da.Fill(ds, "custom");
    dataGridView1.DataSource =
      ds.Tables["custom"];  //custom 为数据集中表的名称
}
```

⑥ 运行结果如图 9.15 所示。

图 9.15 程序运行结果

2. 保存数据集中的数据

步骤如下。

(1) 使用 SqlCommandBuilder 对象生成更新用的相关命令：

```
SqlCommandBuilder commandbuiler = new SqlCommandBuilder(da);
```

da 为已创建的 DataAdapter 对象。

(2) 调用 DataAdapter 对象的 Update()方法：

```
da.Update(ds, "custom");
```

ds 为已创建的 DataSet 对象，custom 为数据集中的数据表名称。

【例 9.6】在例 9.5 的基础上添加一个 Button 按钮，用来更新数据库。

步骤如下。

① 界面如图 9.16 所示。

图 9.16 程序界面

② 双击"保存修改"按钮，打开代码窗口，参考代码如下所示：

```
DialogResult result = MessageBox.Show("确定要保存修改吗？", "提示操作",
 MessageBoxButtons.OKCancel, MessageBoxIcon.Question);
if (result == DialogResult.OK)
{
   SqlCommandBuilder commandbuiler = new SqlCommandBuilder(da);
   da.Update(ds, "custom");
}
```

③ 程序运行结果如图 9.17 所示。

图 9.17 运行结果

9.2 ADO.NET 基本数据库编程

常用的数据库编程包括连接数据库、插入新的数据、删除数据和修改数据，即执行 SQL 语法中的 Insert、Delete、Update 语句。下面分别通过实例对各种操作的具体方法进行说明。

首先，在 Northwind 数据库中建立一个名为 Student 的新表。表结构如图 9.18 所示。

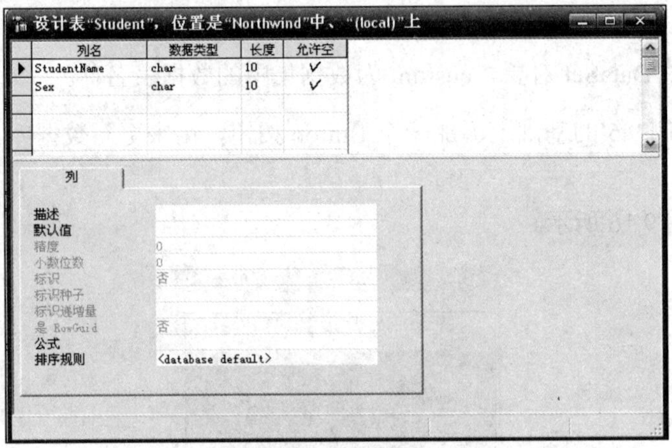

图 9.18 表结构

在 Student 表中添加几条记录，效果如图 9.19 所示。

StudentName	Sex
赵一	男
钱二	男
孙三	女

图 9.19 新添记录

9.2.1 连接数据库

进行 ADO.NET 的开发，首先需要进行数据库的连接。本例中的数据库是 SQL Server 2008 中自带的 Northwind 数据库。

下面的代码是一个连接字符串样本，用来访问 Northwind 数据库：

```
static private string GetConnectionString()
{
    //适应于 SQL Server 数据库
    return @"server=localhost;database=Northwind;uid=sa;pwd=sa";
    //适应于 Access 等数据库
    return @"Provider=Microsoft.Jet.OleDb.4.0;Data Source=C:\MyFile.mdb";
}
```

其中 C:\MyFile.mdb 为存放 Access 数据库文件的位置。

9.2.2 插入新的数据记录

使用 Command 对象的 ExecuteNonQuery()方法来实现插入数据操作，用 SQL 的 Insert 语句来设定具体的要插入的新记录内容。下面的程序实现在 Northwind 数据库的 Student 表中插入一条新的记录。程序代码如下：

```
using System;
using System.Data;
using System.Data.SqlClient;
namespace ADONETWriteQuery
{
    class ADONETWriteQuery
    {
        static void Main(string[] args)
        {
            //连接 SQL Server 2008 数据库的字符串
            String connectionString =
              @"server=localhost;database=Northwind;uid=sa;pwd=sa";
            //创建 SqlConnection 对象，
            //并连接到 SQL Server 2008 自带的 Northwind 数据库
            SqlConnection mySqlConnection =
              new SqlConnection(connectionString);
            //创建 SqlCommand 对象
            SqlCommand mySqlCommand = mySqlConnection.CreateCommand();
            //创建 SQL 的 Insert 语句，在 Student 表中输入一条新的记录
            string InsertString =
              "INSERT INTO Student(StudentName,Sex) VALUES('王二','男')";
            mySqlCommand.CommandText = InsertString;
            //用 Connection 对象的 Open()方法打开数据库
            mySqlConnection.Open();
            //用 SqlCommand 对象插入一条新的记录
            mySqlCommand.ExecuteNonQuery();
            Console.Write("恭喜，输入新数据任务完成！ ");
            //关闭数据库连接
            mySqlConnection.Close();
        }
    }
}
```

程序执行前，打开 Student 表，记录如图 9.20 所示。

StudentName	Sex
赵一	男
钱二	男
孙三	女

图 9.20 插入数据前的 Student 表记录

程序运行后,打开 Student 表,可以发现新添加了一条记录,如图 9.21 所示。

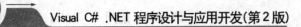

图 9.21　插入数据后的 Student 表记录

9.2.3　删除数据记录

使用 Command 对象的 ExecuteNonQuery()方法来实现插入数据操作,用 SQL 的 Delete 语句来设定具体的要插入的新记录内容。下面的程序实现了在 Northwind 数据库的 Student 表中删除指定的记录。程序清单如下:

```
using System;
using System.Collections.Generic;
using System.Text;
namespace ADONETDeleteQuery
{
    class ADONETDeleteQuery
    {
        static void Main(string[] args)
        {
            //连接 SQL Server2000 数据库的字符串
            string connectionString =
              @"server=localhost;database=Northwind;uid=sa;pwd=sa";
            //创建 SqlConnection 对象,
            //并连接到 SQL Server 2000 自带的 Northwind 数据库
            SqlConnection mySqlConnection =
              new SqlConnection(connectionString);
            //创建 SqlCommand 对象
            SqlCommand mySqlCommand = mySqlConnection.CreateCommand();
            //创建 SQL 的 Delete 语句,在 Student 表中删除指定的记录
            string DeleteString =
              "DELETE FROM Student WHERE StudentName='赵一'";
            mySqlCommand.CommandText = DeleteString;
            //用 Connection 对象的 Open()方法打开数据库
            mySqlConnection.Open();
            //用 SqlCommand 对象执行删除操作
            mySqlCommand.ExecuteNonQuery();
            Console.Write("恭喜,从 Student 删除指定记录任务完成!");
            //关闭数据库连接
            mySqlConnection.Close();
        }
    }
}
```

程序运行前，Student 表中的记录如图 9.22 所示。

StudentName	Sex
赵一	男
钱二	男
孙三	女

图 9.22　Student 表中的记录

运行程序后，打开 Student 表，Student 表中的记录如图 9.23 所示。

StudentName	Sex
钱二	男
孙三	女

图 9.23　删除一条记录后 Student 表中的记录

9.2.4　修改数据记录

使用 Command 对象的 ExecuteNonQuery()方法来实现修改数据的操作，用 SQL 的 Update 语句来修改指定记录内容。下面的程序实现在 Northwind 数据库的 Student 表中修改指定的记录。程序清单如下：

```
using System;
using System.Data;
using System.Data.SqlClient;
namespace ADONETModifyQuery
{
    class ADONETModifyQuery
    {
        static void Main(string[] args)
        {
            //连接 SQL Server 2008 数据库的字符串
            string connectionString =
              @"server=localhost;database=Northwind;uid=sa;pwd=sa";
            //创建 SqlConnection 对象，
            //并连接到 SQL Server 2008 自带的 Northwind 数据库
            SqlConnection mySqlConnection =
              new SqlConnection(connectionString);
            //创建 SqlCommand 对象
            SqlCommand mySqlCommand = mySqlConnection.CreateCommand();
            //创建 SQL 的 Update 语句，在 Student 表中修改指定的记录
            string ModifyString =
              "UPDATE Student SET Sex ='女' WHERE StudentName='赵一'";
            mySqlCommand.CommandText = ModifyString;
            //用 Connection 对象的 Open()方法打开数据库
            mySqlConnection.Open();
            //用 SqlCommand 对象修改指定的记录
```

```
            mySqlCommand.ExecuteNonQuery();
            Console.Write("恭喜，从 Student 修改指定记录任务完成！");
            //关闭数据库连接
            mySqlConnection.Close();
        }
    }
}
```

程序运行前，Student 表中的记录如图 9.24 所示。

	StudentName	Sex
▶	赵一	男
	钱二	男
	孙三	女
*		

图 9.24　Student 表中的记录

运行程序后，打开 Student 表，Student 表中的记录如图 9.25 所示。

	StudentName	Sex
	赵一	女
	钱二	男
	孙三	女
▶		

图 9.25　修改后的表记录

9.3　ADO.NET 与 XML

可扩展标记语言(Extensible Markup Language，XML)在 Internet 中的地位已经确立，对 XML 的研究和应用正在兴起，并在 Internet 时代背景下迅速发展。

XML 支持是 ADO.NET 的一个主要设计目标，它对于 ADO.NET 内部实现是非常重要的，本节主要介绍这两者的关联。

9.3.1　了解 ADO.NET 和 XML

.NET 框架提供了操作 XML 文档和数据的一组完整的类。XmlReader 和 XmlWriter 对象以及这两个对象的派生类提供了读取 XML 和可选验证 XML 的能力。XmlDocument 和 XMLSchema 对象及其相关类代表了 XML 本身，而 XslTransform 类和 XPathNavigator 类分别支持 XSL 转换(XSLT)和应用 XML 路径语言(XPath)查询。

除了提供操作 XML 数据的能力之外，XML 标准还是.NET 框架中数据转换和序列化的基础。多数时候这些都在后台进行，不过我们已经看到，ADO.NET 类型化数据集是使用 XML 架构表示的。

另外，ADO.NET 数据集类对读写 XML 数据和架构提供了直接的支持，而且 XmlDataDocument 提供同步 XML 数据和关系 ADO.NET 数据集的能力，这样就可以用 XML 和关系工具对数据的单个集合进行操作了。

9.3.2　DataSet 对象对 XML 的支持

在 ADO.NET 中，主要是由 DataSet 对象对 XML 提供支持，DataSet 具有 WriteXml() 方法，它可将数据集的内容以 XML 文档的形式写出。

ReadXml()方法也可以用于将 XML 文件的内容读入 DataSet 中。

1. 写入 XML 数据

下面的程序实现的功能是将数据库中的数据转换为 XML 文档。程序清单如下：

```csharp
using System;
using System.Data;
using System.Data.SqlClient;
namespace WriteXMLExample
{
    class WriteXMLExample
    {
        static void Main(string[] args)
        {
            //连接 SQL Server 2008 数据库的字符串
            string connectionString =
              @"server=localhost;database=Northwind;uid=sa;pwd=sa";
            //创建 SqlConnection 对象，
            //并连接到 SQL Server 2008 自带的 Northwind 数据库
            SqlConnection mySqlConnection =
              new SqlConnection(connectionString);
            //新建一个 DataSet 对象
            DataSet myDataSet = new DataSet();
            mySqlConnection.Open(); //打开数据库
            //查询 Northwind 数据库 Shippers 表的所有记录
            string SQLString = "Select * from Shippers";
            //新建一个 SqlDataAdapter 对象，并执行一个查询语句
            SqlDataAdapter mySqlDataAdapter =
              new SqlDataAdapter(SQLString, mySqlConnection);
            //使用 Fill 方法把所有的数据放在 myDataSet
            mySqlDataAdapter.Fill(myDataSet);
            //设置 XML 文件的路径为当前程序所在的路径，XML 文件名称为 Shippers
            string pathXML =
              System.Environment.CurrentDirectory + "\\Shippers.xml";
            //调用 WriteXML 方法，把查询结果放到 Shippers.xml 的 XML 文档中
            myDataSet.WriteXml(pathXML);
            //关闭数据库连接
            mySqlConnection.Close();
        }
    }
}
```

程序运行后，便在程序所在目录下生成了 Shippers.xml 文件，可以在浏览器中直接浏览其内容，如图 9.26 所示。

图 9.26 Shippers.xml 文件

2. 读取 XML 数据

使用 DataSet 的 ReadXML()方法可以读出 XML 文档中的所有数据。本程序需将上一个程序生成的 Shippers.xml 复制到 C 盘根目录下。

程序清单如下所示：

```
using System;
using System.Data;
using System.Data.SqlClient;
namespace ReadXMLExample
{
    class ReadXMLExample
    {
        static void Main(string[] args)
        {
            //新建一个 DataSet 对象
            DataSet myDataSet = new DataSet();
            //读取 C 盘根目录下的 Shippers.xml 文件，把文件内容填充到 DataSet 对象中
            myDataSet.ReadXml("C:\\Shippers.xml");
            //显示 myDataSet 对象中的数据
            for(int i=0; i<myDataSet.Tables[0].Rows.Count; i++)
            {
                string ShipperID =
                    myDataSet.Tables[0].Rows[i]["ShipperID"].ToString();
                string CompanyName =
                    myDataSet.Tables[0].Rows[i]["CompanyName"].ToString();
                string Phone =
                    myDataSet.Tables[0].Rows[i]["Phone"].ToString();
```

```
            Console.WriteLine(
              "ShipperID = {0}, CompanyName = {1}, Phone = {2}",
              ShipperID, CompanyName, Phone);
        }
      }
    }
}
```

程序运行结果如图 9.27 所示。

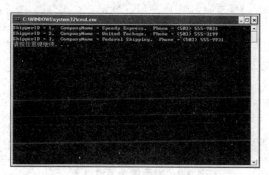

图 9.27 读取 XML 数据

9.4 案 例 实 训

1．案例说明

在信息化时代，通信信息越来越多，作为软件专业学生，应该会设计一个"个人通信录"来管理自己的通信信息，下面我们来设计和完成如图 9.28 所示的通信录项目。

2．编程思路

分别创建三个窗体：登录窗体、主窗体、学生信息管理窗体，通过语句实现三个窗体之间的跳转。访问数据库，实现数据的增删改查。

3．设计流程

(1) 新建一个 Windows 窗体应用程序，取名为"grtxl"。
(2) 设计界面，如图 9.28 所示。

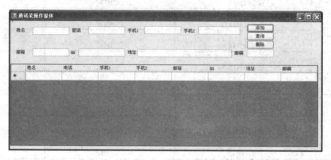

图 9.28 个人通信录设计界面

技巧： 如何同时建三个窗体呢？新建项目的时候，默认有个窗体，名为 Form1，右击重命名为 LoginForm，右击 Ch05-6，选择“添加”→“Windows 窗体”菜单命令，在对话框中取名为“MainForm”。采用同样的方法，再添加一个窗体，取名为 StudentForm。

(3) 使用 SQL Server 2008 新建数据库 grtxl，新建数据库表 txl，如图 9.29 所示。

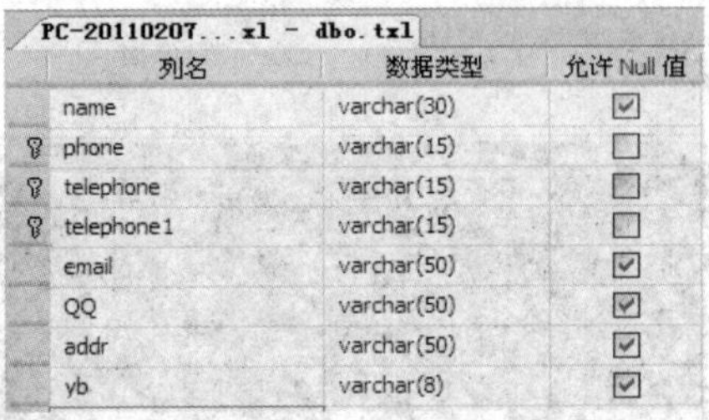
PC-20110207...xl - dbo.txl

列名	数据类型	允许 Null 值
name	varchar(30)	☑
phone	varchar(15)	☐
telephone	varchar(15)	☐
telephone1	varchar(15)	☐
email	varchar(50)	☑
QQ	varchar(50)	☑
addr	varchar(50)	☑
yb	varchar(8)	☑

图 9.29　txl 表

(4) 界面控件属性设置如表 9.8 所示。gridView1 编辑列设置如图 9.30 所示。

表 9.8　界面控件属性设置

控件类型	控件名称	属　性	属 性 值
Label	label1	Text	姓名
	label2	Text	固话
	label3	Text	手机 1
	label4	Text	手机 2
	label5	Text	邮箱
	label6	Text	QQ
	label7	Text	地址
	label8	Text	邮编
TextBox	textBox1	Name	txtName
	textBox2	Name	txtPhone
	textBox3	Name	txtTelePhone1
	textBox4	Name	txttelePhone2
	textBox5	Name	txtEmail
	textBox6	Name	txtQQ
	textBox7	Name	txtAddr
	textBox8	Name	txtYB
DataGridView	dataGridView1	Name	dataGridView1
Button	button1	Name	btnAdd
	button2	Name	btnSelect
	button3	Name	btnDel

第 9 章 使用 ADO.NET 访问数据库

图 9.30 gridView1 编辑列设置

(5) 参考代码如下。

① 连接数据库的公共类 DBhelper 的关键代码：

```
public class DBHelper
{
    //定义数据库连接字符串
    public static string connString =
      "Data Source=.;Initial Catalog=grtxl;Integrated Security=True";
    //创建数据库连接对象
    public static SqlConnection connection =
      new SqlConnection(connString);
}
```

② 实现通信录操作的关键代码：

```
string sql = null;
private void refresh()    //刷新界面数据
{
    string sql = "select * from txl";
    try
    {
        SqlDataAdapter da = new SqlDataAdapter(sql, DBHelper.connection);
        DBHelper.connection.Open();
        DataSet ds = new DataSet();
        da.Fill(ds, "txl");
        dataGridView1.AutoGenerateColumns = false;
        dataGridView1.DataSource = ds.Tables["txl"];
    }
    catch (Exception ex)
    {
        MessageBox.Show("出错原因：" + ex.Message);
    }
    finally
    {
        DBHelper.connection.Close();
```

```csharp
        }
    }
    private void btnAdd_Click(object sender, EventArgs e)  //添加数据
    {
        string sql = string.Format(
"insert into txl values('{0}','{1}','{2}','{3}','{4}','{5}','{6}','{7}')",
            txtName.Text, txtPhone.Text, txtTelePhone1.Text,
            txttelePhone2.Text, txtEmail.Text, txtQQ.Text,
            txtAddr.Text, txtYB.Text);
        try
        {
            SqlCommand cmd = new SqlCommand(sql, DBHelper.connection);
            DBHelper.connection.Open();
            int i = cmd.ExecuteNonQuery();
            if (i == 1)
            {
                MessageBox.Show("数据录入成功！");
                DBHelper.connection.Close();
                refresh();
            }
            else
            {
                MessageBox.Show("输入数据不完整或不合法！");
            }
        }
        catch (Exception ex)
        {
            MessageBox.Show("出错原因：" + ex.Message);
        }
        finally
        {
            DBHelper.connection.Close();
        }
    }
    private void btnSelect_Click(object sender, EventArgs e)  //查询数据
    {
        if (txtName.Text != null)
        {
            sql = "select * from txl where name like '%"
                + txtName.Text.Trim() + "%' ";
        }
        try
        {
            DBHelper.connection.Close();
            SqlDataAdapter da = new SqlDataAdapter(sql, DBHelper.connection);
            DBHelper.connection.Open();
            DataSet ds = new DataSet();
```

```
            da.Fill(ds, "txl");
            dataGridView1.AutoGenerateColumns = false;
            dataGridView1.DataSource = ds.Tables["txl"];
        }
        catch (Exception ex)
        {
            MessageBox.Show("出错原因：" + ex.Message);
        }
        finally
        {
            DBHelper.connection.Close();
        }
    }
```

9.5 小　　结

ADO.NET 是程序与数据库的接口类型之一，通过这种途径，程序员不需要考虑具体数据库的实现细节，就可以把程序设计与数据库本身完全分离，这样开发人员就可以把全部精力放在数据库接口的实现上了。

ADO.NET 向用户提供了数据集、数据适配器、数据连接、Windows 窗体等组件。要用 ADO.NET 实现数据库的访问，需要首先与数据库建立连接，建立好连接后，通过定义数据集实现数据的传输，然后就可以利用预先设计好的界面中的控件对数据进行查询显示、更新、删除操作了。

9.6 习　　题

1. 选择题

(1) 在 ADO.NET 开发中，常用＿＿＿＿对象进行数据库连接。

　　A. Command 对象　　　　　　　　B. Connection 对象
　　C. DataReader 对象　　　　　　　D. DataAdapter 对象

(2) ADO.NET 中的类大概可分为.NET 数据提供者对象和＿＿＿＿两种。

　　A. 用户对象　　　　　　　　　　B. Command 对象
　　C. DataTable 对象　　　　　　　 D. Command 对象

(3) .NET 框架提供了操作 XML 文档和数据的一组完整的类。＿＿＿＿和 XmlWriter 对象以及这两个对象的派生类提供了读取 XML 和可选验证 XML 的能力。

　　A. XslTransform　　　　　　　　　B. XMLSchema
　　C. XmlDocument　　　　　　　　　D. XmlReader

2. 填空题

(1) 常用的.NET 数据提供者对象分为以下 4 种：＿＿＿＿、＿＿＿＿、＿＿＿＿以及_____。

(2) DataTable 对象表示表格，通过_____对象可以在一个 DataSet 中存储多个 DataTable 对象。

3. 编程题

编写一个"个人简历"，要求可以通过文本框输入姓名，通过单选按钮设置性别，通过下拉列表框选择文化程度，通过文本区域填写其他个人信息；通过文件对话框选择照片并显示；通过两个下拉列表框来关联选择籍贯。需要开发一个窗体，要求对用户的简历信息进行登记。该应用程序主要用到按钮、文本输入框、图片显示框、下拉列表框和列表框等控件。

程序设计界面如图 9.31 所示。

图 9.31 程序设计界面

第 10 章　GDI 绘图技术

本章要点

- GDI+中的颜色和坐标
- GDI+中的绘图对象

人们常常会发现，单纯地使用文字来表达和说明，无论篇幅有多长，有时候就是比不上以图形表示来得清楚。这个道理同样适合于编程中的情况，所以就有了 GDI 技术。

GDI 是 Graphics Device Interface 的缩写，含义是图形设备接口，它的主要任务是负责系统与绘图程序之间的信息交换，处理所有 Windows 程序的图形输出。

GDI+技术由 GDI 技术"进化"而来，出于兼容性考虑，Windows XP 仍然支持以前版本的 GDI，但是在开发新应用程序的时候，为了满足图形输出的需要，应该使用 GDI+，因为 GDI+对以前 Windows 版本中的 GDI 进行了优化，并添加了许多新的功能。

GDI+是 Window XP 中的一个子系统，它主要负责在显示屏幕和打印设备上输出有关的信息，它是一组通过 C++类实现的应用程序编程接口。作为图形设备接口的 GDI+使得应用程序开发人员在输出屏幕信息和打印机信息的时候无需考虑具体显示设备的细节，只需调用 GDI+库输出类的一些方法，即可完成图形操作，真正的绘图工作由这些方法交给特定的设备驱动程序来完成，GDI+使得图形硬件和应用程序相互隔离，从而使开发人员编写设备无关的应用程序变得非常容易。

10.1　GDI+简介

10.1.1　GDI+新增功能的介绍

1．渐变的画刷(Gradient Brushes)

GDI+允许用户创建一个沿路径或直线渐变的画刷，来填充外形(Shapes)、路径(Paths)、区域(Regions)。渐变画刷同样也可以画直线、曲线、路径。当用一个渐变画刷填充一个外形(Shapes)时，颜色就能够沿外形逐渐变化。

2．基数样条函数(Cardinal Splines)

GDI+支持基数样条函数，而 GDI 不支持。基数样条是一组单个曲线按照一定的顺序连接而成的一条较大曲线。样条由一系列点指定，并通过每一个指定的点。由于基数样条平滑地穿过组中的每一个点(不出现尖角)，因而它比用直线连接创建的路径更精确。

3．持久路径对象(Persistent Path Objects)

在 GDI 中，路径属于设备描述表(DC)，画完后路径就会被破坏。在 GDI+中，绘图工作由 Graphics 对象来完成，我们可以创建几个与 Graphics 分开的路径对象，绘图操作时路径对象不被破坏，这样就可以多次使用同一个路径对象画路径了。

4．变形和矩阵对象(Transformations & Matrix Object)

GDI+提供的矩阵对象是一个非常强大的工具，使得编写图形的旋转、平移、缩放代码变得非常容易。一个矩阵对象总是与一个图形变换对象联系起来，例如，路径对象(Path)有一个 Transform 方法，它的一个参数能够接受矩阵对象的地址，每次路径绘制时，能够根据变换矩阵绘制。

5．可伸缩区域(Scalable Regions)

GDI+在区域(Regions)方面对 GDI 进行了改进，在 GDI 中，Regions 存储在设备坐标中，对 Regions 唯一可进行图形变换的操作就是对区域进行平移。而 GDI+用世界坐标存储区域(Regions)，允许对区域进行任何图形变换(例如缩放)，图形变换以变换矩阵存储。

6．Alpha Blending(混合)

利用 Alpha 融合，可以指定填充颜色的透明度，透明颜色与背景色相互融合。填充色越透明，背景色显示越清晰。

7．多种图像格式支持

图像在图形界面程序中具有举足轻重的地位，GDI+除了支持 BMP 等 GDI 支持的图形格式外，还支持 JPEG(Joint Photographic Experts Group)、GIF(Graphics Interchange Format)、PNG(Exchangeable Image File)、TIFF(Tag Image File Format)等图像格式，我们可以直接在程序中使用这些图片文件，而无需考虑它们所用的压缩算法。

8．其他

GDI+还支持其他技术，例如重新着色、颜色校正、元数据、图形容器等。

10.1.2 GDI+的工作机制

从本质上来看，GDI+为开发者提供了一组实现与各种设备(例如监视器，打印机及其他具有图形化能力但不及涉及这些图形细节的设备)进行交互的库函数。GDI+的本质在于，它能够替代开发人员实现与显示器及其他外设的交互；而从开发者角度来看，要实现与这些设备的直接交互，却是一项艰巨的任务。

图 10.1 表明 GDI+在开发人员与上述设备之间起着重要的中介作用。

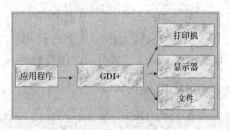

图 10.1　GDI+起着重要的中介作用

其中，GDI+为我们"包办"了几乎一切——从把一个简单的字符串"HelloWorld"打印到控制台，到绘制直线、矩形，甚至是打印一个完整的表单等。

那么，GDI+是如何工作的呢？为了弄清这个问题，让我们来分析一个示例——绘制一条线段。实质上，一条线段就是从开始位置(X0, Y0)到结束位置(Xn, Yn)的一系列像素点的集合。为了画出这样的线段，设备(如显示器)需要知道相应的设备坐标或物理坐标。

然而，开发人员不是直接告诉该设备，而是调用 GDI+的 DrawLine()方法，然后，由 GDI+在内存(视频内存)中绘制一条从点 A 到点 B 的直线。GDI+读取点 A 和点 B 的位置，然后把它们转换成一个像素序列，并且指令监视器显示该像素序列。简言之，GDI+把设备独立的调用转换成了一个设备可理解的形式；或者实现相反方向的转换。

10.2 颜色与坐标

10.2.1 GDI+的颜色设置

在 GDI+中，很多绘图操作都要涉及颜色的问题，举个简单的例子，要绘制一个矩形，就要指定其边框的颜色及其内部的填充色，当然，可以使用 GDI+的默认颜色。

在 GDI+中，颜色都封装在 Color 结构中。把红、绿、蓝色值传送给 Color 结构的一个函数，就可以创建一种颜色。下面介绍设置颜色的几种方法。

(1) 使用 Color 对象的方法来设置颜色

Color 对象的方法有两个，下面通过例子来讲解。

【例 10.1】使用 Color 对象的方法设置颜色。

代码如下：

```
private void button1_Click(object sender, EventArgs e)
{
    button1.ForeColor = Color.FromArgb(255, 0, 0); //Red
    button1.BackColor = Color.FromKnownColor(KnownColor.Blue); //Blue
}
```

FromArgb()方法中的 3 个参数(Red、Green、Blue)分别代表红、绿、蓝颜色光的亮度，每个颜色值分别从 0 至 255 分成 256 个亮度等级，数值越大，表示该颜色光越亮。例如 RGB(255, 0, 0)为红色，RGB(0, 255, 0)为绿色，RGB(0, 0, 255)为蓝色，RGB(255, 0, 255)为紫色(红+蓝)。所以，此程序运行的最终结果是 button1 的前景色改为红色，背景色修改为蓝色，如图 10.2 所示。

(2) 使用 ColorTranslator 对象的方法来设置颜色

先看下面的 3 个例子。

① 使用色彩值来设置颜色，其范围为 0 ～ $(256)^3-1$，下面这行代码表示把 button1 的前景设为红色：

```
button1.ForeColor = ColorTranslator.FromOle(255);
```

图 10.2 例 10.1 的运行结果

② 使用 HTML 的十六进制字符串来设置颜色,下面这行代码表示把 button1 的前景值设为粉红色:

```
button1.ForeColor = ColorTranslator.FromHtml("#FFCCFF");
```

③ 使用 Windows 色彩值来设置颜色,加上 0x 表示为十六进制色彩数值。下面这行代码表示把 button1 的前景设为粉红色:

```
button1.ForeColor = ColorTranslator.FromWin32(0xFFCCFF);
```

(3) 使用 Color 结构来设置颜色

.NET 框架结构中本身就带有 Color 结构,其中定义了许多常用的 Color 颜色名称,直接调用,就可以指定颜色了。下面这行代码表示把 button1 的前景设为红色:

```
button1.ForeColor = Color.Red;
```

10.2.2 GDI+中的坐标空间

GDI+为我们提供了 3 种坐标空间:世界坐标系、页面坐标系和设备坐标系。
- 世界坐标系:是应用程序用来进行图形输入输出的一种与设备无关的笛卡尔坐标系。通常,可以根据自己的需要和方便,定义一个自己的世界坐标系,这个坐标系称为用户坐标系,默认时,以像素为单位。
- 设备坐标系:是指显示设备或打印设备坐标系下的坐标,它的特点是以设备上的像素点为单位。对于窗口中的视图而言,设备坐标的原点在客户区的左上角,x 坐标从左向右递增,y 坐标自上而下递增。由于设备的分辨率不同,相同坐标值的物理位置可能不同。如对于边长为 100 的正方形,当显示器为 640×480 和 800×600 时的大小是不一样的。
- 页面坐标系:是指某种映射模式下的一种坐标系。所谓映射,是指将世界坐标系通过某种方式进行变换。默认时,设备坐标和页面坐标是一致的。

在实际的绘图中,我们所关注的一般都是指设备坐标系,此坐标系以像素为单位,像素指的是屏幕上的亮点。每个像素都有一个坐标点与之对应,左上角的坐标设为(0, 0),向右为正,向下为正。一般情况下以(x, y)代表对象上某个像素的坐标点,其中水平以 x 坐标值表示,垂直以 y 坐标值表示。图 10.3 显示的就是设备坐标。

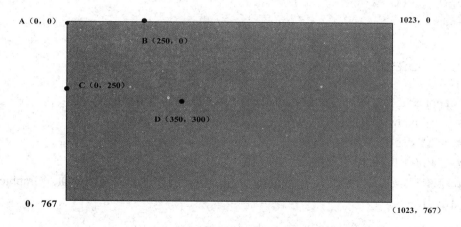

图 10.3　设备坐标示意图

从图 10.3 中可以反映出，显示给我们的是一个 1024×768 的画面，画面上有 A、B、C、D 这 4 个坐标点的位置。

坐标的 4 个相关属性如下。

- Left：表示对象 X 坐标。
- Top：表示对象 Y 坐标。
- Width：表示对象的宽度。
- Height：表示对象的高度。

图 10.4 明确地显示了画面在坐标系中与坐标相关的 4 个属性，外面的矩形可以看作是屏幕(这里我们假想屏幕的分辨率为 1024×768)，里面的就是我们要讨论的对象。

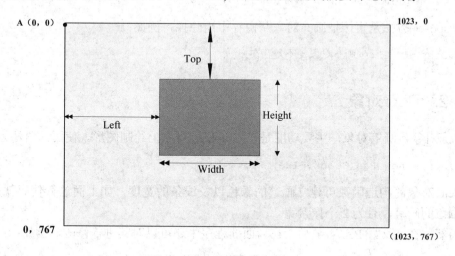

图 10.4　坐标系中的几种属性

10.3　绘图对象的介绍

.NET 框架提供了许多绘图对象，在这里，我们主要讲解一下 Graphics、Pen、Brush、Font、Color 等 GDI+的绘图对象，通过这些对象，可以轻松地进行形状、文字、线条、图像的处理。

10.3.1 Graphics 对象

Graphics 主要是用来建立画布对象的,有 3 种基本类型的绘图界面:
- Windows 和屏幕上的控件。
- 要发送给打印机的页面。
- 内存中的位图和图像。

在本章中,主要讨论的是以 Windows 和屏幕上的控件作为绘图界面。Graphics 对象的创建语法为:

```
Graphics g = 控件对象名称.CreateGraphics();
```

比如说,分别以一个 Button 控件和 Label 控件作为绘图界面,那么创建 Graphics 对象的语句为:

```
Graphics g1 = this.button1.CreateGraphics();
Graphics g2 = this.label1.CreateGraphics();
```

Graphics 对象提供了很多可以在绘图界面中绘图的功能,如画圆、椭圆、矩形、Bezier 曲线等。

下面讨论一下 Graphics 对象的 Clear()以及 Dispose()方法。

Clear()方法指的是把画布对象清除为某指定的颜色,例如:

```
g.Clear(Color.Red);  //画布成为红色
```

Dispose()方法是直接把画布对象从内存中清除掉,例如:

```
g.Dispose();  //画布对象 g 不复存在
```

10.3.2 Pen 对象

Pen 对象是画笔对象,主要功能是在 Graphics 对象上绘制图形。使用的语法为:

```
Pen p = new Pen(Color.Blue, 2);
```

Pen 对象的构造函数可建立画笔的颜色以及线条的宽度,如上面这行代码就是定义一个蓝颜色的画笔,且为 2 个像素宽。

当然,在定义好 Pen 对象后,在后面的程序中还可以对其进行修改,例如:

```
p.Color = Color.Red;     //修改画笔对象的颜色为红色
p.Width = 3;             //修改画笔对象为 3 个像素宽
```

此外,System.Drawing.Pens 类中储备了很多预先设好的画笔,我们可以直接调用,这样更加便捷,缺点是这些画笔的宽度都是 1 个像素,且颜色都是 Internet 具名的颜色。若使用预设的画笔,可以直接这样简单地构造一个画笔对象:

```
Pen p1 = Pens.Yellow;    //p1 为黄色、1 个像素的画笔
```

10.3.3 Brush 对象

Brush 对象是画刷对象，用来绘制实心、渐层的图形，使得图案显得比较有质感。每种画刷都由一个派生于 System.Drawing.Brush 的类的实例来表示，由于这个类是个抽象类，所以不能实例化派生类的对象。最简单的画刷仅指定了区域用纯色来填充。这种画刷由 System.Drawing.Brush 类的实例表示，该实例可以如下构造：

```
Brush b = SolidBrush(Color.Orange);
```

另外，类似于上面讲的 Pen 对象，若 Brush 对象的颜色是 Internet 具名颜色，就可以用另外一个类 System.Drawing.Brushes 更容易地构造画刷。Brushes 是个永远都不能实例化的类，它有一个私有构造函数，禁止实例化。它有许多静态属性，每个属性都返回指定颜色的画刷。使用画刷的方法如下所示：

```
Brush myBrush = Brushes.Black;
```

比较复杂的画刷对象有很多种，主要有：
- HatchBrush。
- LinearGradientBrush。
- PathGradientBrush。
- SolidBrush。

这些画刷包含在 System.Drawing.Drawing2D 命名空间中，所以要在程序的开头添加对 System.Drawing.Drawing2D 的引用，才可以比较便捷地使用这些画刷类。

HatchBrush 对象是影像画刷，它通过绘制一种模式来填充区域，其基本语法为：

```
HatchBrush hb = new HatchBrush(HatchStyle, ForeColor, BackColor);
```

HatchStyle 指的是在画布上绘制的图案，ForeColor 指的是绘图的前景色，BackColor 指的是绘图的背景色，所以当我们需要绘制一个前景色为橙色、背景色为蓝色、图案花纹为交叉的水平线和垂直线时，就可以这样定义画刷：

```
HatchBrush hb =
  new HatchBrush(HatchStyle.Cross, Color.Orange, Color.Blue);
```

LinearGradientBrush 对象是用在屏幕上可变的颜色填充区域的画刷，其基本语法为：

```
LinearGradientBrush lgb =
  new LinearGradientBrush(x1, y1, x2, y2, Color1, Color2, angle);
```

(x1, y1)、(x2, y2)为所操作的矩形区域的左上角和右下角坐标，Color1 与 Color 代表渐层颜色的起始和终止颜色，angle 指的是渐层的倾斜程度。

当然，也可以把上述代码改写如下：

```
Rectangle r = new Rectangle(10, 10, 50, 50);
LinearGradientBrush lgb =
  new LinearGradientBrush(r, Color1, Color2, angle);
```

程序所实现的功能与下面的代码是一样的：

```
LinearGradientBrush lgb =
  new LinearGradientBrush(10, 10, 50, 50, Color1, Color2, angle);
```

10.4 案例实训

1. 案例说明

在 GDI+中，使 3 张照片通过角度的旋转，围成一个立方体，在可见的 3 个面中，每个面都有一张图片。

2. 编程思路

定义 PointF 类型的数组，用于存储图片的角点坐标，而后使用 Graphics 对象的 DrawImage 函数就可以绘出图片。

3. 程序代码

程序代码如下：

```csharp
using System;
using System.Collections.Generic;
using System.ComponentModel;
using System.Data;
using System.Drawing;
using System.Text;
using System.Windows.Forms;
namespace GDI_BOX
{
    public partial class Form1 : Form
    {
        private Image frontImage;    //盒子前面的图片
        private Image topImage;      //盒子顶部的图片
        private Image rightImage;    //盒子右边的图片

        public Form1()
        {
            InitializeComponent();
            //获取当前工作目录
            string path = Environment.CurrentDirectory.ToString();
            frontImage = Image.FromFile(path + @"\Blue hills.jpg");
            topImage = Image.FromFile(path + @"\Sunset.jpg");
            rightImage = Image.FromFile(path + @"\Water lilies.jpg");
        }
        protected override void OnPaint(PaintEventArgs e)
        {
            Graphics g = this.CreateGraphics();
            //照片的宽度(正方形照片)
            int width = 300;
```

```
            float distance = (float)Math.Cos(45) * width;

            //绘制盒子顶部的图片
            PointF[] topPoints = new PointF[3];
            topPoints[0] = new PointF(distance, 0);
            topPoints[1] = new PointF(distance + width, 0);
            topPoints[2] = new PointF(0, distance);
            g.DrawImage(topImage, topPoints);

            //绘制盒子右边的图片
            PointF[] rightPoints = new PointF[3];
            rightPoints[0] = new PointF(distance + width, 0);
            rightPoints[1] = new PointF(width, distance);
            rightPoints[2] = new PointF(distance + width, width);
            g.DrawImage(rightImage, rightPoints);

            //绘制盒子前面的图片
            PointF[] frontPoints = new PointF[3];
            frontPoints[0] = new PointF(0,distance);
            frontPoints[1] = new PointF(0, distance + width);
            frontPoints[2] = new PointF(width, distance);
            g.DrawImage(frontImage, frontPoints);
            base.OnPaint(e);
            g.Dispose();  //释放资源
        }
    }
}
```

4. 运行结果

运行结果如图 10.5 所示。

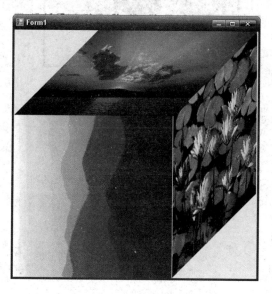

图 10.5　案例的运行结果

10.5 小　　结

本章主要介绍了 System.Drawing 命名空间中的一些类，讨论了颜色的设置以及 GDI+ 中坐标的分类，还讨论了 GDI+ 中的几种绘图对象，详细介绍了绘图机制。

GDI+ 是 Windows 中的一个子系统，它主要负责在显示屏幕上和打印设备上输出有关的信息，它是一组通过 C++ 类实现的应用程序编程接口。

Pen 对象是画笔对象，主要功能是在 Graphics 对象上绘制图形。Pen 对象的构造函数可建立画笔的颜色以及线条的宽度。

Brush 对象是画刷对象，用来绘制实心、渐层的图形，使得图案显得比较有质感。每种画刷都由一个派生于 System.Drawing.Brush 的类的实例来表示，由于这个类是个抽象类，所以不能实例化派生类的对象。最简单的画刷仅指定了区域用纯色来填充。

10.6 习　　题

编程题

(1) 使用 GDI+ 技术(引用 System.Drawing.Drawing2D 命名空间)，画出如图 10.6 所示的图形。

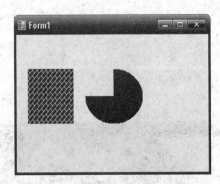

图 10.6　题(1)图

(2) 使用 GDI+ 技术画一个太极图。

第 11 章   Web 应用程序基础

本章要点

- ASP.NET 的特点以及 IIS 虚拟目录的设置
- ASP.NET 对象简介
- ASP.NET 控件简介

ASP 全称是 Active Server Pages。ASP.NET 是微软推出的新一代 Internet 编程技术，它是微软开发的新的体系结构.NET 的一个重要组成部分。

在本章中，我们主要讲解 ASP.NET 的特点及其对象，还将对 ASP.NET 控件的使用进行基本的介绍，最后通过一个简单的例子来说明 ASP.NET 的基本用法。

11.1   ASP.NET 的特点

微软在 2000 年 7 月推出了新一代的网络开发平台 ASP.NET，它可以帮助企业快速简单地建立网络应用程序。ASP.NET 是一种功能强大的服务器端脚本编程环境，ASP.NET 在结构上与前面的 ASP 版本大不相同，它几乎是完全基于组件和模块化的。在 2011 年，微软公司正式发布了最新的 ASP.NET 4.0。Web 应用程序的开发人员使用这个开发环境可以实现更加模块化的、功能更加强大的应用程序。

以前的 ASP 以其简单易用的优点受到全世界的欢迎，大多数的网页程序设计师也因其"简单"而选择 ASP 来开发网页应用程序。但是 ASP 的程序代码结构性差，其中混合了显示界面的诸多标记、客户端的脚本、服务器端的程序代码模块以及程序标注，这不仅增加了程序维护的难度，更重要的是，在调试排错过程中，效率十分低下。

ASP.NET 与 ASP 相比，效率更高，提供了更好的可重用性，对于实现同样功能的程序，ASP.NET 使用的代码比 ASP 要少得多。ASP.NET 采用全新的编程环境，代表了技术发展的主流方向。从深层次上来讲，ASP.NET 与 ASP 的主要区别表现在以下几个方面。

(1) 效率：ASP 编程环境只支持 VBScript 或者 JavaScript 这样的非模块化语言来编写，只有当每次请求的时候才会解释执行。这就意味着它在使用其他语言编写大量组件的时候会遇到困难。ASP.NET 则是建立在.NET 框架之上的，允许使用编译式语言，提供较好的执行效率和跨语言的兼容性，如 VB、C#、C++等。由于 ASP.NET 的程序代码是编译过的，所以执行时，会比 ASP 的直译方式快很多。另外 ASP.NET 也提供高速缓存的能力，可以有效地缩短服务器的应答时间。

(2) 可读性：用 ASP 编写程序时，ASP 代码与其他代码混合在一起。程序员可以在任意的一个位置上插入一段代码来实现特定的功能，这种方法表面上看起来比较方便，但是在实际的工作中会产生大量繁琐的页面，既难读懂，也导致维护困难。ASP.NET 使用事件驱动与数据绑定的开发方式，将程序代码与用户界面接口分开。同时使用 CodeBehind 方式将程序代码和页面显示标记分离在不同的文件中，使程序可读性更强。

(3) 安全性：在 ASP 中，唯一能使用的验证方式是 Windows Authentication；而 ASP.NET 中设置了更佳的安全机制，它提供三种不同的登录验证方式：Windows、Passport 和 Cookie。也可以利用 Impersonation 功能，使用登录者的权限执行一些程序代码或存取资源。此外，ASP.NET 能较好地处理应用程序故障，能保证安全；对于内存泄漏的情况，能自动重新启动进程，从来不死机，永远不需要重新启动服务来配置线程。

11.2 IIS 的安装以及虚拟目录的设置

11.2.1 IIS 的安装

在能够执行 Web 应用程序前，必须安装 IIS。检测自己所操作的计算机是否安装有 IIS 的方法是打开 Internet 浏览器(如 360 安全浏览器)，在地址栏中输入"http://localhost"，若可以成功打开如图 11.1 所示的窗口(微软的欢迎使用 IIS 主页)时，则证明 IIS 已经安装。

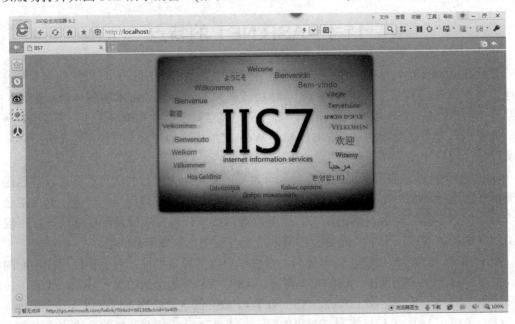

图 11.1 Windows 7 下的 IIS 欢迎界面

若没有弹出以上窗口，则说明没有安装 IIS，下面介绍一下如何安装它。

(1) 打开"控制面板"程序，单击"程序和功能"链接，再单击左侧"打开或关闭 Windows 功能"链接。

(2) 出现 Windows 功能管理窗口，勾选列表中的"Internet 信息服务"组件，因为要调试 ASP.NET，所以要安装 IIS，来支持 ASP.NET 组件，即图 11.2 中的"ASP.NET"等选项。选择之后，单击"确定"按钮等待安装重启。

(3) 重启后，我们开始配置 IIS7。打开"控制面板"，单击"管理工具"后，就能显示出管理程序列表。单击列表中的"Internet 信息服务(IIS)管理器"启动 IIS 管理程序，如图 11.3 所示。

第 11 章　Web 应用程序基础

图 11.2　安装 IIS 组件窗口

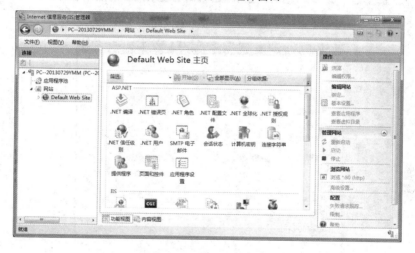

图 11.3　启动 IIS 管理程序

11.2.2　ASP.NET 虚拟目录的设置

ASP.NET 默认的目录在"C:\Inetpub\wwwroot"地址下，当运行 ASP.NET 的应用程序时，可以直接把应用程序拷贝到此文件目录下，而后就可以运行了，但是这样做很不方便，所以我们可以自行设置虚拟目录。

这里以创建一个新的站点为例来设置虚拟目录。

（1）首先停止默认网站，右击 Default Web Site 网站，从弹出的快捷菜单中选择"管理网站"→"停止"命令，即可停止正在运行的默认网站，如图 11.4 所示。

（2）在 C 盘目录下创建文件夹"C:\web"作为网站的主目录，并在其文件夹内存放网页 index.htm 作为网站的首页。

（3）在"Internet 信息服务(IIS)管理器"控制台树结构中，展开服务器节点，右击"网站"，从弹出的快捷菜单中选择"添加网站"命令，在该对话框中可以指定网站名称、应用程序池、端口号、主机名。在此设置网站名称为 WEB，物理路径为 C:\web，类型为

203

http，IP 地址为 172.22.6.73，端口默认为 80，如图 11.5 所示，单击"确定"按钮，完成网站的创建。

图 11.4　停止默认网站

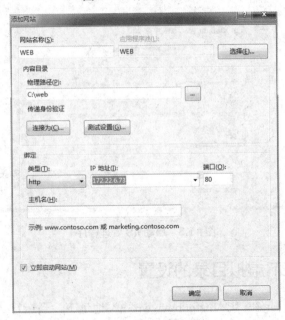

图 11.5　建立新的网站

(4) 打开"Internet 信息服务(IIS)管理器"管理控制台，右击想要创建虚拟目录的网站，在弹出的快捷菜单中选择"添加虚拟目录"命令，如图 11.6 所示。

(5) 出现"添加虚拟目录"对话框，在"别名"文本框中输入虚拟目录的名称，如"store"。在"物理路径"文本框中输入该虚拟目录欲引用的文件夹，可以单击"浏览"按钮查找文件夹，如图 11.7 所示。

(6) 选中站点并右击，在弹出的快捷菜单中选择"编辑权限"命令，打开"Web 属性"对话框，在"安全"选项卡中查看是否具有"读取和执行"等权限，如图 11.8 所示。

(7) 在客户机端访问虚拟目录。在 IE 浏览器的地址栏中，输入虚拟目录的路径"http://172.22.6.73/store"，即可访问 Web 网站的虚拟目录，如图 11.9 所示。

第 11 章　Web 应用程序基础

图 11.6　添加虚拟目录

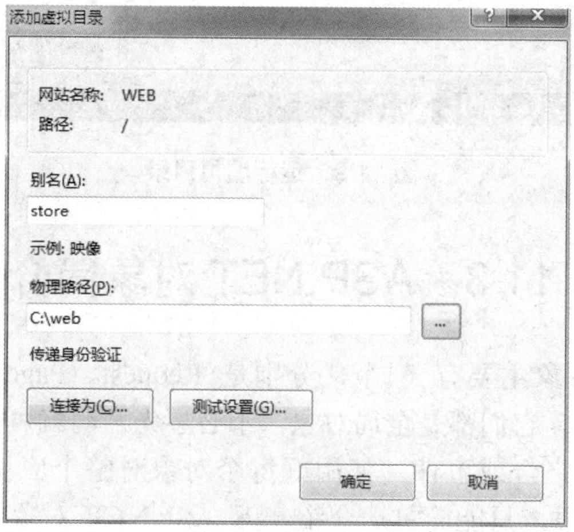

图 11.7　填写虚拟目录信息

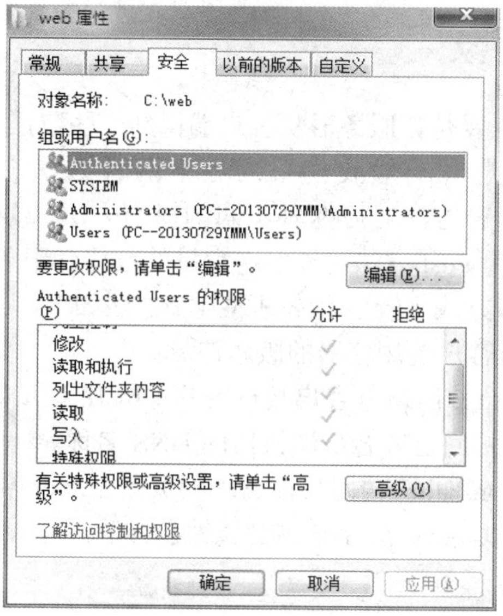

图 11.8　查看站点权限

图 11.9 运行虚拟目录

11.3 ASP.NET 对象简介

ASP.NET 内置的对象主要有 6 个，分别是 Request、Page、Application、Session、Response 和 Server 对象。它们都是全局对象，不必事先声明就可以直接使用。每个对象都有各自的属性、方法、集合或事件。使用好每个对象对整个应用程序的控制来说十分重要。由于本章的篇幅有限，只能简单地介绍一下 ASP.NET 对象的内容，若读者有更多的需求，可以参阅介绍 ASP.NET 的专门书籍。以下依次进行简要的介绍。

11.3.1 Request 对象

Request 对象的功能主要是让服务器从客户端得到一些数据，它可以从 HTML 表单或者参数中获得有用的信息。一般我们采用如下两种方法获得数据：Request.Form、Request.QueryString。这两种方法对应两种不同的提交方法，分别是 Post 方法和 Get 方法。与 Get 方法相比，使用 Post 方法可以发送大量的数据到服务器端。

Request 对象的属性和方法比较多，常见的几个方法如下。
- UserAgent：传回客户端浏览器的版本信息。
- UserHostAddress：传回远方客户端机器的主机 IP 地址。
- UserHostName：传回远方客户端机器的 DNS 名称。
- PhysicalApplicationPath：传回目前请求网页在 Server 端的真实路径。

下面简单地讲解一下 Request 对象常见的属性和方法。

1．从浏览器中获取数据

利用 Request 方法，可以读取其他页面提交过来的数据。提交的数据有两种形式：一种是通过 Form 表单提交过来，另一种是通过超级链接后面的参数提交过来，例如

http://localhost/aaa.aspx?uid=tom@pwd=abc。这两种方式都可以利用 Request 对象读取，注意提交方式分别为 Post 和 Get。

下面是一个简单的使用 Request.Form 从浏览器中获取数据的例子。主要代码如下：

```
<%@ Page Language="C#" AutoEventWireup="true"
 CodeBehind="RequestForm.aspx.cs" Inherits="WebApplication1.WebForm1" %>
<!DOCTYPE html>
<html xmlns="http://www.w3.org/1999/xhtml">
<head runat="server">
<meta http-equiv="Content-Type" content="text/html; charset=utf-8"/>
<title></title>
</head>
<body>
<form id="form1" runat="server" method="post" action="RequestForm.aspx">
    <div>
        <table class="auto-style1">
          <tr>
              <td class="auto-style5"> </td>
              <td class="auto-style2" colspan="2">
                     用户注册</td>
          </tr>
          <tr>
              <td class="auto-style5"> </td>
              <td class="auto-style7">
                  <asp:Label ID="Label1" runat="server" Text="用户名：">
                  </asp:Label>
              </td>
              <td class="auto-style4">
                  <asp:TextBox ID="UserName" runat="server"></asp:TextBox>
              </td>
          </tr>
          <tr>
              <td class="auto-style5"> </td>
              <td class="auto-style7">
                  <asp:Label ID="Label2" runat="server" Text="密    码：">
                  </asp:Label>
              </td>
              <td class="auto-style4">
                  <asp:TextBox ID="PassWord" runat="server"></asp:TextBox>
              </td>
          </tr>
          <tr>
              <td class="auto-style5"> </td>
              <td class="auto-style7">
                  <asp:Label ID="Label3" runat="server" Text="邮    箱：">
                  </asp:Label>
              </td>
```

```
                <td class="auto-style4">
                    <asp:TextBox ID="Email" runat="server"></asp:TextBox>
                </td>
            </tr>
            <tr>
                <td class="auto-style5"> </td>
                <td class="auto-style3" colspan="2">
                          
                    <asp:Button ID="Button1" runat="server"
                        OnClick="Button1_Click" Text="提 交" Width="56px" />
                </td>
            </tr>
            <tr>
                <td class="auto-style5"> </td>
                <td class="auto-style6"> </td>
                <td class="auto-style4"> </td>
            </tr>
        </table>
        <br />
    </div>
</form>
</body>
</html>
```

运行上面的程序，得到如图 11.10 所示的界面，在文本框中输入内容后单击"提交"按钮，则得到如图 11.11 所示的运行结果。

图 11.10　运行界面

图 11.11　运行结果

2. 得到客户端的信息

利用 Request 对象内置的属性，可以得到一些客户端的信息，比如客户端浏览器版本和客户端地址等。

下面的代码就是使用 Request 对象内置的属性具体获取客户端的一些信息的例子：

```
protected void Page_Load(object sender, EventArgs e)
{
    Response.Write("获取客户端信息如下： " + "<br>");
    Response.Write("客户端浏览器： " + Request.UserAgent + "<br>");
    Response.Write("客户端 IP 地址： " + Request.UserHostAddress + "<br>");
    Response.Write("当前文件服务端物理路径： "
        + Request.PhysicalApplicationPath + "<br>");
    Response.Write("获取客户端使用的 HTTP 数据传输方法： "
        + Request.HttpMethod);
}
```

运行结果如图 11.12 所示。

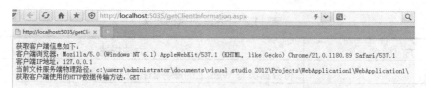

图 11.12　使用 Request 对象的运行结果

11.3.2　Page 对象

每次请求 ASP.NET 页面时，服务器就会加载一个 ASP.NET 页面，并在请求完成时卸载该页面。页面及其包含的服务器控件负责执行请求并将 HTML 呈现给客户端。Page 对象对应一个 ASP.NET 页面，主要用来设置与此页面有关的各种属性、方法和事件。因此在对应的 Web Form 窗体文件中也可以使用 Page 类的属性、方法和事件。Page 对象的主要属性如表 11.1 所示。

表 11.1　Page 对象的主要属性

属性名	值	操 作	属性描述
Application	对象	只读	获取当前 Web 请求的 Application 对象
Cache	对象	只读	获取与网页所在的应用程序相关联的 Cache 对象
ClientTarget	字符串	读/写	客户端浏览器属性
EnableViewState	布尔值	读/写	当前网页请求结束时，是否要保持视图状态及其所包含的服务器的视图状态，默认为 True
ErrorPage	URL 串	读/写	当前网页发生未处理的异常时，将转向错误信息网页；若未设置此属性，将显示默认错误信息网页

续表

属性名	值	操作	属性描述
IsPostBack	布尔值	只读	网页加载状况,为 True 表示网页是由于客户端返回数据而重新被加载,为 False 表示网页被第一次加载
IsValid	布尔值	只读	检验网页上的控件是否全部验证成功,若全部验证成功,则返回 True 值,否则返回 False
Request	对象	只读	当前网页的 Request 对象
Response	对象	只读	当前网页的 Response 对象
Server	对象	只读	Server 对象
Session	对象	只读	Session 对象
Trace	对象	只读	当前网页请求的 Trace 对象
Visible	布尔值	读/写	设置是否显示网页

Page 对象的主要方法有 5 个,如表 11.2 所示。

表 11.2 Page 对象的方法

方法名	方法描述
DataBind()	将数据源与 Web 上的服务器控件进行绑定
Dispose()	让服务器控件在释放内存前执行清理工作
FindControl()	在 Web Form 上搜索标识为 id 的服务器控件,若找到,则返回该控件,否则就返回 Nothing
HasControls()	若 Page 对象中包含服务器控件,则返回 True,否则返回 False
MapPath(VirtualPath)	将虚拟路径 VirtualPath 转化为实际路径

常见的 Page 对象的事件如表 11.3 所示。

表 11.3 Page 对象的事件

事件名	事件描述
Init	ASP.NET 网页被请求时第一个触发的事件
Load	网页载入时触发的事件
UnLoad	网页完成处理且信息被写入浏览器时触发的事件
DataBinding	当网页从内存释放时触发的事件
Disposed	当网页从内存释放时触发的事件
Error	当网页上发生未处理的异常情况时触发的事件

看看下面的一段代码:

```
using System;
using System.Collections.Generic;
```

```
using System.Linq;
using System.Web;
using System.Web.UI;
using System.Web.UI.WebControls;

namespace WebApplication1
{
    public partial class pageIspostBack : System.Web.UI.Page
    {
        protected void Page_Load(object sender, EventArgs e)
        {
            if (!Page.IsPostBack)
            {
                //每次页面加载时都会给SelectedValue赋值 "1"
                this.DropDownList1.SelectedValue = "1";
            }
            Response.Write("" + this.DropDownList1.SelectedValue);
        }
        protected void DropDownList1_SelectedIndexChanged(
          object sender, EventArgs e)
        {
            this.Label1.Text = this.DropDownList1.SelectedItem.Text;
        }
    }
}
```

上述代码的运行结果如图 11.13 所示。

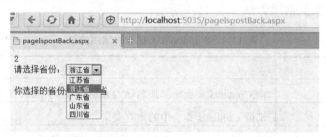

图 11.13　运行结果

Page.IsPostBack 属性获取一个值，该值指示该页面是第一次加载还是响应客户请求再次加载。每当表单被发送回服务器，就会被重新加载，启动 Page_Load 事件，执行 Page_Load 事件处理程序中的所有代码。如果希望只有在页面第一次加载时执行哪一些代码，而希望另一些代码在除首次加载外的每次加载都不执行，那么可以利用 IsPostBack 特性来完成这一功能。在页面加载时，该属性的值是 false。如果页面因回送而被重新加载，IsPostBack 属性的值就会被设置为 true。在上例中，DropDownList 需要设置 AutoPostBack 属性为 true，即每次选择一项就会刷新页面启动 Page_Load 事件，此时用 Page.IsPostBack 属性来判断需要执行的程序。

11.3.3 Application 对象

在同一虚拟目录下的所有文件、子目录、页面、处理程序、模块和程序的综合，构成了 ASP.NET 应用程序。Application 对象的用途是记录整个网站的信息，对同时访问网页的客户，都只会产生一个 Application 对象，即使用这个网页程序的任何客户端都可以存取这个变量。因此，Application 对象不但可以在给定的应用程序的所有用户之间共享信息以及在服务器运行期间持久地保存数据，而且，Application 对象还有控制访问应用层数据的方法和可用于在应用程序启动和停止时触发过程的事件。

1．属性

虽然 Application 对象没有内置的属性，但我们可以使用以下语法设置用户定义的属性(也可以称为集合)：

```
Application("属性/集合名称") = 值;
```

例如，可以使用如下脚本声明并建立 Application 对象的属性：

```
Application["StringVar")] = "GOOD";
Application["StringObj"] = Server.CreateObject("MyComponent");
```

只要我们设置了 Application 对象的属性的值，它就会持久地存在，直到 Web 服务器服务重启或者关闭。由于存储在 Application 对象中的值可以被应用程序的所有用户读取，所以 Application 对象的属性特别适合在应用程序的用户之间传递信息。

2．方法

Application 对象的常用方法如表 11.4 所示。

表 11.4　Application 对象的常用方法

方 法 名	方法描述
Add(name, value)	向 Contents 集合中添加名称为 name、值为 value 的变量
Clear	清除 Contents 集合中的所有变量
Get(name, index)	获取名称为 name 或者下标为 index 的变量值
GetKey(index)	获取下标为 index 的变量名
Lock	锁定，禁止其他用户修改 Application 对象的变量
Remove(name)	从 Contents 集合中删除名称为 name 的变量
RemoveAll	清除 Contents 集合中的所有变量
RemoveAt(index)	删除 Contents 集合中下标为 index 的变量
Set(name, value)	将名称为 name 的变量值修改为 value
Unlock	解除锁定，允许其他用户修改 Application 对象的变量

Lock 和 Unlock 方法一般是成对使用的。因为在多人访问网站时，这些用户都可以使

用 Application 对象中的变量，为了确保在同一时刻仅有一个客户可修改和存取 Application 变量，防止造成两个以上的用户同时存取同一个变量而导致数据不正确的情形，需要利用 Lock 方法暂时锁定变量，禁止他人修改数据，直至操作程序执行完毕再通过 Unlock 方法解除锁定。如果用户没有明确调用 Unlock 方法，则服务器将在*.aspx 文件结束或超时后即解除对 Application 对象的锁定。

下面的代码就是 Application 对象的一个例子：

```
//在Global.asax.cs 文件中的代码
protected void Application_Start(object sender, EventArgs e)
{
    Application["count"] = 0;
    Application.Lock();
    Application["count"] = (Int32)Application["count"] + 1;
    Application.UnLock();
}

//在WebForm 文件中的代码
protected void Page_Load(object sender, EventArgs e)
{
    Response.Write("<h2>欢迎第" + Application["count"].ToString()
        + "位来访者</h2>");
}
```

运行结果如图 11.14 所示。

图 11.14　运行界面

定义 Application 对象的事件都要写在 Global.asax 这个文件里，并且要将 Global.asax 文件放在站点根目录下。当程序启动时，ASP.NET 自动搜索 Global.asax 文件，按顺序执行对应事件中的代码。

3．事件

Application 对象主要有 4 个事件，下面简单地予以叙述。

- Application_Start：Start 事件在首次创建新的会话之前发生。也就是在访问服务器的用户第一次访问某一页面时发生。
- Application_End：与 Start 事件正好相反，在整个应用程序被终止时触发，通常发生在服务器被重启或者关闭时。
- Application_BeginRequest：每一个 ASP.NET 程序被请求时都会完成一次该触发。
- Application_EndRequest：在 ASP.NET 程序结束时，触发该事件。

4. 注意事项

下面来看看在使用 Application 对象时必须注意的一些事项。

(1) 不能在 Application 对象中存储 ASP.NET 内建对象。例如，下面的每一行都返回一个错误：

```
<%
Application["var1"] = Session;
Application["var2"] = Request;
Application["var3"] = Response;
Application["var4"] = Server;
Application["var5"] = Application;
Application["var6"] = ObjectContext;
%>
```

(2) 若将一个数组存储在 Application 对象中，不要直接更改存储在数组中的元素。例如，下面的脚本无法运行：

```
<% Application["StoredArray"][3] = "new value"; %>
```

11.3.4 Session 对象

Session 对象也是 ASP.NET 文件的一个公用对象，它是只记录单个用户信息的一种专用变量。与 Application 对象相比较而言，不同的用户只能访问各自对应的 Session 对象，不像所有连接的用户都可访问一个 Application 对象。每个连接的用户都拥有一个自己的 Session 对象，这个 Session 对象用于在用户访问的各页面之间传递信息。Session 对象可以为每个用户的会话存储信息，默认的时间为 20 分钟，用户关闭网页后自动结束。

Session 即"会话"的意思。在用户浏览 Web 程序时，从进入网站到关闭浏览器这段时间中，可以产生一个 Session 会话。在此会话中注册的变量可以在这段时间内得到保留，并可以在各个页面中使用。因为这种特点，Session 常用于用户在页面之间进行参数传递、用户身份认证、记录程序状态等。

Session 对象的常用属性及方法如下。

- Abandon()方法：用于结束当前的会话，清除会话中的所有信息。
- Clear()方法：清除会话中所有信息，不结束会话。
- IsNewSession 属性：如果在用户访问当前页面时创建了会话，则此属性返回 true，在使用会话前需要使用某些数据初始化会话时，该属性很有用。
- Timeout 属性：此属性在会话终止前以分钟为单位获取和设置闲置时间。默认时间为 20 分钟。

下面的代码是对前面针对 Application 对象编程的一个改进。因为若用户连续刷新网页，则计数器会不断地增加，这里使用了 Session 对象的 IsNewSession 属性来判断用户是否第一次访问该网页。

此外，还使用了 Session 对象的 Timeout 属性，代码 Session.Timeout=40;表示若用户 40 分钟内未访问该网页，则认为该浏览器用户已经结束连接。具体代码如下：

```
protected void Page_Load(object sender, EventArgs e)
{
    Session.Timeout = 40;
    if(Session.IsNewSession)
    {
        Application.Lock();
        Application.Set("count", (int)Application["count"] + 1);
    }
    this.Label1.Text =
        "欢迎你,你是我们网站的第" + Application["count"] + "位来访者";
}
```

11.3.5 Response 对象

Response 对象用于向客户端浏览器发送数据,它将动态生成的信息嵌入到 HTML 文档中,然后发送到客户端,用户端的浏览器解析 HTML 标记并显示出来,它与 Request 可以组成一对接收、发送数据的交互对象,这也是实现动态页面处理的基础。下面简要介绍一下 Response 对象常用的属性和方法。

Response 对象的常用属性如表 11.5 所示。

表 11.5 Response 对象的常用属性

属 性 名	属性类型	属性描述
Buffer	bool	是否缓冲,缓冲指在整个响应处理完成后才将结果送出
BufferOutput	bool	是否使用缓冲
Charset	string	字符编码方式
ContentType	string	输出的 HTTP 内容的类型,默认为 text/HTML
Cookies	object	设置客户端的 Cookie
IsClientConnected	bool	客户端是否仍处于与服务器的连接中

Response 对象的常用方法如表 11.6 所示。

表 11.6 Response 对象的常用方法

方 法 名	方法描述
AppendHeader	添加或更新 HTML 头部的文件
AppendToLog	将自定义记录加入 IIS 日志文件
Clear	清除缓冲的 HTML 输出
ClearContent	清除缓冲的 HTML 输出
ClearHeaders	清除缓冲的 HTTP 标头
End	停止处理页面并返回当前结果

续表

方法名	方法描述
Flush	将存放在缓冲区中的数据发送到客户端并清除缓冲区
Redirect	通知浏览器连接到指定的 URL
Write	将指定的内容写入页面文件
WriteFile(filename)	将指定的文件内容写入 HTTP 输出

下面的代码是关于 Response 对象的方法的简单示例:

```csharp
public partial class responseObject : System.Web.UI.Page
{
    protected void Page_Load(object sender, EventArgs e)
    {
        Response.Write(
"<table border=2 cellspacing=2 cellpadding=2 align=center width=600");
        Response.Write("<tr>");
        Response.Write("<td>" + "名称" + "</td>");
        Response.Write("<td>" + "地址" + "</td>");
        Response.Write("<td>" + "备注" + "</td>");
        Response.Write("</tr>");
        Response.Write("<tr>");
        Response.Write("<td>" + "新浪网站" + "</td>");
        Response.Write("<td>" + "www.sina.com" + "</td>");
        Response.Write("<td>" + "国内最大的综合性网站之一" + "</td>");
        Response.Write("</tr>");
        Response.Write("</table>");
    }
    protected void Button1_Click(object sender, EventArgs e)
    {
        Response.Redirect("http://www.sina.com");
    }
    ...
```

程序的运行结果如图 11.15 所示。

图 11.15 使用 Response 对象的方法

Response.Write 方法可以向浏览器输出包括 HTML 代码在内的各种字符串。

Response.Redirect 方法可以实现网页跳转,可以在不同的网址之间进行导航。此例中只要单击按钮,就会转向新浪首页。

11.3.6 Server 对象

Server 对象派生自 HttpServerUtility 类，它提供了对服务器端的基本属性和方法的操作。我们可以通过 Page 对象的 Server 属性获取对应的 Server 对象。通常 Page 可省略，直接使用 Server 进行操作。

Server 对象的属性如表 11.7 所示。

表 11.7 Server 对象的属性

属性名称	属性描述
MachineName	获取服务器的计算机名称(只读)
ScriptTimeout	获取或设置程序执行的最长时间，即程序必须在这个时间段内完成，否则自动终止

Server 对象的常用方法如表 11.8 所示。

表 11.8 Server 对象的方法

方 法 名	方法描述
CreateObject(type)	创建由 type 指定的对象或服务器组件的实例
Execute(path)	执行由 path 指定的 ASP.NET 程序，执行完毕后仍然继续原程序的执行
GetLastError()	获取最近一次发生的异常
HtmlEncode(string)	将 string 指定的字符串进行编码
MapPath(path)	将参数 path 指定的虚拟路径转换为实际路径
Transfer(url)	结束当前 ASP.NET 程序，然后执行参数 url 指定的程序
UrlEncode(string)	对 string 进行 URL 编码

下面看一个有关 Server 对象的一段代码：

```
protected void Page_Load(object sender, EventArgs e)
{
    string myStr1 = "<html><head><title>我喜欢用 ASP.NET</title></head><body><p>ASP.NET 实现动态网站很好用哦！</p></body></html>";
    string myStr2 = "Server 对象测试";
    Response.Write("<h3>测试 HTML 的编码及解码：</h3>" + "<br>");
    Response.Write(Server.HtmlEncode(myStr1));
    Response.Write(Server.HtmlDecode(myStr1) + "<hr>");
    Response.Write("<h3>测试 URL 串的编码及解码：</h3>" + "<br>");
    Response.Write(Server.UrlEncode(myStr2));
    Response.Write(Server.UrlDecode(myStr2) + "<hr>");
    Response.Write(
        "<h3>测试对 URL 字符串的路径部分进行 URL 编码：</h3>" + "<br>");
    Response.Write(Server.UrlPathEncode(
        "http://msdn.microsoft.com/zh-cn/library"));
```

```
        Response.Write("<hr>");
        Response.Write("<h3>测试文件目录：</h3>" + "<br>");
        Response.Write("文件所在目录为："+Server.MapPath("./"));
}
```

程序运行结果如图 11.16 所示。

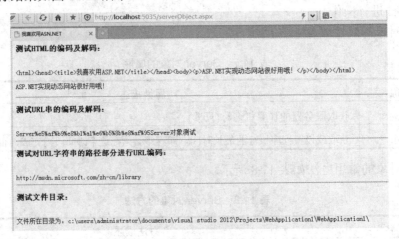

图 11.16　运行结果

Server.HtmlEncode 方法对字符串进行 HTML 编码，以免该字符串被解释为 HTML 语法。Server.MapPath 方法通常用于获取文件所在目录的信息。Server.MapPath("./")表示当前目录。Server.MapPath("../")表示上一级目录。

11.3.7　使用对象来保存数据

目前基于 HTTP 协议传递数据的 Web 服务是不可保存的，因为 HTTP 协议是一个不记录中间状态的协议，即在客户端使用浏览器访问了 Web 应用系统后，浏览器将不会保留每一次访问系统的中间信息。因此我们使用 ASP.NET 对象提供的内置对象来保留这些信息，下面对此简要地介绍。

1. 使用 Application 对象保存数据

Application 对象内保存的信息可以在 Web 服务整个运行期间保存，并且具有全局性，可以被调用 Web 服务的所有用户使用。如果 Web 服务类派生自 WebService 类，那么就可以直接使用 Application 对象。

在 Web 服务中使用 Application 对象主要包括以下两种情况。

(1) 将数据保存到 Application 对象

当需要将数据保存到 Application 对象时，首先需要为其指定一个名称，然后就可以使用这个名称来保存信息了，例如：

```
Application["Count"] = 1000;
```

或者：

```
Application.Add("Count", 1000);
```

(2) 从 Application 对象中获取状态数据

要得到数据,可以直接通过在保存信息时为其指定的名称来检索,例如:

```
int count = Application["Count"];
```

或者:

```
int count = Application.Add("Count", 1000);
```

另外,由于存在多个用户同时存取同一个 Application 对象的情况,这样就有可能出现多个用户修改同一个 Application 对象,造成数据不一致。为了避免发生冲突,Application 对象提供了 Lock()方法和 Unlock()方法来解决对 Application 对象的访问同步问题,规定一次只允许一个线程访问应用程序状态变量。例如:

```
Application.Lock();
Application["Count"] = 1000;
Application.UnLock();
```

2. 使用 Session 对象保存数据

Session 对象也可以在整个 Web 服务运行过程中保存信息,这与 Application 对象非常类似,但它保存的是单个用户所访问的数据信息。通常用户第一次访问 Web 服务过程时就会被 Session 对象记录,如果它在一次访问 Web 服务后离开,稍后又重新访问 Web 服务,那么 Web 服务也将其视为两个不同的用户。

对于从 WebService 中派生的 Web 服务类,只有当 WebMethod 特性的 EnableSession 属性设置为 True 时,才能使用 Session 保存信息。

Session 对象存取数据的方式与 Application 完全相同,例如:

```
//保存数据
Session["Num"] = "ZK001";
//读取数据
string num = Session["Num"];
```

11.4 ASP.NET 控件简介

ASP.NET 控件分为 4 类,分别为 HTML 普通控件、HTML 服务器控件、Web 服务器控件以及自定义控件。

HTML 普通控件就是我们通常说的 HTML 语言标记,严格来说不属于真正的控件。这些语言标记在已往的静态页面和其他网页里存在,不能在服务器端控制,只能在客户端通过 JavaScript 和 VBScript 等程序语言来控制。

HTML 服务器控件是由 HTML 元素衍生而来的,是在 ASP.NET 中把 HTML 普通控件封装之后形成的服务器控件,可以通过服务器的代码控制。我们可以在 HTML 普通控件的标记上加上"runat=server"属性项来实现 HTML 服务器控件。HTML 服务器控件是在 HTML 普通控件和 Web 服务器控件之间的折中,它们使用熟悉的 HTML 元素,提供有限的对象。

Web 服务器控件是 ASP.NET 的重要组成部分,它基于更加抽象的、具有更强的面向对象特征的设计模型,提供了比 HTML 服务器种类更多、功能更强大的控件集合。它的出现,使得程序开发周期大大缩短。Web 服务器控件源自 System.Web.UI.WebControl 命名空间,具有许多共同的属性、事件和方法。

自定义控件是 ASP.NET 的一个主要特色,开发人员可以根据需要,自己创建自己的控件,并把它们集成到 ASP.NET 应用程序中。用户在使用时可以参照一般的 Web 服务器控件,因为 ASP.NET 自定义控件在各个方面都与 Web 服务器控件的行为相同。有了自定义控件,用户就可以自由操控了。

11.4.1 HTML 服务器控件

HTML 服务器控件是直接映射到普通 HTML 元素的服务器控件,在 HTML 元素标记中添加"runat=Server"属性和 Id 属性就能创建一个 HTML 服务器控件。每个 HTML 服务器控件一般都要有 Type、Id、Value 这 3 个属性,其中 Type 属性表示输入控件的类型,Id 属性是作为这个控件的标识,Value 属性是获得或者设置输入控件的内容。

还要注意的是,必须保证 HTML 服务器控件的 HTML 标记被包括在<form></form>之间,而且这个<form>标记必须有 runat="server"属性。当然,若在程序代码里面不会访问到这个<form>标记,可以不给它赋上 Id 属性。

表 11.9 列出了 HTML 控件的名称以及对应的标记符号。

表 11.9 常见的 HTML 控件以及对应的标记符号(系统默认)

控件名称	对应的标记
Input(Button)	<input id="Button1" type="button" value="button" />
Input(Reset)	<input id="Reset1" type="reset" value="reset" />
Input(Submit)	<input id="Submit1" type="submit" value="submit" />
Input(Text)	<input id="Text1" type="text" />
Input(File)	<input id="File1" type="file" />
Input(Password)	<input id="Password1" type="password" />
Input(Checkbox)	<input id="Checkbox1" type="checkbox" />
Input(Radio)	<input id="Radio1" type="radio" />
Input(Hidden)	<input id="Hidden1" type="hidden" />
Textarea	<textarea id="TextArea1" cols="20" rows="2"></textarea>

Table	<table>
	  <tr>
	    <td>
	    </td>
	  </tr>
	</table>

续表

控件名称	对应的标记
Image	`<img src="" />`

Select	`<select id="Select1">`
	　　`<option selected="selected"></option>`
	`</select>`

Horizontal Rule	`<hr />`
Div	`<div style="width: 100px; height: 100px">` `</div>`

11.4.2　Web 服务器控件

Web 服务器控件位于 System.Web.UI.WebControls 命名空间中。所有 Web 服务器控件都是从 WebControl 派生出来的。这组控件既包括传统的控件，如 Label、TextBox、Button 等，也包含了高级控件，如 Calendar、DataList 等。

Web 服务器控件具有更好的面向对象特性，所有控件的通用属性都在 WebControl 基类中实现，具有高度的一致性，方便了程序员的使用，减少了错误的发生。Web Server 控件可以自动地检测客户端浏览器的类型和功能，生成相应的 HTML 代码，从而最大程度地发挥浏览器的功能。

Web 服务器控件还具有数据绑定特性，所有属性都可以进行数据绑定，某些控件甚至还可以向数据源提交数据。

许多 Web 服务器控件所输出的客户端代码都很复杂。Web 服务器控件总是以 "asp:" 开头，用来映射这些 Web 服务器控件所处的 System.Web.UI.WebControls 控件命名空间，并且带有 "runat=server" 属性。它们有很多共同的属性和方法。表 11.10 列出了 Web 服务器控件的名称以及对应的控件说明。

表 11.10　Web 服务器控件的名称以及对应的控件说明

Web 服务器控件名称	控件说明
Label	用来显示静态文本(如标题)的控件
TextBox	显示一个文本框，可以是单行，也可以是多行
Button	创建一个按钮
LinkButton	创建一个超链接形式的按钮
ImageButton	显示一个图片，并允许用户单击该图片时发出 Click 事件，程序员可以捕获该事件，并相应地处理
HyperLink	显示一个超链接，允许用户跳转到该链接
DropDownList	显示一个下拉列表框，用户可以在下拉列表中选择一个选项
ListBox	显示一个列表框，用户可以选择列表框中的一个或者多个项目

续表

Web 服务器控件名称	控件说明
CheckBox	创建一个复选框,用户可以在选择与不选择之间进行切换
CheckBoxList	创建一个复选框组,可以根据数据源来动态地创建组内的选择框
RadioButton	创建一个单选按钮
RadioButtonList	创建一个单选按钮组,可以根据数据源来动态地创建组内的按钮
Image	显示一个格式大小合适的图片
ImageMap	显示一个可以在图片上定义热点(HotSpot)的服务器控件,用户可以通过单击这些热点区域进行回发(PostBack)操作或者定向(Navigate)到某个 URL 地址
Table	显示一个可以操纵的表格
BulletedList	可以在页面上显示项目符号和编号格式的控件
HiddenField	是一个隐藏输入框的服务器控件,它能让我们保存那些不需要显示在页面上的且对安全性要求不高的数据
Calendar	显示一个月历,允许用户选择月和日期
AdRotator	显示一个广告条
FileUpload	用于上传文件的一个控件
Wizard	向导控件
Xml	可以使用该控件与 XSL 转换,也可以选择数据源进行创建
MultiView	本控件的作用是可以将要显示的页面内容分为几个部分进行显示,每个部分的页面之间用比如"上一步"、"下一步"的导航功能来连接
Panel	容器控件,用来存放其他控件
PlaceHolder	在页面的控件层次结构中保留一个控件位置,从而可以通过程序在该位置上添加控件
Substitution	缓存控件(只支持静态 static 方法,而且参数也只能够为 HttpContext)
Localize	在网页上保留显示本地化静态文本的位置
Literal	在网页上保留显示静态文本的位置(比 Localize 功能更强大,一般用来写控件,自动生成一些 HTML 脚本等)

11.4.3 输入验证控件

ASP.NET 总共有 6 种输入验证控件,如表 11.11 所示。

表 11.11 ASP.NET 的验证控件

输入验证控件类型	作用
RequiredFieldValidator	用来保证用户在必要的输入控件中填写了内容
CompareValidator	用来将输入的值与某个值进行比较

续表

输入验证控件类型	作用
RangeValidator	用来检验用户的输入是否处于某个特定的区间中，区间的边界必须是常数
RegularExpressionValidator	用来检验控件的值是否与给定的正则表达式匹配
CustomValidator	用来创建定制的客户端和服务器端检验代码
ValidationSummary	用来汇总显示页面中所有的其他种类的验证控件的错误信息

11.5 案例实训

1. 案例说明

编写一个用户注册程序，提交时需要通过验证控件来验证输入内容的正确性。

2. 编程思路

在同一个 Web 页面中需要两个 Panel 控件来控制显示的区域。注意设置 TextBox 控件的 TextMode 属性，RadioButton 控件的 GroupName 属性和 DropDownList 控件的 Items 集合。此外，需利用 RequiredFieldValidator、CompareValidator、RegularExpressionValidator、RangeValidator 和 ValidationSummary 控件验证信息。

3. 程序代码

程序代码如下：

```
using System;
using System.Collections.Generic;
using System.Linq;
using System.Web;
using System.Web.UI;
using System.Web.UI.WebControls;

namespace WebApplication1
{
    public partial class WebForm11 : System.Web.UI.Page
    {
        protected void Page_Load(object sender, EventArgs e)
        {
            if (!Page.IsPostBack)
            {
                this.Panel1.Visible = true;
                this.Panel2.Visible = false;
            }
        }
        protected void Button1_Click(object sender, EventArgs e)
```

```csharp
        {
            if (Page.IsValid)
            {
                this.Panel1.Visible = false;
                this.Panel2.Visible = true;
                Label1.Text = this.TextBox1.Text;
                Label2.Text = this.TextBox2.Text;
                Label3.Text = this.TextBox3.Text;
                Label4.Text = this.TextBox4.Text;
                if (this.RadioButton1.Checked)
                    Label5.Text = this.RadioButton1.Text;
                else
                    Label5.Text = this.RadioButton2.Text;
                Label6.Text = this.TextBox5.Text;
                Label7.Text = this.DropDownList1.SelectedValue;
                Label8.Text = this.TextBox6.Text;
            }
            else
            {
                this.Panel1.Visible = true;
                this.Panel2.Visible = false;
            }
        }
        protected void Button3_Click(object sender, EventArgs e)
        {
            this.Panel1.Visible = false;
            this.Panel2.Visible = false;
            Response.Write("恭喜您，注册成功！");
        }
        protected void Button4_Click(object sender, EventArgs e)
        {
            this.Panel1.Visible = true;
            this.Panel2.Visible = false;
        }
    }
}
```

页面代码如下：

```
<%@ Page Language="C#" AutoEventWireup="true"
 CodeBehind="registerWebForm.aspx.cs"
 Inherits="WebApplication1.WebForm11" %>

<!DOCTYPE html>
<html xmlns="http://www.w3.org/1999/xhtml">
<head runat="server">
<meta http-equiv="Content-Type" content="text/html; charset=utf-8"/>
    <title></title>
```

```html
</head>
<body>
    <form id="form1" runat="server">
    <div>
        <asp:Panel ID="Panel1" runat="server">
         <table  class="auto-style1">
            <tr>
                <td class="auto-style11"></td>
                <td class="auto-style12">
                    <strong>新用户注册(*号为必填项)</strong></td>
                <td class="auto-style13"></td>
            </tr>
            <tr>
                <td class="auto-style2">*用户名：</td>
                <td class="auto-style9">
                    <asp:TextBox ID="TextBox1" runat="server">
                    </asp:TextBox>
                </td>
                <td>
                    <asp:RequiredFieldValidator ID="ValUser"
                      runat="server" ControlToValidate="TextBox1"
                      ErrorMessage="用户名不能为空！">
                    </asp:RequiredFieldValidator>
                </td>
            </tr>
            <tr>
                <td class="auto-style2">*密码：</td>
                <td class="auto-style9">
                    <asp:TextBox ID="TextBox2" runat="server"
                      TextMode="Password">
                    </asp:TextBox>
                </td>
                <td>
                    <asp:RequiredFieldValidator ID="ValPass"
                       runat="server" ControlToValidate="TextBox2"
                       ErrorMessage="密码不能为空！">
                    </asp:RequiredFieldValidator>
                </td>
            </tr>
            <tr>
                <td class="auto-style2">*确认密码：</td>
                <td class="auto-style9">
                    <asp:TextBox ID="TextBox3" runat="server"
                       TextMode="Password">
                    </asp:TextBox>
                </td>
                <td>
```

```
            <asp:RequiredFieldValidator
                ID="RequiredFieldValidator2" runat="server"
                ControlToValidate="TextBox3"
                ErrorMessage="密码不能为空！">
            </asp:RequiredFieldValidator>
            <asp:CompareValidator ID="CompareValidator1"
                runat="server" ControlToCompare="TextBox2"
                ControlToValidate="TextBox3"
                ErrorMessage="输入的密码不一致！">
            </asp:CompareValidator>
        </td>
    </tr>
    <tr>
        <td class="auto-style5">姓名：</td>
        <td class="auto-style10">
            <asp:TextBox ID="TextBox4" runat="server">
            </asp:TextBox>
        </td>
        <td class="auto-style7"></td>
    </tr>
    <tr>
        <td class="auto-style2">性别：</td>
        <td class="auto-style9">
            <asp:RadioButton ID="RadioButton1" runat="server"
                GroupName="sex" Text="男" Checked="True" />
            <asp:RadioButton ID="RadioButton2" runat="server"
                GroupName="sex" Text="女" />
        </td>
        <td> </td>
    </tr>
    <tr>
        <td class="auto-style2">年龄：</td>
        <td class="auto-style9">
            <asp:TextBox ID="TextBox5" runat="server">
            </asp:TextBox>
        </td>
        <td>
            <asp:RegularExpressionValidator
                ID="RegularExpressionValidator1" runat="server"
                ControlToValidate="TextBox5"
                ErrorMessage="必须是数字！"
                ValidationExpression="^[0-9]*$">
            </asp:RegularExpressionValidator>
            <asp:RangeValidator ID="RangeValidator1"
                runat="server" ControlToValidate="TextBox5"
                ErrorMessage="请输入0-200之间！" MaximumValue="200"
                MinimumValue="0" Type="Integer">
```

```
                </asp:RangeValidator>
            </td>
        </tr>
        <tr>
            <td class="auto-style2">学历：</td>
            <td class="auto-style9">
                <asp:DropDownList ID="DropDownList1" runat="server">
                    <asp:ListItem Value="博士及以上">博士
                    </asp:ListItem>
                    <asp:ListItem>研究生</asp:ListItem>
                    <asp:ListItem>大学</asp:ListItem>
                    <asp:ListItem>大专</asp:ListItem>
                    <asp:ListItem>中专及以下</asp:ListItem>
                </asp:DropDownList>
            </td>
            <td> </td>
        </tr>
        <tr>
            <td class="auto-style2">*电子邮件：</td>
            <td class="auto-style9">
                <asp:TextBox ID="TextBox6" runat="server">
                </asp:TextBox>
            </td>
            <td>
                <asp:RequiredFieldValidator
                    ID="RequiredFieldValidator4" runat="server"
                    ControlToValidate="TextBox6"
                    ErrorMessage="电子邮件不能为空！">
                </asp:RequiredFieldValidator>
                <asp:RegularExpressionValidator
                    ID="RegularExpressionValidator2" runat="server"
                    ControlToValidate="TextBox6"
                    ErrorMessage="请输入正确的格式！"
ValidationExpression="\w+([-+.']\w+)*@\w+([-.]\w+)*\.\w+([-.]\w+)*">
                </asp:RegularExpressionValidator>
            </td>
        </tr>
        <tr>
            <td class="auto-style2"> </td>
            <td class="auto-style9">
                <asp:Button ID="Button1" runat="server"
                    OnClick="Button1_Click" Text="提交" />
            </td>
            <td>
                <asp:ValidationSummary ID="ValidationSummary1"
                    runat="server" ForeColor="Red" />
            </td>
```

```
                    </tr>
                </table>
            </asp:Panel>
            <asp:Panel ID="Panel2" runat="server">
                <table class="auto-style1">
                    <tr>
                        <td class="auto-style3"> </td>
                        <td class="auto-style8"><strong>新用户注册信息</strong>
                        </td>
                        <td> </td>
                    </tr>
                    <tr>
                        <td class="auto-style2">用户名：</td>
                        <td class="auto-style4">
                            <asp:Label ID="Label1" runat="server" Text="Label">
                            </asp:Label>
                        </td>
                        <td> </td>
                    </tr>
                    <tr>
                        <td class="auto-style2">密码：</td>
                        <td class="auto-style4">
                            <asp:Label ID="Label2" runat="server" Text="Label">
                            </asp:Label>
                        </td>
                        <td> </td>
                    </tr>
                    <tr>
                        <td class="auto-style2">确认密码：</td>
                        <td class="auto-style4">
                            <asp:Label ID="Label3" runat="server" Text="Label">
                            </asp:Label>
                        </td>
                        <td> </td>
                    </tr>
                    <tr>
                        <td class="auto-style5">姓名：</td>
                        <td class="auto-style6">
                            <asp:Label ID="Label4" runat="server" Text="Label">
                            </asp:Label>
                        </td>
                        <td class="auto-style7"></td>
                    </tr>
                    <tr>
                        <td class="auto-style2">性别：</td>
                        <td class="auto-style4">
                            <asp:Label ID="Label5" runat="server" Text="Label">
```

```html
                </asp:Label>
            </td>
            <td> </td>
        </tr>
        <tr>
            <td class="auto-style2">年龄：</td>
            <td class="auto-style4">
                <asp:Label ID="Label6" runat="server" Text="Label">
                </asp:Label>
            </td>
            <td> </td>
        </tr>
        <tr>
            <td class="auto-style2">学历：</td>
            <td class="auto-style4">
                <asp:Label ID="Label7" runat="server" Text="Label">
                </asp:Label>
            </td>
            <td> </td>
        </tr>
        <tr>
            <td class="auto-style5">电子邮件：</td>
            <td class="auto-style6">
                <asp:Label ID="Label8" runat="server" Text="Label">
                </asp:Label>
            </td>
            <td class="auto-style7"></td>
        </tr>
        <tr>
            <td class="auto-style2"> </td>
            <td class="auto-style8">
                   
                <asp:Button ID="Button3" runat="server" Text="确定"
                    OnClick="Button3_Click" style="text-align: left" />
                  
                <asp:Button ID="Button4" runat="server"
                    OnClick="Button4_Click" Text="返回" />
            </td>
            <td> </td>
        </tr>
        </table>
        </asp:Panel>
        <br />
        </div>
    </form>
</body>
</html>
```

4. 程序设计界面

程序的界面设计如图 11.17 所示，界面设计部分的代码部分已经在上面给出。

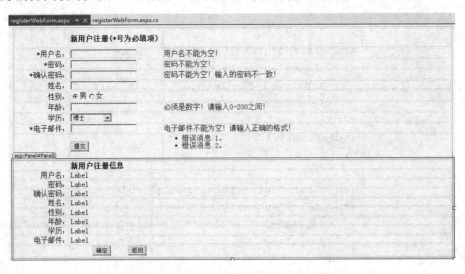

图 11.17　程序界面设计

程序运行后，填写用户注册信息表单，然后单击"提交"按钮，验证提交的信息是否正确。运行结果如图 11.18 所示。

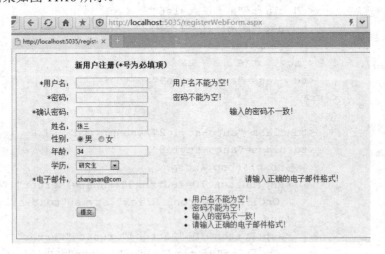

图 11.18　案例的运行结果

11.6　小　　结

本章首先介绍了 ASP.NET 的特点以及 IIS 的安装，这些内容都是学习 ASP.NET 编程之前的前期工作。然后又介绍了 ASP.NET 中的对象以及常见的控件，由于篇幅所限，在本书中并没有讲解得很详细，感兴趣的读者可以参阅专门的 ASP.NET 书籍，进行更加详细、全面的学习。

11.7 习题

编程题

(1) 利用 CheckBoxList 服务器控件实现如图 11.19 所示的功能。

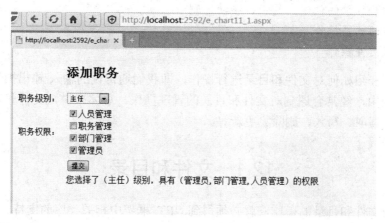

图 11.19 题(1)图

(2) 编程实现 int 类型范围内整数的四则运算，结果保留整数，需要验证控件。运行界面如图 11.20 所示。

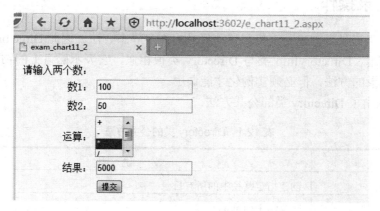

图 11.20 题(2)图

第 12 章 文 件 操 作

本章要点

- 文件和目录的创建、复制、移动、删除
- 文件的读写操作
- 异步文件操作

本章主要介绍如何对文件和目录进行操作，即我们通常说的输入/输出操作。我们在实际的应用过程中，经常会遇到对文件和目录的管理操作。总体来讲，文件和目录的操作主要包括创建、读取、写入、删除、更新等。

12.1 文件和目录

要实现对文件和目录的操作，就必须得到.NET 框架中相关类库的支持。在.NET 框架的 System.IO 命名空间中就提供了 Directory 类和 File 类，通过这些类提供的属性和方法，可以完成对文件和目录的创建、移动、浏览、复制、删除等操作。

12.1.1 目录操作

Directory 类提供了创建、查找和移动目录的许多静态方法。因此 Directory 无须创建类的实例即可调用。DirectoryInfo 类与 Directory 类很相似，它表示磁盘上的物理目录，具有可以处理此目录的方法，但必须实例化才能调用。

表 12.1 列出了 Directory 类的公共方法。

表 12.1 Directory 类的公共方法

方 法	说 明
CreateDirectory	创建指定路径中的所有目录
Delete	删除指定的目录
Exists	确定给定路径是否引用磁盘上的现有目录
GetCreationTime	获取目录的创建日期和时间
GetCurrentDirectory	获取应用程序的当前工作目录
GetDirectories	获取指定目录中子目录的名称
GetFiles	返回指定目录中的文件的名称
GetFileSystemEntries	返回指定目录中所有文件和子目录的名称
GetLastAccessTime	返回上次访问指定文件或目录的日期和时间
GetLastWriteTime	返回上次写入指定文件或目录的日期和时间

续表

方　法	说　明
GetLogicalDrives	检索此计算机上格式为"<驱动器号>:\"的逻辑驱动器的名称
GetParent	检索指定路径的父目录，包括绝对路径和相对路径
Move	将文件或目录及其内容移到新位置
SetCreationTime	为指定的文件或目录设置创建日期和时间
SetCurrentDirectory	将应用程序的当前工作目录设置为指定的目录
SetLastAccessTime	设置上次访问指定文件或目录的日期和时间
SetLastWriteTime	设置上次写入目录的日期和时间

表 12.2 列出了 DirectoryInfo 类的公共属性。

表 12.2　DirectoryInfo 类的公共属性

名　称	说　明
Attributes	获取或设置当前 FileSystemInfo 的 FileAttributes
CreationTime	获取或设置当前 FileSystemInfo 对象的创建时间
Exists	获取指示目录是否存在的值
Extension	获取表示文件扩展名部分的字符串
FullName	获取目录或文件的完整目录
LastAccessTime	获取或设置上次访问当前文件或目录的时间
LastWriteTime	获取或设置上次写入当前文件或目录的时间
Name	获取此 DirectoryInfo 实例的名称
Parent	获取指定子目录的父目录
Root	获取路径的根部分

表 12.3 列出了 DirectoryInfo 类的公共方法。

表 12.3　DirectoryInfo 类的公共方法

名　称	说　明
Create	创建目录
CreateSubdirectory	在指定路径中创建一个或多个子目录。指定路径可以是相对于 DirectoryInfo 类的此实例的路径
Delete	从路径中删除 DirectoryInfo 及其内容
GetDirectories	返回当前目录的子目录
GetFiles	返回当前目录的文件列表
MoveTo	将 DirectoryInfo 实例及其内容移动到新路径
Refresh	刷新对象的状态

下面是一个关于目录操作的简单例子。

【例 12.1】编写程序，要求判断在指定位置是否存在一个目录，如果存在，则删除此目录，否则创建该目录。

程序代码如下：

```csharp
using System;
using System.Collections.Generic;
using System.Linq;
using System.Text;
using System.Threading.Tasks;
using System.IO;    //手动加载命名空间
namespace c12_1
{
    class Program
    {
        static void Main(string[] args)
        {
            //指定目录的路径
            string path = @"C:\CrtDire";
            try
            {
                //判断目录是否存在
                if(!Directory.Exists(path))
                {
                    //如果不存在则创建目录
                    Directory.CreateDirectory(path);
                    Console.WriteLine("创建目录成功");
                }
                else
                {
                    //如果目录存在，则删除该目录
                    Directory.Delete(path, true);
                    Console.WriteLine("删除目录成功");
                }
            }
            catch(IOException e)
            {
                Console.WriteLine("处理过程失败：{0}", e.ToString());
            }
            finally {}
        }
    }
}
```

分析：上面的例子在控制台应用程序中完成，其中用到了@"C:\CrtDire";的表达方式，加个@说明后面都是字符串形式，不然就要为"\"进行转义。

System.IO 中提供了各种输入输出的异常，可以进行捕捉。如通过对异常 IOException 的捕捉，输出提示信息，便于查找任务失败的原因。

12.1.2　DirectoryInfo 对象的创建

要查看目录层次，需要实例化一个 DirectoryInfo 对象。DirectoryInfo 类提供了许多方法，用于典型操作，如复制、移动、重命名、创建和删除目录，可以获得所含文件和目录的名称。如果打算多次重用某个对象，可考虑使用 DirectoryInfo 的实例方法，而不是 Directory 类的静态方法，因为并不总是需要安全检查。

下面的代码示例演示如何利用 DirectoryInfo 实例化一个对象目录，并使用其属性获得信息，使用其方法来操作对象。

【例 12.2】设计一个程序，将某个目录(含子目录)移到目标文件夹下。

程序代码如下：

```
using System;
using System.Collections.Generic;
using System.Linq;
using System.Text;
using System.Threading.Tasks;
using System.IO;    //手动加载命名空间

namespace c12_2
{
    class Program
    {
        static void Main(string[] args)
        {
            try
            {
                //创建一个DirectoryInfo对象
                DirectoryInfo di = new DirectoryInfo(@"c:\TempDir");
                //如果不存在的话，建立此目录
                if (di.Exists == false)
                    di.Create();
                //在这个新建的目录下建立子目录
                DirectoryInfo dis = di.CreateSubdirectory("SubDir");
                //如果目标目录不存在，则建立目录，并将刚才的目录移动至此
                if (Directory.Exists(@"C:\NewTempDir") == false)
                    Directory.CreateDirectory(@"C:\NewTempDir");
                di.MoveTo(@"C:\NewTempDir\TempDir");
                Console.WriteLine("目录已于{0}移动成功！", di.CreationTime);
            }
            catch (IOException e)
            {
                Console.WriteLine("移动失败：{0}", e.ToString());
```

```
            }
            finally {}
        }
    }
}
```

分析：如果试图将 C:\TempDir 移动到 C:\NewTempDir，而 C:\NewTempDir 已经存在，则此方法将引发 IOException 异常。因此必须将"C:\NewTempDir\TempDir"作为 MoveTo 方法的参数。

按 Ctrl+F5 组合键运行后，显示的结果如图 12.1 所示。

图 12.1 例 12.2 的运行结果

12.1.3 文件操作

File 类通常与 FileStream 类协作完成对文件的创建、删除、复制、移动、打开等操作。与 Directory 的方法一样，所有的 File 方法都是静态的，不需要实例化即可以调用 File 方法。

FileInfo 和 File 对象是紧密相关的，与 DirectoryInfo 一样，FileInfo 的所有方法都是实例方法。所以，如果只想执行一个操作，那么使用 File 中的静态方法的效率比使用相应的 FileInfo 中的实例方法可能更高。所有的 File 方法都要求提供当前所操作的文件和目录的路径。

表 12.4 列出了 File 类公开的成员。

表 12.4 File 类公开的成员

名 称	说 明
AppendAllText	将指定的字符串追加到文件中，如果文件还不存在则创建该文件
AppendText	创建一个 StreamWriter，它将 UTF-8 编码文本追加到现有文件
Copy	将现有文件复制到新文件
Create	在指定路径中创建文件
CreateText	创建或打开一个文件，用于写入 UTF-8 编码的文本
Delete	删除指定的文件。如果指定的文件不存在，则不引发异常
GetAttributes	获取在此路径上的文件的 FileAttributes
GetCreationTime	返回指定文件或目录的创建日期和时间
GetLastAccessTime	返回上次访问指定文件或目录的日期和时间

续表

名 称	说 明
GetLastWriteTime	返回上次写入指定文件或目录的日期和时间
Move	将指定文件移到新位置，并提供指定新文件名的选项
Open	打开指定路径上的 FileStream
OpenRead	打开现有文件以进行读取
OpenText	打开现有 UTF-8 编码文本文件以进行读取
OpenWrite	打开现有文件以进行写入
ReadAllBytes	打开一个文件，将文件的内容读入一个字符串，然后关闭该文件
ReadAllLines	打开一个文本文件，将文件的所有行都读入一个字符串数组，然后关闭该文件
ReadAllText	打开一个文本文件，将文件的所有行读入到一个字符串中，然后关闭该文件
Replace	使用其他文件的内容替换指定文件的内容，这一过程将删除原始文件，并创建被替换文件的备份
SetAttributes	设置指定路径上文件的指定的 FileAttributes
SetCreationTime	设置创建该文件的日期和时间
SetLastAccessTime	设置上次访问指定文件的日期和时间
SetLastWriteTime	设置上次写入指定文件的日期和时间
WriteAllBytes	创建一个新文件，在其中写入指定的字节数组，然后关闭该文件。如果目标文件已存在，则改写该文件
WriteAllLines	创建一个新文件，在其中写入指定的字符串，然后关闭文件。如果目标文件已存在，则改写该文件
WriteAllText	创建一个新文件，在文件中写入内容，然后关闭文件。如果目标文件已存在，则改写该文件

表 12.5 列出了 FileInfo 类的常用属性。

表 12.5 FileInfo 类的常用属性

名 称	说 明
Attributes	获取或设置当前 FileSystemInfo 的 FileAttributes
CreationTime	获取或设置当前 FileSystemInfo 对象的创建时间
Directory	获取父目录的实例
DirectoryName	获取表示目录的完整路径的字符串
Exists	获取指示文件是否存在的值
Extension	获取表示文件扩展名部分的字符串
FullName	获取目录或文件的完整目录
IsReadOnly	获取或设置确定当前文件是否为只读的值
LastAccessTime	获取或设置上次访问当前文件或目录的时间

续表

名称	说明
LastWriteTime	获取或设置上次写入当前文件或目录的时间
Length	获取当前文件的大小
Name	获取文件名

表 12.6 列出了 FileInfo 类的常用方法。

表 12.6 FileInfo 类的常用方法

名称	说明
AppendText	创建一个 StreamWriter,它向 FileInfo 的此实例表示的文件追加文本
CopyTo	将现有文件复制到新文件
Create	创建文件
CreateText	创建写入新文本文件的 StreamWriter
Delete	永久删除文件
MoveTo	将指定文件移到新位置,并提供指定新文件名的选项
Open	用各种读/写访问权限和共享特权打开文件
OpenRead	创建只读 FileStream
OpenText	创建使用 UTF8 编码、从现有文本文件中进行读取的 StreamReader
OpenWrite	创建只写 FileStream
Refresh	刷新对象的状态
Replace	使用当前 FileInfo 对象所描述的文件替换指定文件的内容,这一过程将删除原始文件,并创建被替换文件的备份

下面的示例演示了 File 类中部分成员的用法。该示例通过 File 类的 CreateText()方法创建一个文本,接着向文本写入数据,读取文本内容,使用 Move()方法进行移动并重命名文件。注意执行程序前需要在 C 盘新建"temp"文件夹。

【例 12.3】创建一个程序,利用 File 类的方法进行文本的创建,数据的读写,以及文本的移动、重命名。

程序代码如下:

```
using System;
using System.Collections.Generic;
using System.Linq;
using System.Text;
using System.Threading.Tasks;
using System.IO;

namespace c12_3
{
```

```csharp
class Program
{
    static void Main(string[] args)
    {
        //设定创建文件的路径为C盘根目录，文本文件名称为FileTest
        string path = @"c:\FileTest.txt";
        string path2= @"c:\temp\NewFileTest.txt";
        if (!File.Exists(path))
        {
            //创建一个文件，用于写入UTF-8编码的文本
            StreamWriter sw = File.CreateText(path);
            sw.WriteLine("You");
            sw.WriteLine("are");
            sw.WriteLine("beautiful");
            sw.Dispose();
        }
        //打开文件，从里面读出数据
        StreamReader sr = File.OpenText(path);
        string s = "";
        //输出文件里的内容，直到文件结束
        while ((s=sr.ReadLine()) != null)
        {
            Console.WriteLine(s);
        }
        sr.Dispose();
        try
        {
            //确保目标路径中没有NewFileTest文件
            if (File.Exists(path2))
                File.Delete(path2);
            //移动文件
            File.Move(path, path2);
            Console.WriteLine("{0} 移动至 {1}.", path, path2);
            //判断源文件在不在
            if (File.Exists(path))
            {
                Console.WriteLine("源文件还存在，移动失败！");
            }
            else
            {
                Console.WriteLine("没有源文件，移动成功！");
            }
        }
        catch (Exception e)
        {
            Console.WriteLine("移动失败：{0}", e.ToString());
        }
```

            }
        }
    }

按 Ctrl+F5 键运行程序，结果如图 12.2 所示。

图 12.2 例 12.3 的运行结果

在程序运行后，我们可以在 C 盘根目录下找到新命名的 NewFileTest 文本文件，可以查看里面内容为：

```
You
are
beautiful
```

Move()方法移动范围是整个磁盘，如果尝试通过将一个同名文件移到该目录中来替换文件，将发生 IOException 异常。不能使用 Move()覆盖现有文件。因此，此例中要确保目标路径中没有 NewFileTest 文件。另外程序中的 Dispose()是释放对象所占用的资源，如果程序不用了，就可以调用释放。要实现文件重命名，只需修改 Move()中目标文件名参数的文件名即可。此例中是将"FileTest"修改成"NewFileTest"。

下面的例子用 FileInfo 的 GetFiles()方法得到指定文件夹下的所有文件，用 Delete()方法删除当前目录下的所有文件，并显示文件相关的属性。需要先手工在 C 盘根目录下创建一个名为 Temp 的文件夹，在这个新建的文件夹下创建一些文本文件。

【例 12.4】编写一个程序，删除所有指定文件夹中的文件。

程序代码如下：

```csharp
using System;
using System.Collections.Generic;
using System.Linq;
using System.Text;
using System.Threading.Tasks;
using System.IO;

namespace c12_4
{
    class Program
    {
        static void Main(string[] args)
        {
            //创建一个 DirectoryInfo 实例
```

```
            DirectoryInfo d = new DirectoryInfo("C:\\Temp");
            //创建一个 FileInfo 数组对象,用于存储指定目录下的文件对象
            FileInfo[] fis = d.GetFiles();
            foreach (FileInfo fi in fis)
            {
                //遍历删除各文件
                fi.Delete();
                Console.WriteLine("{0}文件已删除,文件大小{1} Bytes",
                  fi.Name,fi.Length);
            }
        }
    }
}
```

分析：GetFiles()方法可以得到指定文件夹下的所有文件，将这些得到的文件作为对象依次存储到 FileInfo[]数组中，利用 foreach 遍历每个数组元素，将输出每个文件对象的文件名和文件大小的属性信息，并执行 Delete()方法来删除这些文件。

按 Ctrl+F5 键运行程序，运行结果如图 12.3 所示。

图 12.3　例 12.4 的运行结果

执行完程序再次打开 C:\Temp 文件夹，您将会发现里面已经没有任何文件了。

12.2　数据的读取和写入

在 System.IO 命名空间中，包含几个用于从流中读写数据的类，各有不同的用途。

12.2.1　按文本模式读写

StreamReader 类和 StreamWriter 类提供了按文本模式读写数据的方法。

表 12.7 列出了 StreamReader 类的常用属性。

表 12.7　StreamReader 类的常用属性

名　　称	说　　明
BaseStream	返回基础流
CurrentEncoding	获取当前 StreamReader 对象正在使用的当前字符编码
EndOfStream	获取一个值，该值表示当前的流位置是否在流的末尾

表 12.8 列出了 StreamReader 类的常用方法。

表 12.8　StreamReader 类的常用方法

名　称	说　明
Close	关闭 StreamReader 对象和基础流，并释放与读取器关联的所有系统资源
DiscardBufferedData	允许 StreamReader 对象丢弃其当前数据
Peek	返回下一个可用的字符，但不使用它
Read	读取输入流中的下一个字符或下一组字符
ReadBlock	从当前流中读取最大 count 的字符并从 index 开始将该数据写入 buffer
ReadLine	从当前流中读取一行字符并将数据作为字符串返回
ReadToEnd	从流的当前位置到末尾读取流

表 12.9 列出了 StreamWriter 类的常用属性。

表 12.9　StreamWriter 类的常用属性

名　称	说　明
AutoFlush	获取或设置一个值，该值指示 StreamWriter 是否在每次调用 StreamWriter.Write 之后，将其缓冲区刷新到基础流
BaseStream	获取与后备存储区连接的基础流
Encoding	获取将输出写入到其中的 Encoding
FormatProvider	获取控制格式设置的对象
NewLine	获取或设置由当前 TextWriter 使用的行结束符字符串

表 12.10 列出了 StreamWriter 类的常用方法。

表 12.10　StreamWriter 类的常用方法

名　称	说　明
Close	关闭当前的 StreamWriter 对象和基础流
Flush	清理当前编写器的所有缓冲区，并使所有缓冲数据写入基础流
Write	写入流
WriteLine	写入重载参数指定的某些数据，后跟行结束符(从 TextWriter 继承)

下面的例子实现了追加文本并读取显示的功能。

【例 12.5】使用 StreamReader 类的方法将数据从文本文件中读出并显示。

程序代码如下：

```
using System;
using System.Collections.Generic;
using System.Linq;
using System.Text;
```

```csharp
using System.Threading.Tasks;
using System.IO;

namespace c12_5
{
    class Program
    {
        static void Main(string[] args)
        {
            FileInfo fi = new FileInfo(@"c:\Test.txt");
            if (!fi.Exists)
            {
                //创建一个文件并写入
                StreamWriter sw1 = fi.CreateText();
                sw1.WriteLine("Hello");
                sw1.WriteLine("And");
                sw1.WriteLine("Welcome");
                sw1.Dispose();
            }
            //在文件中追加内容
            StreamWriter sw2 = fi.AppendText();
            sw2.WriteLine("This");
            sw2.WriteLine("is Extra");
            sw2.WriteLine("Text");
            sw2.Dispose();
            //读取并显示文件
            using (StreamReader sr = fi.OpenText())
            {
                string s = "";
                while ((s=sr.ReadLine()) != null)
                {
                    Console.WriteLine(s);
                }
            }
        }
    }
}
```

按 Ctrl+F5 键运行程序，运行结果如图 12.4 所示。

图 12.4　例 12.5 的运行结果

下面的示例演示如何使用 StreamWriter 对象将 C 盘上的所有文件夹名称写入到一个文件中。

此例中的 using 标记是用来自动释放资源的，与 Dispose()方法相同，只是在执行完 using 体的语句后会自动执行 Dispose()方法。虽然微软推荐这种用法，但这样使用 using 可能不利于程序的可读性。

【例 12.6】使用 StreamWriter 类，把数据写到文本文件中去。

程序代码如下：

```csharp
using System;
using System.Collections.Generic;
using System.Linq;
using System.Text;
using System.Threading.Tasks;
using System.IO;

namespace c12_6
{
    class Program
    {
        static void Main(string[] args)
        {
            //得到C盘下的所有文件夹
            DirectoryInfo[] cDirs =
              new DirectoryInfo(@"c:\").GetDirectories();
            //将得到的文件夹名写入指定文件内
            using (StreamWriter sw = new StreamWriter("CDriveDirs.txt"))
            {
                foreach (DirectoryInfo dir in cDirs)
                {
                    sw.WriteLine(dir.Name);
                }
            }

            //读取并显示这些文件夹名
            string line = "";
            using (StreamReader sr = new StreamReader("CDriveDirs.txt"))
            {
                while ((line=sr.ReadLine()) != null)
                {
                    Console.WriteLine(line);
                }
            }
        }
    }
}
```

12.2.2　按二进制模式读写

FileStream 类提供了最原始的字节级上的文件读写功能，但我们习惯于对字符串操作，于是 StreamWriter 和 StreamReader 类增强了 FileStream，它让我们在字符串级别上操作文件，但有的时候，我们还是需要在字节级上操作文件，却又不是一个字节一个字节地操作，通常是 2 个、4 个或 8 个字节这样操作，这便有了 BinaryWriter 和 BinaryReader 类，它们可以将一个字符或数字按指定个数字节写入，也可以一次读取指定个数字节，转为字符或数值。

表 12.11 列出了 BinaryReader 类的常用方法。

表 12.11　BinaryReader 类的常用方法

名　称	说　明
Close	关闭当前阅读器及基础流
PeekChar	返回下一个可用的字符，并且不提升字节或字符的位置
Read	从基础流中读取字符，并提升流的当前位置
ReadBoolean	从当前流中读取 Boolean 值，并使该流的当前位置提升 1 个字节
ReadByte	从当前流中读取下一个字节，并使流的当前位置提升 1 个字节
ReadBytes	从当前流中将 count 个字节读入字节数组，并使当前位置提升 count 个字节
ReadChar	从当前流中读取下一个字符，并根据所使用的 Encoding 和从流中读取的特定字符，提升流的当前位置
ReadChars	从当前流中读取 count 个字符，以字符数组的形式返回数据，并根据所使用的 Encoding 和从流中读取的特定字符，提升当前位置
ReadString	从当前流中读取一个字符串。字符串有长度前缀，一次 7 位地被编码为整数

表 12.12 列出了 BinaryWriter 类的常用方法。

表 12.12　BinaryWriter 类的常用方法

名　称	说　明
Close	关闭当前的 BinaryWriter 和基础流
Flush	清理当前编写器的所有缓冲区，使所有缓冲数据写入基础设备
Seek	设置当前流中的位置
Write	将值写入当前流

下面的例子实现了如何向新的空文件流 BinFile.dat 写入数据及从中读取数据。在当前目录中创建了数据文件之后，也就同时创建了相关的 BinaryWriter 类和 BinaryReader 类，BinaryWriter 类用于向 BinFile.dat 写入字符 A~F。通过 BinaryReader 类的 ReadChar()方法读出指定的内容。

【例 12.7】使用 BinaryWriter 类和 BinaryReader 类进行二进制文件流的读写。

程序代码如下：

```csharp
using System;
using System.Collections.Generic;
using System.Linq;
using System.Text;
using System.Threading.Tasks;
using System.IO;
namespace c12_7
{
    class Program
    {
        static void Main(string[] args)
        {
            FileStream myFileStream =
             new FileStream("c:\\BinFile.dat", FileMode.CreateNew);
            //为文件流创建二进制写入器
            BinaryWriter myBinaryWriter = new BinaryWriter(myFileStream);
            //写入数据
            for (int i=65; i<71; i++)
            {
                myBinaryWriter.Write((char)i);
            }
            myBinaryWriter.Close();
            myFileStream.Close();
            //创建 reader
            myFileStream = new FileStream(
              "c:\\BinFile.dat", FileMode.Open, FileAccess.Read);
            BinaryReader myBinaryReader = new BinaryReader(myFileStream);
            //从 BinFile 读数据
            while (myBinaryReader.PeekChar() != -1)
            {
                Console.Write("{0}", myBinaryReader.ReadChar());
            }
            myBinaryReader.Close();
            myFileStream.Close();
        }
    }
}
```

按 Ctrl+F5 键运行程序，运行结果如图 12.5 所示。

图 12.5 例 12.7 的运行结果

12.3 异步文件操作

以上几小节涉及的都是同步 I/O 操作，而异步 I/O 操作在依托计算机高性能的前提下，对程序的执行效率有了较大的提升。在同步 I/O 操作中，方法将一直处于等待状态，直到 I/O 操作完成。而在异步 I/O 操作中，程序的方法仍可以转移去执行其他的操作。

在.NET Framework 4 和早期版本中，通过 Stream 类的 BeginRead()、EndRead()、BeginWrite()和 EndWrite()方法提供了异步 I/O。

异步 I/O 的顺序如下：调用文件的读取方法，然后转向其他与此无关的工作，读取过程将在另一线程中进行。当读取完成时，会有一个回调方法进行通知，然后处理读取的数据，再启动一次读取，然后又回到另一项工作上去。

异步操作可以在不必阻止主线程的情况下执行大量占用资源的 I/O 操作。从.NET Framework 4.5 开始，I/O 类型所包括的异步方法简化了异步操作。异步方法在其名称中包含 Async，例如 ReadAsync、WriteAsync、CopyToAsync、FlushAsync、ReadLineAsync 和 ReadToEndAsync 等。

从 Visual Studio 2012 开始，为异步编程提供如下两个关键字。
- async：该修饰符用于指示方案包含一个异步操作。
- await：该运算符应用于异步方法的结果。

有关更多信息，可参见使用 async 和 await 的异步编程的专用教程。

下面的代码演示如何使用 FileStream 对象将文件异步地从一个目录复制到另一个目录中。注意 Button 控件的 Click 事件处理程序标记 async 修饰符，因为它调用异步方法：

```
namespace WpfApplication
{
    public partial class MainWindow : Window
    {
        public MainWindow()
        {
            InitializeComponent();
        }
        private async void Button_Click(object sender, RoutedEventArgs e)
        {
            string StartDirectory = @"c:\Users\exampleuser\start";
            string EndDirectory = @"c:\Users\exampleuser\end";
            foreach (string filename in
              Directory.EnumerateFiles(StartDirectory))
            {
                using (FileStream SourceStream =
                  File.Open(filename, FileMode.Open))
                {
                    using (FileStream DestinationStream =
                      File.Create(EndDirectory
                        + filename.Substring(filename.LastIndexOf('\\'))))
```

```
            {
                await SourceStream.CopyToAsync(DestinationStream);
            }
        }
    }
...
```

12.4 案例实训

1. 案例说明

本例主要是涉及文件操作的相关内容,完成文本打开、编辑、保存的操作。

2. 编程思路

主要使用文件的读取和写入的方法操作文件,利用对话框控件过滤成文本文件,写入时将所有缓冲区数据写入基础流。

3. 窗体设计

在窗体上添加 3 个 Button 按钮、1 个 TextBox 控件、2 个 GroupBox 控件、1 个 OpenFileDialog 控件、1 个 SaveFileDialog 控件。具体的放置如图 12.6 所示(OpenFileDialog 控件和 SaveFileDialog 不可显示)。

图 12.6 窗体界面

4. 程序代码

具体的程序代码如下:

```
using System;
using System.Collections.Generic;
using System.ComponentModel;
using System.Data;
using System.Drawing;
using System.Linq;
using System.Text;
```

```csharp
using System.Windows.Forms;
using System.IO;

namespace Case12_1
{
    public partial class Form1 : Form
    {
        public Form1()
        {
            InitializeComponent();
        }

        string myfile = "";

        private void button1_Click(object sender, EventArgs e)
        {
            openFileDialog1.ShowDialog();        //打开对话框
            //定义StreamReader对象实例
            StreamReader myread =
              new StreamReader(openFileDialog1.FileName, Encoding.Default);
            try
            {
                textBox1.Text = "";
                string mys = myread.ReadLine();      //读取打开文件的一行
                while (mys != null)          //如果打开文件不为空，则一行一行读取
                {
                    textBox1.Text = textBox1.Text + mys + "\r\n";
                    mys = myread.ReadLine();
                }
                myfile = openFileDialog1.FileName;
            }
            catch (Exception mye)
            {
                MessageBox.Show("读取文件失败！" + mye.Message);     //提示对话框
            }
            finally
            {
                myread.Close();
            }
        }

        private void button2_Click(object sender, EventArgs e)
        {
            if (saveFileDialog1.ShowDialog() == DialogResult.OK
              && saveFileDialog1.FileName != "")
            {
                myfile = saveFileDialog1.FileName;
```

```
        }
        //第二个参数为false代表改写内容,不是追加
        StreamWriter Writer =
          new StreamWriter(myfile, false, Encoding.Default);
        try
        {
            foreach (string line in textBox1.Lines)
            {
                Writer.Write(line + "\n", Encoding.Default);
            }
            Writer.Flush();  //将缓冲区的数据写入流
        }
        catch (Exception ex)
        {
            MessageBox.Show("保存文件失败!" + ex.Message);
        }
        finally
        {
            Writer.Close();
        }
    }

    private void button3_Click(object sender, EventArgs e)
    {
        this.Close();
        Application.Exit();           //退出程序
    }
}
```

5. 运行结果

程序的运行结果如图 12.7 所示。

图 12.7　案例的运行结果

12.5 小　　结

　　在一般应用中，经常会涉及到目录和文件的操作，这时就会遇到文件的读写操作。要在 C#语言中进行文件操作，只需要利用.NET 框架在 System.IO 命名空间中提供的类就可以实现。其中经常用到的类有 File、Stream、FileStream、BinaryReader、BinaryWriter、StreadReader、StreamWriter 等。我们通过直接调用或者实例化对象来使用它们的属性和方法。

　　在本章中，我们通过实例详细地介绍了如何以 File 类和 Directory 类进行目录和文件的操作，以及如何采用 StreamReader、StreamWriter、BinaryReader、BinaryWriter 类进行文本模式和二进制模式的文件读写操作。在最后一节，又对文件的异步操作方式做了简单的介绍。需要深入了解的话，可参看专项教程。

12.6 习　　题

　　(1) 编写一个程序，在窗体中输入指定目录路径，如图 12.8 所示，单击"显示"按钮即可以图标的形式显示此目录中的所有文件名称(需要 ListView 控件和 ImageList 控件)。

图 12.8　题(1)图

　　(2) 在上题的基础上，添加如图 12.9 所示的"创建"按钮，单击"创建"按钮指定文件夹位置，再单击"显示"按钮显示全部文件夹(需要 ListView 控件和 ImageList 控件)。

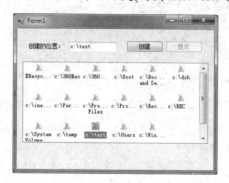

图 12.9　题(2)图

第 13 章　综合 WinForm 程序设计与开发

本章要点

- Visual Studio 2012 中的方案与项目
- 组装式应用程序设计
- MDI 开发环境
- 应用程序间的调用

本章将介绍多项目设计与开发。在前面的章节中，我们所研究的程序都是浑然一体的，没有任何层次，.NET 的面向对象的优点无从发挥。本章将举几个小例子，来演示一下如何使用软件工程思想开发项目，其中包括对组装式应用程序设计的介绍，以及一个关于超市商品信息处理的程序案例。

13.1　Visual Studio 2012 中的方案与项目

在使用 Visual Studio 2012 开发应用程序时，系统会自动为我们产生一个文件夹，这个文件夹的默认名称为 WindowsFormsApplication1(当然这个名称可以自行修改)，同时会产生一个"*.sln"文件，这个文件用于保存方案中使用了哪些相关文件和相关数据的信息，也就是我们所说的解决方案。

若我们先建立一个 Windows 应用程序，命名为 SupperMarket，那么此时，解决方案也自动命名为 SupperMarket，可以在此解决方案中再添加一个类库，用来满足需求，这个类库暂且命名为 SupperMarket2，在里面可以随意地添加我们所需的类。一般情况下，一个项目只会有一个启动项目，可以在解决方案的属性里面进行设置。但是也可以设置为多启动项目，可以由用户在运行时自己选择启动哪个应用程序，这种方式一般很少用，在此就不讨论了。如图 13.1 所示为如何设置启动项目。

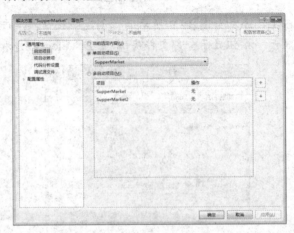

图 13.1　设置启动项目

新建一个项目时，会产生很多相关的文件，如上面我们新建的 SupperMarket 方案以及 SupperMarket 项目，里面会有许多文件，如表 13.1 所示。

表 13.1 项目创建后各种文件的功能说明

文件	功能说明
Form1.cs	保存窗体窗口的对象属性和程序代码窗口内所编辑的程序
Form.Designer.cs	用以记录窗体设计器所发生的改动，如某个控件的添加、删除、移动
Appload.cs(Program.cs)	这个是启动类，里面有 Main()函数，作为整个项目的起点
SupperMarket.exe	项目编译成执行文件后，此文件就会出现在 bin/Debug 文件夹下
SupperMarket.sln	保存解决方案中使用了哪些相关文件和相关数据
AssemblyInfo.cs	描述组件的信息
Resources.resx	资源文件，直接对应一个 Resources 类，可以控制资源

13.2 组装式应用程序设计

一个大型项目的成功来源于一个团队的努力，在目前的程序设计与开发理念中，组装式应用程序设计思想已经被大型公司所采用。所谓组装式应用程序设计，就是将一个大型项目分割成许多小块，每个小块可以用来实现相关的功能，这样分割后的每个小块就是一个个组装组件，以后做其他项目的时候，需要相同的或者很类似的功能时，可以把这些组装组件直接添加上去就行，而不必再花费大量的时间去重新编写。组装式应用程序设计就如我们的汽车制造厂一样，A 部门负责制造轮胎，B 部门负责制造车厢，C 部门负责制造发动机等，那么最终把这些零件一一拼装起来，就可以实现我们的目标，这样可以多个部门同时开展工作，提高工作效率。

在多人开发大型项目的情况下，项目经理一般会把任务分割，分别分给小组成员每人一些小项目。以一个小的 MIS(管理信息系统)为例，有的成员就要负责数据库连接的部分，有的成员则要进行界面设计，还有的成员负责各个小子系统的开发。在采用原始方式时，最后由主程序调用各个子项目，进行整体测试，这样若出现错误，非常难以查找。所以应该由各个小的子项目自己完成编译与测试，发现错误自行修改，而后再集中测试。

在 Visual Studio 2012 中，除了可以开发一般的项目(就是可以编译为*.exe 可执行文件的项目)以外，还可以有其他多种选择，比如开发链接库(*.DLL)、用户自定义控件等。这些并不是单独的可执行文件，不可以单独执行，要外加一个小项目来测试这些链接库或用户自定义控件是否可用。

下面通过一个具体的例子来简单说明一下多项目操作。

【例 13.1】进行多项目操作的各种操作以及最终实现一个简单的多项目操作案例。

(1) 新建一个空白解决方案。新建一个"项目"，而后在"项目类型"里面选择"其他项目类型"，在右边的模板中选择"空白解决方案"，并且在下面的"名称"文本框中输入"TestOfSupperMarket",如图 13.2 所示。最后单击"确定"按钮。此时新建的解决方案中包含 0 个项目。

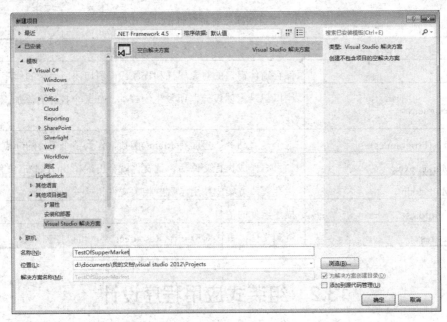

图 13.2　创建空白解决方案

(2) 添加一个 Windows 应用程序。用鼠标右击解决方案,从弹出的快捷菜单中选择"添加"→"新建项目"命令,如图 13.3 所示。这样就会弹出如图 13.4 所示的窗口,我们把新建的 Windows 应用程序命名为"MainProject"。

(3) 再给解决方案添加个类库,命名为"ClassLibraryTest",如图 13.5 所示。这样,若我们想要在应用程序 MainProject 中调用类库 ClassLibraryTest 中的程序,就必须添加对 ClassLibraryTest 的引用(在引用中添加类链接库)。因为 Windows 应用程序项目无法产生 DLL 文件,所以必须设置 ClassLibraryTest 为类库项目,这样 MainProject 才可以引用 ClassLibraryTest 中 DLL 文件。

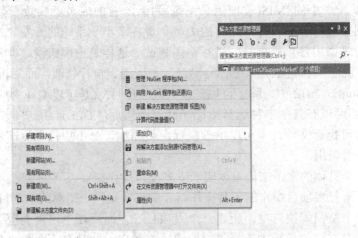

图 13.3　向解决方案中添加新项目

第 13 章 综合 WinForm 程序设计与开发

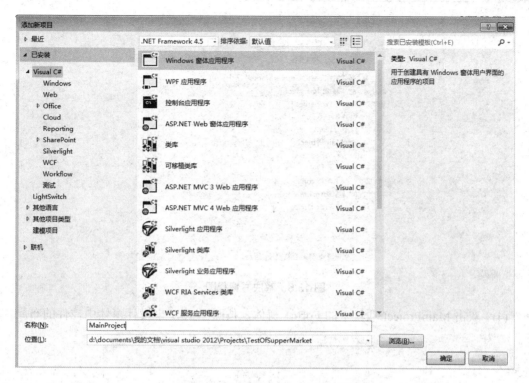

图 13.4 添加 Windows 应用程序

图 13.5 给解决方案添加类库

通过上面类库的添加,这时的解决方案视图就变为如图 13.6 所示。

图 13.6 解决方案视图

(4) 双击 MainProject 项目下的 Form1 窗体，按照图 13.7 来设计窗体中控件的布局。

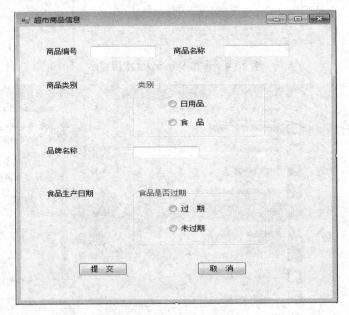

图 13.7 窗体界面设计

窗体 Form1 的控件属性设置如表 13.2 所示。

表 13.2 窗体控件的属性设置

默认名称	Name	Text
Form1	FormGoods	超市商品信息
label1	labelNum	商品编号
textBox1	textBoxNum	（空白）

续表

默认名称	Name	Text
label2	labelName	商品名称
textBox2	textBoxName	（空白）
label3	labelCategory	商品类别
groupBox1	groupBox1	类别
radioButton1	radioButtonCommodity	日用品
radioButton2	radioButtonFood	食品
label4	labelBrand	品牌名称
textBox3	textBoxBrand	（空白）
label5	labelDate	食品生产日期
groupBox2	groupBox2	本科学校是否本校
radioButton3	radioButtonYES	过期
radioButton4	radioButtonNo	未过期
button1	buttonSubmit	提交
button2	buttonCancel	取消

（5）在 MainProject 项目中添加对类库 ClassLibraryTest 的引用。具体操作如下。

① 如图 13.8 所示，右击 MainProject 项目的"引用"，在快捷菜单中选择"添加引用"命令。

图 13.8　添加对类库的引用

② 在上步的操作后，会弹出如图 13.9 所示的"添加引用"对话框，单击"项目"标签，选中"ClassLibraryTest"项目，单击"确定"按钮，这样就完成了对 ClassLibraryTest 项目的引用。

③ 若在项目 MainProject 中使用 ClassLibraryTest 项目的类，则必须在代码的最前面编写"using ClassLibraryTest;"来引用这个类，然后就可以使用简短的名称，运用类库中

的 Student 类或者 PostStudent 类来建立对象了。

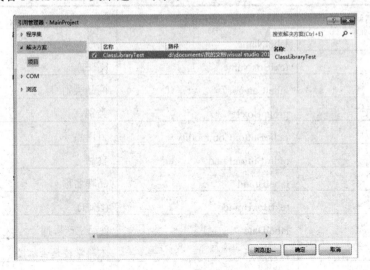

图 13.9　选择类库

程序代码如下：

```
using ClassLibraryTest;   //此语句要写在程序的最开头
...
//建立名为 ComGoods 的 Goods 类对象实例
Goods ComGoods = new Goods(num, name);
ShelfLife = ComGoods.ShelfLife(1);
...
GoodsDate FoodGoods = new GoodsDate(num, name, Brandname);
string YesNO = FoodGoods.outOfDate(judge);
...
```

上面的代码通过具体的对象实例调用了 isundergrad() 和 Allowance() 方法。

程序代码如下：

```
//MainProject(主项目程序)
using System;
using System.Collections.Generic;
using System.ComponentModel;
using System.Data;
using System.Drawing;
using System.Text;
using System.Windows.Forms;
using ClassLibraryTest;
namespace MainProject
{
    public partial class FormStu : Form
    {
        public FormGoods()
        {
```

```csharp
        InitializeComponent();
    }
    private void FormGoods_Load(object sender, EventArgs e)
    {
        this.textBoxBrand.Visible = false;
        this.labelBrand.Visible = false;
        this.radioButtonNo.Visible = false;
        this.radioButtonYes.Visible = false;
        this.groupBox2.Visible = false;
        this.labelDate.Visible = false;
        this.radioButtonCommodity.Checked = true;
    }
    private void buttonSubmit_Click(object sender, EventArgs e)
    {
        string name = this.textBoxName.Text;  //商品名称
        string num = this.textBoxNum.Text; //商品编号
        double ShelfLife;                    //保质期
        if (this.radioButtonCommodity.Checked == true)
        {
            Goods ComGoods = new Goods(num, name);
            ShelfLife = ComGoods.ShelfLife(1);
            MessageBox.Show("这个商品类型为食品\n 名称: " + name
                + "\n 编号: " + num + " \n 商品保质期为: "
                + ShelfLife.ToString());
        }
        else
        {
            string Brandname = this.textBoxBrand.Text;  //导师姓名
            string judge = "";
            //实例化 PostGraduate 类
            GoodsDate FoodGoods = new GoodsDate(num, name, Brandname);
            ShelfLife = FoodGoods.ShelfLife(0);
            if (this.radioButtonNo.Checked == true)
            {
                judge = "n";
            }
            else if (this.radioButtonYes.Checked == true)
            {
                judge = "y";
            }
            string YesNO = FoodGoods.outOfDate(judge);
            MessageBox.Show("这个商品类型为食品\n 名称: " + name
                + "\n 编号: " + num+ "\n 品牌名称: " + Brandname
                + "\n 商品保质期为: " + ShelfLife.ToString()
                + "\n 此商品是否过期: " + YesNO);
        }
    }
```

```csharp
        private void radioButtonCommodity_CheckedChanged(
          object sender, EventArgs e)
        {
            if (this.radioButtonCommodity.Checked == false)
            {
                this.textBoxBrand.Visible = true;
                this.labelBrand.Visible = true;
                this.radioButtonNo.Visible = true;
                this.radioButtonYes.Visible = true;
                this.groupBox2.Visible = true;
                this.labelDate.Visible = true;
            }
        }
        private void buttonCancel_Click(object sender, EventArgs e)
        {
            Application.Exit();
        }
    }
}

//ClassLibraryTest(以下为类库程序)
//类库中的 Goods 类
using System;
using System.Collections.Generic;
using System.Text;

namespace ClassLibraryTest
{
    public class Goods
    {
        private string GoodsNum; //商品编号
        private string GoodsName; //商品名称

        public Goods(string id, string name)
        {
            GoodsNum = id;
            GoodsName = name;
        }
        //定义一个属性 ID 以访问私有字段 GoodsNum
        public string ID
        {
            get
            {
                return GoodsNum;
            }
            set
            {
```

```csharp
                GoodsNum = value;
            }
        }
        //定义一个属性 Name 以访问私有字段 GoodsName
        public string Name
        {
            get
            {
                return  GoodsName;
            }
            set
            {
                GoodsName = value;
            }
        }
        public double ShelfLife(int i)
        {
            double GoodsShelfLif = 0;
            //日用品的保质期为 12
            if (i == 1)
            {
                GoodsShelfLif = 12;
            }
            //食品的保质期为 6
            else if(i==0)
            {
                GoodsShelfLif = 6;
            }
            return GoodsShelfLif;
        }
    }
}

//类库中的 GoodsDate 类
using System;
using System.Collections.Generic;
using System.Text;
namespace ClassLibraryTest
{
    public class GoodsDate:Goods
    {
        private string brand;
        //通过 base 关键字调用基类构造函数
        public GoodsDate(string i, string s, string pn)
          : base(i, s)
        {
            brand = pn;
```

```
        }
        public string brands
        {
            get
            {
                return brand;
            }
            set
            {
                brand = value;
            }
        }

        public string outOfDate(string judge)
        {
            if (judge == "y")
                return "过期";
            else
                return "未过期";
        }
    }
```

当输入如图 13.10 所示的数据时，即所录入的商品信息类型为日用品时，弹出的 MessageBox 对话框如图 13.11 所示。

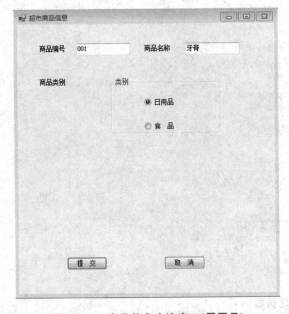

图 13.10　商品信息查询窗口(日用品)　　　图 13.11　商品信息显示(日用品)

当输入如图 13.12 所示的数据时，即所录入的商品信息类型为食品时，弹出的 MessageBox 对话框如图 13.13 所示。

第13章 综合 WinForm 程序设计与开发

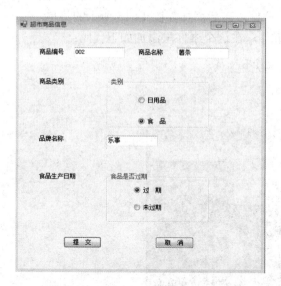

图 13.12 商品信息查询窗口(食品)

图 13.13 商品信息显示(食品)

13.3 MDI 开发环境

MDI(Multiple Document Interface)开发环境即多文档界面，当不同项目的窗体在工作区(屏幕上)时，可以很容易地判断出归哪一个项目所有，并且可以同时打开多个窗口。

下面简单举一个 MDI 的例子。

新建一个应用程序 TestofMDI，把 Form1 删除掉，而后新加两个窗体 MainForm 和 ChildForm。解决方案资源管理器视图如图 13.14 所示。然后在 Program 类中，修改代码 Application.Run(new Form1());语句为 Application.Run(new MainForm());。

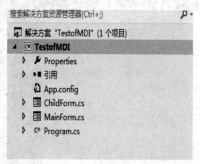

图 13.14 解决方案资源管理器视图

下面来修改启动窗体 MainForm 的属性。在属性窗口中，将 IsMDIContainer 设置为 True，这样就将窗体 MainForm 指定为子窗体的 MDI 容器。同时，我们也把 MainForm 窗体的 WindowState 属性设置为 Maximized，这样做是因为当父窗体最大化时，操作 MDI 子窗体最为容易。

现在运行程序，会发现只运行了 MainForm 这个主窗体。因为我们还没有写任何代码，第二个窗体当然不能出现了。现在来添加这个代码。

在 MainForm 窗体上添加 MenuStrip 控件，而后添加如图 13.15 所示的菜单。
双击 new 菜单，会出现它的 Click 事件，在这个事件里添加如下代码：

```
ChildForm frmmdichild = new ChildForm();
frmmdichild.MdiParent = this;
frmmdichild.Show();
```

图 13.15　添加菜单

双击 close 菜单，会出现它的 Click 事件，在这个事件里添加如下代码：

```
this.Close();
```

运行时，多次单击 new 菜单命令，最终结果如图 13.16 所示。

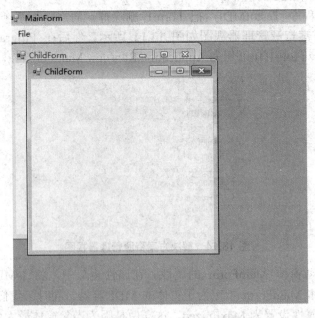

图 13.16　MDI 窗口的运行结果

单击 close 菜单命令，则程序退出，运行结束。

13.4 应用程序间的调用

在 Visual Studio 2012 中,我们可以在应用程序间进行相互调用。假如使用应用程序 A 调用应用程序 B,这两个程序可以独立运行,互不干涉,其中一个即使被关闭,也不会影响另外一个。

可以使用.NET 框架所提供的 System.Diagnostics.Process.Start()函数来启动应用程序,如*.txt、*.doc、*.rmvb、*.xls 等格式的文件。但这是有前提的,比如我们要打开*.rmvb 文件,则计算机中必须安装暴风影音之类的软件。另外,这个函数也可打开指定的链接,具体语法如下:

```
System.Diagnostics.Process.Start("文件目录");
System.Diagnostics.Process.Start("URL");
```

下面举一个应用程序间调用的例子。

【例 13.2】使用 Process.Start 函数启动记事本,从超级链接访问网易网站以及打开*.xls 文件。

具体操作如下。

设计 Form1 窗体,如图 13.17 所示。

图 13.17 窗体设计界面

程序代码如下:

```
using System;
using System.Collections.Generic;
using System.ComponentModel;
using System.Data;
using System.Drawing;
using System.Text;
using System.Windows.Forms;
namespace ProcessStart
{
    public partial class Form1 : Form
```

```csharp
    {
        public Form1()
        {
            InitializeComponent();
        }

        private void button1_Click(object sender, EventArgs e)
        {
            System.Diagnostics.Process.Start(
              @"C:\Windows\System32\notepad.exe");
        }

        private void button2_Click(object sender, EventArgs e)
        {
            System.Diagnostics.Process.Start(
              @"http://www.163.com/");
        }

        private void button3_Click(object sender, EventArgs e)
        {
            //获取当前工作目录
            string CurrentDirectoryPath =
              Environment.CurrentDirectory.ToString();
            string ExcelFilePath =
              CurrentDirectoryPath + @"\ExcelTest.xls";
            //MessageBox.Show(ExcelFilePath);
            System.Diagnostics.Process.Start(ExcelFilePath);
        }
    }
}
```

以上 3 个按钮单击事件使用 System.Diagnostics.Process.Start()方法打开应用程序或者通过超级链接访问网站。

第 1 个按钮打开的是记事本程序，这个程序在 Windows 系统中已经自带了，我们可以直接通过目录打开它。

第 2 个按钮是通过超级链接访问网易网站。这个很明确，就不用解释了。

第 3 个是打开已经创建好了的 Excel 文件，这个文件在此文件的 Debug 文件夹中，其中方法 Environment.CurrentDirectory.ToString();是获取当前的工作目录。

13.5 案例实训

1．案例说明

本案例主要演示多窗体数据传递的效果，通过在第一个窗体中选择学生的学号，就自动可以出现学生的姓名，而后依次输入学生的体育课各单项成绩，这样，这些数据就可以通过构造函数传递给第二个窗体，而后在第二个窗体中依据一定的规则来对学生的体育成绩进行判定。需要注意的是，我们在第一个窗体中使用的 TextValidate 控件(用来输入各科成绩)是自定义的。

2. 具体步骤

(1) 自定义 TextValidate 控件

关于自定义控件这部分内容，在第 8 章已经给出了详细的讲解，在本例中，我们自定义一个称为"TextValidate"的控件，这个控件由 Visual C#自带的 TextBox 控件以及 ErrorProvider 控件组合而成。主要目的是用于检测所输入的内容是否为数值类型，若不是，就报错。

首先，新建一个项目，在模板中选择"Windows 窗体控件库"，打开之后，拖入 TextBox 控件以及 ErrorProvider 控件，如图 13.18 所示。

图 13.18　设计自定义控件

在 TextValidate 自定义控件的代码部分编写如下的代码：

```csharp
using System;
using System.Collections.Generic;
using System.ComponentModel;
using System.Drawing;
using System.Data;
using System.Text;
using System.Windows.Forms;
namespace TextValidate
{
    public partial class TextValidate : UserControl
    {
        public TextValidate()
        {
            InitializeComponent();
        }
```

```csharp
        public string GetData
        {
            get
            {
                return this.textBox1.Text;
            }
        }

        private void textBox1_TextChanged(object sender, EventArgs e)
        {
            try
            {
                double x = double.Parse(textBox1.Text);
                errorProvider1.SetError(textBox1, "");
            }
            catch (Exception ex)
            {
                errorProvider1.SetError(textBox1,
                    "当前输入错误，你需要输入一个数值型的数");
            }
        }
    }
```

然后，选择"生成"→"重新生成"菜单命令，这时就可以重新生成一个*.dll 文件，在下面的多窗体程序中我们将使用这个自定义控件。

(2) 创建多窗体操作程序

首先创建一个 Windows 窗体应用程序，而后在工具栏中添加刚才自定义的控件，具体操作可参考第 8 章。

本程序中有两个窗体，其中启动窗体的名称为"FirstForm"，其界面设计如图 13.19 所示。

图 13.19　FirstForm 界面设计

另外一个窗体的名称为"SecondForm"，其界面设计如图 13.20 所示。

第 13 章　综合 WinForm 程序设计与开发

图 13.20　SecondForm 界面设计

在图 13.19 中,"成绩录入"这个 GroupBox 栏中的 4 个文本框就是我们自定义的 TextValidate 控件。各个控件的名称在这里不再赘述,读者通过阅读下面的代码,就应该很清楚这个程序的具体数据流程了。

全部代码如下:

```
//FirstForm 代码
using System;
using System.Collections.Generic;
using System.ComponentModel;
using System.Data;
using System.Drawing;
using System.Text;
using System.Windows.Forms;
namespace ch13 案例实训
{
    public partial class FirstForm : Form
    {
        public FirstForm()
        {
            InitializeComponent();
        }
        private void button1_Click(object sender, EventArgs e)
        {
            if (this.TGtext.GetData == "" || this.TYtext.GetData == ""
             || this.DPtext.GetData == "" || this.CPtext.GetData == "")
            {
                MessageBox.Show("你填写的信息不全 ", "错误",
                    MessageBoxButtons.RetryCancel, MessageBoxIcon.Error);
                return;
            }
            else
```

```csharp
            {
                double tg = double.Parse(this.TGtext.GetData);//跳高考试成绩
                double ty = double.Parse(this.TYtext.GetData); //跳远考试成绩
                double dp = double.Parse(this.DPtext.GetData);//短跑考试成绩
                double cp = double.Parse(this.CPtext.GetData);//长跑考试成绩
                string name = this.textBoxName.Text;          //学生姓名
                string num = this.comboBox1.Text;             //学号
                SecondForm sf = new SecondForm(tg, ty, dp, cp, name, num);
                sf.Show();
            }
        }
        private void comboBox1_SelectedIndexChanged(object sender, EventArgs e)
        {
            string StuNum = this.comboBox1.Text;
            switch (StuNum)
            {
                case "10020501":
                    this.textBoxName.Text = "迪达";
                    break;
                case "10020502":
                    this.textBoxName.Text = "卡拉泽";
                    break;
                case "10020503":
                    this.textBoxName.Text = "马尔蒂尼";
                    break;
                case "10020504":
                    this.textBoxName.Text = "扬库洛夫";
                    break;
                case "10020505":
                    this.textBoxName.Text = "内斯塔";
                    break;
                case "10020506":
                    this.textBoxName.Text = "皮尔洛";
                    break;
                case "10020507":
                    this.textBoxName.Text = "加图索";
                    break;
                case "10020508":
                    this.textBoxName.Text = "奥多";
                    break;
                case "10020509":
                    this.textBoxName.Text = "吉拉迪诺";
                    break;
                case "10020510":
                    this.textBoxName.Text = "卡卡";
                    break;
                case "10020511":
```

```csharp
                    this.textBoxName.Text = "西多夫";
                    break;
            }
        }
    }
}
//SecondForm 代码
using System;
using System.Collections.Generic;
using System.ComponentModel;
using System.Data;
using System.Drawing;
using System.Text;
using System.Windows.Forms;
namespace ch13 案例实训
{
    public partial class SecondForm : Form
    {
        private double tg;
        private double ty;
        private double dp;
        private double cp;
        private string name;
        private string num;
        public SecondForm()
        {
            InitializeComponent();
        }
        public SecondForm(double Stg, double Sty, double Sdp, double Scp,
          string Sname, string Snum)
            : this()
        {
            tg = Stg;
            ty = Sty;
            dp = Sdp;
            cp = Scp;
            name = Sname;
            num = Snum;
        }
        private void SecondForm_Load(object sender, EventArgs e)
        {
            double d = ty * 0.2 + tg * 0.2 + dp * 0.2 + cp * 0.4;
            this.richTextBox1.Text = "学生姓名: " + name
                + "\n 学生学号: " + num + "" + "\n 跳高成绩: " + tg
                + "\n 跳远成绩: " + ty + "\n 短跑成绩: " + dp
                + "\n 长跑成绩: " + cp + "\n 综合成绩: " + d;
            if (d > 85)
```

```
                this.label3.Text = "A 等";
            else if (d > 70)
            {
                this.label3.Text = "B 等";
            }
            else
            {
                this.label3.Text = "C 等";
            }
        }
        private void button1_Click(object sender, EventArgs e)
        {
            this.Close();
        }
    }
}
```

3. 运行结果

程序的最终运行结果如图 13.21 所示。

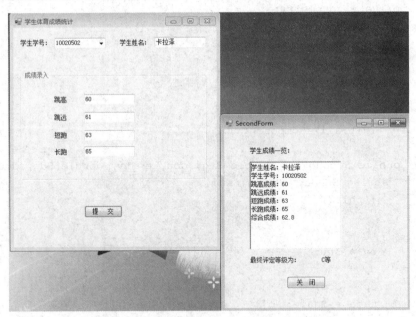

图 13.21　案例的运行结果

在上面的程序中，我们主要是用构造函数进行了值在多窗体之间的传递。当由一个窗体切换到另外一个窗体时，我们可以使用类似于如下的代码：

```
SecondForm sf = new SecondForm(jsj, wy, sx, ps, name, num);
sf.Show();
```

当我们在"成绩录入"栏中录入的值为非数值类型的时候，自定义的控件就会提示错误，如图 13.22 所示。

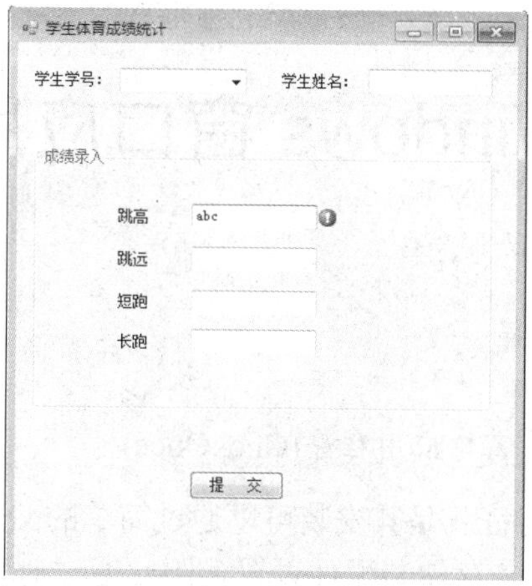

图 13.22　自定义控件报错

13.6　小　　结

本章主要介绍了多项目操作以及 MDI 开发环境。

首先介绍了组装式应用设计，组装式应用设计在当前的程序设计中是必不可少的，有着极大的灵活性和适用性，符合现代软件工程思想。

MDI 程序是一种应用很广泛的程序结构，要掌握好主窗口、文档和视图的结构及它们之间的关系。与 MDI 相对应的 SDI 在结构上要简单得多，当然在功能上也会有一些限制。主窗口和文档的关系是一对多的关系。一个主窗口可以创建一个或者多个视图，但至少要有一个视图，因为用户是通过视图对文档进行操作的，当一个文档的最后一个视图关闭时，这个文档也就关闭了，因为用户已经不能对文档进行操作了。

13.7　习　　题

1. 选择题

(1) 以下文件中，作为整个项目起点的是_____。
  A．Form1.cs　　　　　　　　　B．Form.Designer.cs
  C．Appload.cs(Program.cs)　　D．Resources.resx

(2) _____开发环境即单一文档界面，_____开发环境即多文档界面。
  A．MDI，SDI
  B．SDI，EDI
  C．EDI，SDI
  D．SDI，MDI

2. 简答题

SDI 开发环境与 MDI 开发环境有何不同？

第 14 章　Windows 窗口应用程序的部署

本章要点

- 窗口应用程序的部署
- 窗口应用程序的安装
- 远程安装 Windows 窗口应用程序(ClickOnce)

.NET 一个非常突出的特征就是其安装可以通过简单的 xcopy 来实现。装配件仅仅包含许多文件，不再需要注册表来存储装配件设置，因此通过对多个文件进行复制，就可以完成安装。但是，xcopy 有很大的缺陷。对于部署 Windows 应用程序来说，xcopy 仅可以用于最简单的应用程序，对于大型应用程序就很不可取了，因为 xcopy 不注册或验证装配件的位置，也不能使用 Windows Installer Zero Administration Windows(ZAW)功能，这就意味着文件可以随意被重写，而且也没有内置的卸载程序。

部署是分发要安装到其他计算机上的已完成应用程序或组件的过程。对于控制台应用程序或基于 Windows 窗体的智能客户端应用程序，有两个部署选项可供选择：ClickOnce 和 Windows Installer。

- ClickOnce：这种部署允许将 Windows 应用程序发布到 Web 服务器或网络文件共享，以简化安装。在大多数情况下，建议使用 ClickOnce 选项进行部署，因为该选项可使基于 Windows 的应用程序进行自更新，尽可能减少安装和运行时所需的用户交互。
- Windows Installer：这种部署允许创建安装程序包以分发给用户；用户运行安装文件并按照向导逐步操作，即可安装应用程序。将安装项目添加到解决方案中即可完成此操作；在生成后，它将创建一个分发给用户的安装文件；用户运行此安装文件并按照向导逐步操作，即可安装应用程序。

14.1　窗口应用程序的部署

Visual Studio 2012 提供安装和部署项目，这种项目可以通过安装向导快速产生安装程序，下面介绍如何部署窗口应用程序。

首先来介绍一下作为示例的应用程序的窗体界面，如图 14.1 所示。

此程序利用一个列表框放置职业选项，使用了 4 个下拉列表框，一个放置姓名，可输入数据，其他 3 个放置出生的年、月、日。在姓名栏中由键盘输入姓名，而后依次选择出生年月日以及职业，单击"新增"按钮，这时，程序会自动检查该姓名是否处于结构数组中。若存在，则显示"该条数据已经存在"的信息，否则，将该数据加入 customercust 结构数组中去。

此程序还提供了闰年的判断方法，根据用户选择的不同的年以及不同的月，程序会自动更改每个月的天数。

第 14 章 Windows 窗口应用程序的部署

图 14.1 应用程序的窗体界面

程序代码如下：

```
using System;
using System.Collections.Generic;
using System.ComponentModel;
using System.Data;
using System.Drawing;
using System.Text;
using System.Windows.Forms;
namespace 客户信息录入
{
    public partial class Form1 : Form
    {
        public Form1()
        {
            InitializeComponent();
        }
        //定义结构体 cust
        struct cust
        {
            public string name;
            public DateTime birth;
            public string sex;
            public string job;
            public int job_num;
        }
        cust[] customercust = new cust[100];
        int num = 0;
        private void Form1_Load(object sender, EventArgs e)
        {
```

```csharp
            string[] a =
              new string[] { "学生", "公教", "服务", "制造", "家政", "其他" };
            this.cbxYear.Text = "1900";
            this.cbxMonth.Text = "01";
            this.cbxDay.Text = "01";
            this.cbxName.DropDownStyle = ComboBoxStyle.DropDown;
            for (int i=1900; i<=2007; i++)
            {
                this.cbxYear.Items.Add(i);
            }
            for (int j=1; j<=12; j++)
            {
                this.cbxMonth.Items.Add(j);
            }
            foreach (string s in a)
            {
                this.lbxJob.Items.Add(s);
            }
            this.radioButtonMan.Checked = true;
            this.lbxJob.SelectedIndex = 0;
        }
        //闰年的判断
        private bool RunNian(string year)
        {
            int intyear = int.Parse(year);
            if (intyear%4==0 && intyear%100!=0)
            {
                return true;
            }
            else if (intyear%400 == 0)
            {
                return true;
            }
            return false;
        }
        private void btnAdd_Click(object sender, EventArgs e)
        {
            if (this.cbxName.Text == "")
            {
                return;
            }
            int count = 0;
            bool find = false;
            while (count < this.cbxName.Items.Count)
            {
                if (this.cbxName.Text == customercust[count].name)
                {
                    find = true;
```

```csharp
                break;
            }
            else count++;
        }
        if (find == false)
        {
            this.cbxName.Items.Add(this.cbxName.Text);
            customercust[num].name = this.cbxName.Text;
            customercust[num].birth =
              DateTime.Parse(this.cbxYear.Text + "/"
                + this.cbxMonth.Text + "/" + this.cbxDay.Text);
            customercust[num].sex =
              (this.radioButtonMan.Checked) ? "男" : "女";
            customercust[num].job = this.lbxJob.SelectedItem.ToString();
            customercust[num].job_num = this.lbxJob.SelectedIndex;
            this.cbxName.Update();
            num += 1;
        }
        else
        {
            MessageBox.Show("数据已经存在！");
            this.cbxName.SelectedIndex = count;
        }
    }
    private void btnClose_Click(object sender, EventArgs e)
    {
        Application.Exit();
    }

    private void cbxName_SelectedIndexChanged(object sender, EventArgs e)
    {
        this.cbxYear.Text =
          customercust[cbxName.SelectedIndex].birth.Year.ToString();
        this.cbxMonth.Text =
          customercust[cbxName.SelectedIndex].birth.Month.ToString();
        this.cbxDay.Text =
          customercust[cbxName.SelectedIndex].birth.Day.ToString();
        if (customercust[cbxName.SelectedIndex].sex == "男")
        {
            this.radioButtonMan.Checked = true;
        }
        else
        {
            this.radioButtonWoman.Checked = true;
        }
        this.lbxJob.SelectedIndex =
          customercust[this.cbxName.SelectedIndex].job_num;
    }
```

```csharp
private void cbxMonth_SelectedIndexChanged(object sender, EventArgs e)
{
    if (cbxMonth.Text == "1" || cbxMonth.Text == "3"
      || cbxMonth.Text == "5" || cbxMonth.Text == "7"
      || cbxMonth.Text == "8" || cbxMonth.Text == "10"
      || cbxMonth.Text == "12")
    {
        for (int i=1; i<=31; i++)
        {
            this.cbxDay.Items.Add(i);
        }
    }
    else if (cbxMonth.Text == "2")
    {
        if (RunNian(this.cbxYear.Text))    //是闰年
        {
            for (int i=1; i<=29; i++)
            {
                this.cbxDay.Items.Add(i);
            }
        }
        else                                //不是闰年
        {
            for (int i=1; i<=28; i++)
            {
                this.cbxDay.Items.Add(i);
            }
        }
    }
    else
    {
        for (int i=1; i<=30; i++)
        {
            this.cbxDay.Items.Add(i);
        }
    }
}
```

下面是部署该应用程序的具体步骤。

(1) 新增安装和部署的项目

在待部署项目的解决方案中添加新项目。右击"解决方案",从弹出的快捷菜单中选择"添加"→"新建项目"命令,如图14.2所示,而后在弹出的"添加新项目"对话框中选择"安装和部署"栏目中的"InstallShield Limited Edition Project"模板,如图14.3所示(接受默认名称和位置),单击"确定"按钮,将会弹出InstallShield Limited Edition Project对话框。

第 14 章　Windows 窗口应用程序的部署

图 14.2　从快捷菜单新增项目

图 14.3　选择"安装和部署"→"InstallShield Limited Edition Project"模板

(2) 进入安装向导

创建 InstallShield Limited Edition Project 项目的步骤说明如下。

① 在如图 14.4 所示的 project assistant 界面中直接单击 ApplicationInformation 按钮，进入如图 14.5 所示的界面，指定你的项目中关于程序的常规信息。

在本例中，指定应用程序信息：

- 在 Company Name 处输入"Tutorial00"。
- 在 Application Name 处输入"Setup3"。输入的内容将在对话框中显示给最终用户，并且将显示在用户的添加/删除程序面板中。
- 保留 Application Version 和 Company Web Address 的默认值。

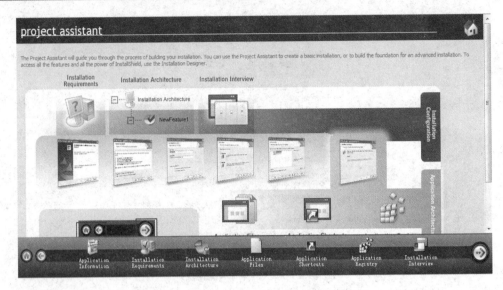

图 14.4 弹出 project assistant 首页对话框

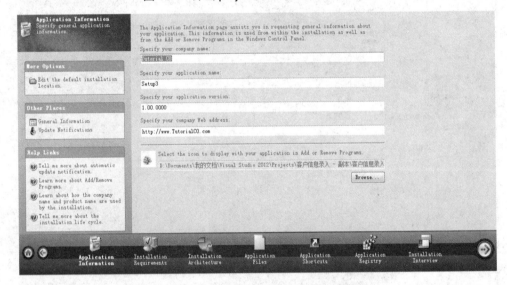

图 14.5 指定项目中关于程序的常规信息

② 在 Application Icon 区域，单击 Browse 按钮，找到 bitbug_favicon.ico 的位置。打开后选择 Icon Index:0，然后单击 OK 按钮，如图 14.6 所示。

③ 然后单击 Installation Requirements 按钮，进入如图 14.7 所示的设置安装程序需求的界面。在这里可以指定安装程序对目标系统的需求。例如，我们的安装程序需要指定运行的操作系统时，就可以在这个界面的第一部分中指明。

- 操作系统需求：如果我们的应用程序需要 Windows 2000 或者更高的操作系统，可以选择 Yes 并选择我们的安装程序适合的操作系统。
- 软件需求：如果我们安装的程序运行时需要目标系统上有一些特别的软件环境，选择 Yes，然后选择软件需求。要自定义当目标系统不满足应用程序的软件需求时的提示信息，单击 run-time message 信息进行编辑。

图 14.6　选择项目图标

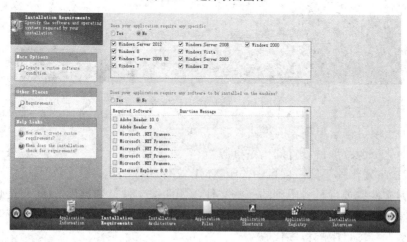

图 14.7　设置安装程序需求

④　单击 Installation Architecture 按钮，进入如图 14.8 所示的自定义安装体系结构界面。在这里可以指定想要安装程序显示给最终用户的功能部件。

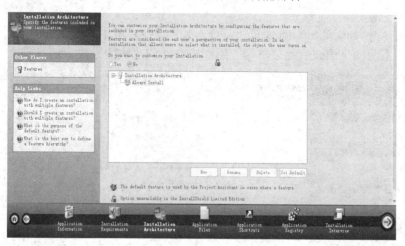

图 14.8　自定义安装体系结构

从用户的角度看，一个功能部件是项目中最小的可以单独安装的部分。当用户在安装期间选择 Custom setup(自定义)安装类型时，可以看到单独的功能部件。

⑤ 单击 Application Files 按钮，进入如图 14.9 所示的添加应用程序文件界面。在这里可以为每一个功能部件添加相关的文件。

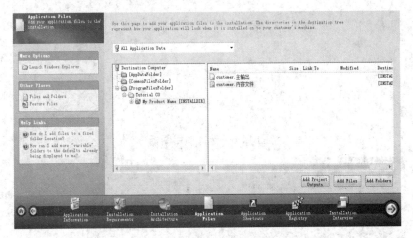

图 14.9　添加应用程序文件

以下是关于项目输出组列表的说明。
- 本地化资源：项目设置的语系资源。
- XML 序列化程序集：项目中关于 XML 文件的程序集。
- 内容文件：项目可能用到的一些文件，如图像文件、数据库等(此列是必选)。
- 主输出：项目中的可执行文件(*.exe)与动态链接库(*.dll)(此列也是必选)。
- 源文件：项目中的程序代码。
- 调试符号：项目的调试文件。
- 文档文件：项目中的 IntelliDoc 文件。

用户可以根据实际需要来确定选择列表中的哪些项目。其中"内容文件"和"主输出"都是必选项目。

⑥ 单击 Application Shortcuts 按钮，进入如图 14.10 所示的创建快捷方式界面。在这里可以为目标系统的桌面或启动菜单为应用程序文件创建快捷方式。

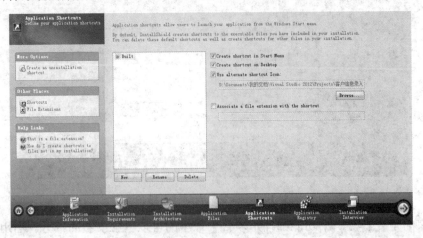

图 14.10　创建快捷方式

第 14 章　Windows 窗口应用程序的部署

默认地，这里可以为项目中包含的每一个可执行文件创建一个快捷方式。可以删除这些，然后为项目中的其他文件添加快捷方式。

选中 Create shortcut in Start menu，InstallShield 将在安装程序运行时在用户的开始菜单中创建一个快捷方式。选中 Create shortcut on Desktop，InstallShield 将在安装程序运行时在用户的桌面创建一个快捷方式。

⑦　单击 Application Registry 按钮，进入如图 14.11 所示的配置注册表数据界面。该页面可以为应用程序的需要配置任何注册表项。

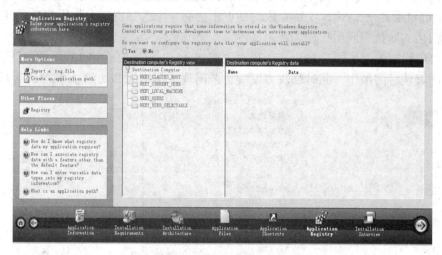

图 14.11　配置注册表数据

⑧　单击 Installation Interview 按钮，进入如图 14.12 所示的为安装交互设置对话框界面。在这里可以指定当最终用户运行安装程序时看到的对话框。

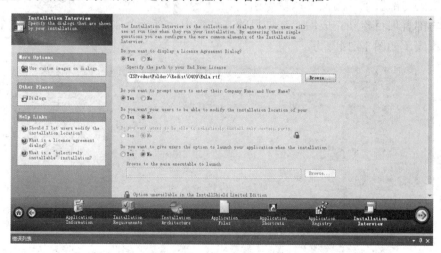

图 14.12　为安装交互设置对话框

按照下列操作，为本例指定对话框内容：
- Do you want to display a License Agreement Dialog?——选择 No。如果选择 Yes，我们可以选择自己的许可协议文件。

- Do you want to prompt users to enter their company name and user name?——选择 Yes，安装程序将显示一个对话框收集信息。
- Do you want your users to be prompted to modify the installation location of your application?——选择 No，不允许最终用户修改安装位置。
- Do you want users to be able to selectively install only certain parts of your application?——选择 No，创建一个不可选择的安装程序。
- Do you want to give users the option to launch your application when the installation completes?——Yes，安装完成对话框中会有一个选择框，允许用户单击 Finish 按钮后立即执行应用程序。

单击菜单栏中的"生成"按钮，选择"生成 Setup3"，如图 14.13 所示。就完成了新增安装与部署项目的操作。此时解决方案中已经出现了新增的 Setup3 安装与部署项目。

图 14.13　生成安装程序

(3) 安装与部署项目的文件系统说明

安装与部署项目建立完成后，在项目的文件夹中会有一个 setup.exe 文件，这个文件可用来安装程序，如图 14.14 所示。

图 14.14　安装文件

第 14 章　Windows 窗口应用程序的部署

14.2　窗口应用程序的安装

通过上一小节的设置和生成操作，已经把应用程序部署为安装程序，下面可以在此基础上进行安装。安装过程与常见的软件安装相同。首先双击生成的 setup.exe 文件，弹出安装向导对话框，如图 14.15 所示。

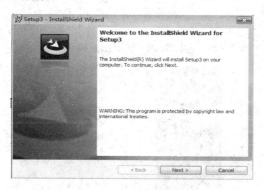

图 14.15　安装向导对话框

按照如图 14.16~14.19 所示的安装顺序，对程序进行安装。

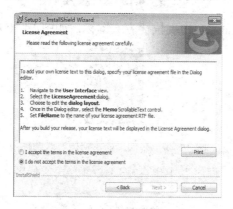

图 14.16　安装许可协议

图 14.17　填写客户信息

图 14.18　安装信息确认

图 14.19　安装完成

程序安装结束时，桌面上会出现快捷方式图标，如图 14.20 所示。

图 14.20　桌面上显示快捷方式图标

同时，在"开始"→"程序"中也会出现快捷方式，如图 14.21 所示。

图 14.21　在"开始"→"程序"中也会出现快捷方式

14.3 远程安装 Windows 窗口应用程序

ClickOnce(Visual Studio 2012 和.NET Framework 4.5 的一个功能)部署方式允许将 Windows 应用程序发布到 Web 服务器或网络文件共享,以简化安装。在大多数情况下,建议使用 ClickOnce 选项进行部署,因为该选项可使基于 Windows 的应用程序进行自更新,尽可能减少安装和运行时所需的用户交互。

下面简单地介绍一下 Visual Studio 2012 中 ClickOnce 的技术特点以及使用方式。

在设计完 WinForm 程序后,可以通过右击项目,从弹出的快捷菜单中选择"发布"命令,在弹出的"发布向导"对话框中单击"浏览"按钮,将程序发布到下列存储位置:文件系统、本地 IIS、FTP 站点、远程站点,如图 14.22 所示。

图 14.22 发布 WinForm 程序到存储位置

当应用程序部署到相应的位置后,用户可以通过浏览器浏览一个叫 publish.htm 的文件,单击下载的链接,将应用程序下载到本机安装。该 publish.htm 是部署应用程序的一个入口文件。

当用户安装完程序后,会自动产生快捷方式到"开始"→"程序"中,并且在控制面板的"增加/删除"中会找到该程序。

下面通过具体的例子来演示设置远程安装 Windows 窗口应用程序的步骤。

(1) 创建一个 WinForm 应用程序,本例仍采用 14.1 节所创建的 WinForm 应用程序。

(2) 在解决方案资源管理器窗口中右击项目,选择"属性"菜单命令,出现项目属性窗口,单击左边竖排的命令按钮"发布",弹出"发布向导"对话框,如图 14.23 所示。

在"指定发布此应用程序的位置"文本框中，设定项目要发布的位置，比如文件系统、本地服务器、FTP站点、远程站点等(格式参见对话框中的示例)。

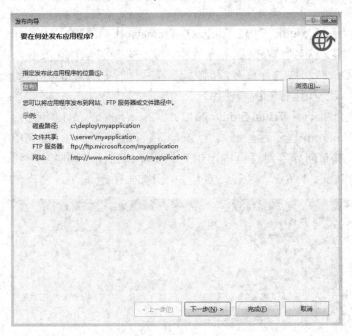

图14.23 发布设置

(3) 设置完毕，就可以开始进行部署了。发布向导的设置如图14.24~14.26所示。

图14.24 指定发布应用程序的位置

第 14 章 Windows 窗口应用程序的部署

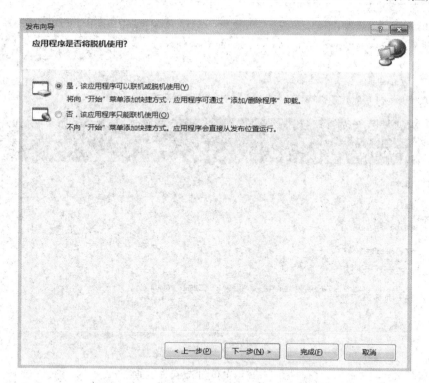

图 14.25 指定是否可以脱机使用应用程序

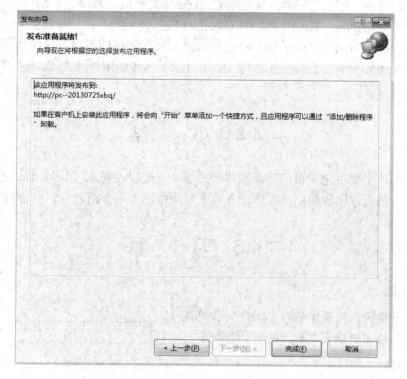

图 14.26 完成发布部署

发布成功后，系统自动打开 IE 浏览器，转到发布页面，如图 14.27 所示。

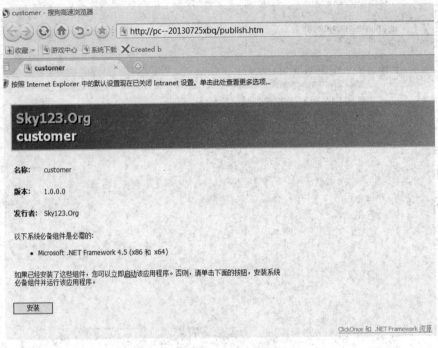

图 14.27 发布测试(安装)页面

(4) 下面介绍一下如何在客户端使用 ClickOnce 进行应用程序的安装。

在 Internet Explorer(IE)浏览器中打开如图 14.27 所示的页面，根据提示，如果本地计算机中已经安装了 .NET Framework 4.5，单击"启动"链接即可运行该应用程序，否则单击"安装"按钮先安装运行此应用程序的必备组件，安装完毕后就可以从"开始"→"程序"菜单中运行程序。

14.4 小　　结

在本章中，主要讲述了窗口应用程序的部署、安装以及使用 ClickOnce 进行部署的具体操作，本章的内容比较简单，相信读者大多都能按照本章介绍的内容自己完成操作。

14.5 习　　题

1. 填空题

(1) 项目输出组列表中的内容文件的作用是＿＿＿＿＿＿＿＿＿＿＿＿＿＿＿＿＿＿＿。
(2) 项目输出组列表中的主输出的作用是＿＿＿＿＿＿＿＿＿＿＿＿＿＿＿＿＿＿＿＿。

2. 简答题

(1) ClickOnce 部署有何特点？
(2) Windows Installer 部署有何特点？

第 15 章 项目实践

本章要点

- 软件的生存周期
- 图书馆管理信息系统的开发

每个软件都有其发生、发展和消亡的过程。软件的生存周期是指一个软件从开发前的准备工作开始，经过开发投入使用，直至失去使用价值为止的整个过程。通常，把软件生存周期分为定义、开发和运行维护三个阶段。每个阶段的任务相对独立，而且比较简单，以便各类成员分工协作，降低整个开发工程的难度。在软件生存周期的各个阶段，都需采用科学的管理技术和良好的方法，并且对每个阶段都需进行技术和管理方面的严格审查，只有合格后，才可进入下一阶段，这样就可以使软件开发以一种有条不紊的方式进行。

本章以一个具体的图书馆管理信息系统为例，详细地介绍系统总体设计、系统数据库设计、系统主界面设计以及各个子模块的具体组成，包括完整的代码。

15.1 软件的生存周期

15.1.1 软件定义阶段

这个阶段主要确定将要开发的软件功能和特性。它又可以细分为问题定义、可行性研究、需求分析 3 个阶段。软件定义阶段又称为软件计划阶段。

(1) 问题定义：此阶段必须回答的关键问题是"要解决的问题是什么？"系统分析人员通过对系统的实际用户和使用部门的调查访问，写出他们对问题的理解，并征求用户的意见，澄清含糊不清的地方，改正理解不正确的地方，最后提交一份双方认可的系统目标和范围说明书。

(2) 可行性研究：此阶段的任务是研究系统目标和范围说明书所提出的问题是否值得解决，以及是否在技术和经济等方面可行。在这个阶段中，系统分析人员应导出系统的高层逻辑模型，准确、具体地确定工程规模和目标，估计系统的成本、效益和开发进度，最后形成项目计划书。

(3) 需求分析：此阶段的任务是解决软件"做什么"的问题。系统分析人员依据项目计划任务书，与用户密切合作，对用户在系统功能方面的需求进行详细定义，并精确地分析系统中数据及各数据之间的逻辑关系与数据流向，从而得到经过用户确认的数据流图、数据字典及简要算法描述的系统逻辑模型，最后形成软件需求规格说明书。

15.1.2 软件开发阶段

这个阶段主要解决软件"怎么做"的问题。开发人员要设计软件的总体结构，决定所采用的数据结构和程序结构,并用程序设计语言和开发工具实现软件。此阶段又可以细分为总体设计、详细设计、程序编制和软件测试 4 个阶段。

(1) 总体设计：此阶段的任务是根据软件的功能需求决定软件的总体结构,并把整个系统划分为多个相互关联但功能相对独立的模块,确定模块间的接口,规定各模块的功能；还要根据软件的数据需求决定软件中文件系统或数据库的模式、子模式等,最后形成总体设计说明书。

(2) 详细设计：此阶段的任务是依据总体设计说明书把各模块具体化。详细描述每个模块的算法,以便程序设计人员根据它们写出程序代码,最后形成程序规格说明书。

(3) 程序编制：此阶段的任务是根据程序规格说明书和软硬件环境,选取某种或某些程序设计语言编写程序,并在编程过程中测试每一个模块。

(4) 软件测试：此阶段的任务是对软件进行全面测试,以便发现并改正程序中的错误。本阶段结束后,将软件交付运行。

15.1.3 软件运行维护阶段

这个阶段的主要任务是通过各种必要的维护活动使系统持久地满足用户的需求。

通常维护活动分 4 类：①改正性维护,即诊断和改正在系统使用过程中发现的错误；②适应性维护,即修改软件以适应环境的变化；③完善性维护,即根据用户的要求改进或扩充软件,使之更加完善；④预防性维护,即修改软件,为将来的维护活动做准备。每一项活动都应该准确记录,作为正式的文档资料保存。

经验表明,软件的总体设计和详细设计阶段(统称为软件设计阶段)是软件最容易出错的阶段,因而也是软件费用最高的阶段。由于理解能力及环境变化等限制,软件开发不可能完全按原计划顺序进行,因此从某个阶段到前一阶段的重复是不可避免的。

15.2 图书馆管理信息系统

图书馆作为一种信息资源的集散地,图书和用户借阅资料繁多,包含很多的信息数据的管理,如果数据处理手工操作,工作量会很大,出错率很高,出错后不易更改。因此有必要建立一个图书管理系统,使图书管理工作规范化、系统化、程序化,避免图书管理的随意性,提高信息处理的速度和准确性,能够及时、准确、有效地查询和修改图书情况。

15.2.1 系统总体设计

1. 系统功能设计

图书馆管理信息系统是典型的信息管理系统,其开发主要包括后台数据库的建立和维护以及前台应用程序的开发两个方面。一方面要求建立起数据一致性和完善性强、数据安全性好的数据库；另一方面则要求应用程序具有功能完备、易使用等特点。

本系统采用的是 C/S 架构,即通过客户端与服务器交互来实现系统的管理。系统的功能由登录界面和主窗体界面两部分的功能组成。其中主窗体界面的功能由系统管理、图书管理、用户管理等模块组成。

(1) 主界面设计

主界面应该清晰简单、美观大方，同时还要做到信息充足，突出图书馆的特点和操作的入口。

(2) 系统管理

在系统设置中可以做借阅设置、图书借阅时限设置、类别设置、图书借阅数量设置。

(3) 用户管理

只有登录后的用户才可以对图书进行管理，登录人员姓名/密码组合，来进行验证。

(4) 图书管理

对图书增加、删除、修改、注销、遗失等事件的处理。以便管理员对图书的信息直观而且有效地进行处理。

2．系统模块划分

按照上面所述的系统功能设计，大体上可以把该系统划分为用户信息管理模块、图书信息管理模块、借阅信息管理模块、管理者管理信息模块和查询处理模块等。

具体模块之间的关系如图 15.1 所示。

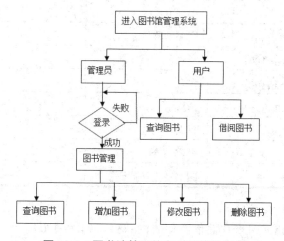

图 15.1　图书馆管理信息系统模块划分

15.2.2　系统数据库设计

1．总体设计

根据图书馆管理信息系统的实际需要和总体设计，可以认为本系统需要如下数据：用户(读者)数据、管理员数据、书籍数据以及借阅信息数据。

2．表设计

(1) 用户信息表(userinfo)

用户信息表 userinfo 用来存储用户信息的数据，如用户 ID、用户名、用户密码、用户权限、借阅证号。userinfo 表的具体字段说明如表 15.1 所示。

表 15.1　userinfo 表

字段名称	数据类型	字段说明	键引用	备注
UID	int	用户 ID	PK	主键(自动增 1)
UName	vchar(50)	用户名		
UPwd	vchar(50)	密码		
UState	int	用户权限，管理员=1，普通用户=2		
UBookID	bigint	借阅证号		

(2) 图书信息表(bookinfo)

图书信息表 bookinfo 用来存储图书信息的数据，如图书 ID、图书名称、类别等。表的字段说明如表 15.2 所示。

表 15.2　bookinfo 表

字段名称	数据类型	字段说明	键引用	备注
BookID	bigint	图书 ID	PK	主键(自动增 1)
BookName	varchar(50)	图书名称		
BookType	varchar(100)	类别		
BookAuthor	varchar(100)	作者		
BookPrice	SmallMoney	价格		
BookPic	varchar(200)	封面		
BookContent	text	内容简介		
BookIssue	varchar(50)	图书制定访问码		

(3) 借阅信息表(issueinfo)

借阅信息表 issueinfo 用来存储借阅信息的数据，如借阅 ID、图书 ID、借阅证号、借阅日期。表的字段说明如表 15.3 所示。

表 15.3　issueinfo 表

字段名称	数据类型	字段说明	键引用	备注
IssID	bigInt	借阅 ID	PK	主键(自动增 1)
BookID	bigInt	图书 ID	FK	
IssBookID	bigInt	借阅证号		
IssDateTime	datetime	借书日期		

3．表关系设计

在本系统的数据库中，各个表之间的关系如图 15.2 所示。

第 15 章 项目实践

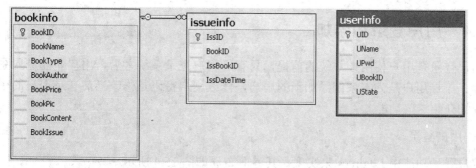

图 15.2 系统数据库各表之间的关系

15.2.3 系统主界面设计

主界面(Main.cs)布局如图 15.3 所示。

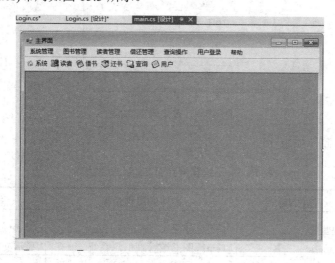

图 15.3 主界面布局

主界面中的控件如表 15.4 所示。

表 15.4 主界面 main.cs 的控件表

控件名称	控件 Name	控件的属性设置	控件的功能
Form	main	Text：主界面 IsMdiContainer：True WindowState：Normal	窗体
MenuStrip	menuStrip1	根据图 15.3 来设计菜单项	菜单栏
ToolStrip	toolStrip1	添加 6 个按钮，功能分别是：添加系统、读者、借书、还书、查询、用户	工具栏

15.2.4 用户登录和添加

用户登录是用户使用该系统的前提，只有当用户登录系统之后，用户才能进入系统进行操作。添加用户是为本系统添加新的用户，修改用户密码是修改当前登录用户的密码。下面详细介绍这些功能。

1. 用户登录

用户登录功能由 Login.cs 来实现，其界面布局如图 15.4 所示。

图 15.4　登录界面布局

登录界面中的控件如表 15.5 所示。

表 15.5　系统登录界面 Login.cs 的控件

控件名称	控件 Name	控件的属性设置	控件的功能
Form	Login	Text：登录	窗体
Label	Label1	Text：图书馆管理信息系统	显示文字
GroupBox	groupBox1	Width：200	放置角色选择控件
Radiobutton	radioManage	Text：管理人员	选择管理人员角色
Radiobutton	radioPerson	Text：读者	选择读者角色
Label	Label2	Text：图书证	显示文字
Label	Label3	Text：密码	显示文字
TextBox	txtname	Text：	用来输入图书证
TextBox	txtpwd	Text：	用来输入密码
Button	btnOK	Text：确定	登录功能
Button	btnCancel	Text：取消	取消功能

"确定"按钮的代码如下：

```
private void btnOK_Click(object sender, System.EventArgs e)
{
    if(name.Text.Trim()=="" || password.Text.Trim()=="")
```

```csharp
        MessageBox.Show("请输入用户名和密码", "提示");
else
{
    oleConnection1.Open();
    OleDbCommand cmd = new OleDbCommand("", oleConnection1);
    if (radioManage.Checked == true)
    {
        string sql = "select * from manager where MName='"
          + name.Text.Trim() + "' and MCode='"
          + password.Text.Trim() + "'";
        cmd.CommandText = sql;
        if (null != cmd.ExecuteScalar())
        {
            this.Visible = false;
            main main = new main();
            main.Tag = this.FindForm();
            OleDbDataReader dr;
            cmd.CommandText = sql;
            dr = cmd.ExecuteReader();
            dr.Read();

            main.menuItem1.Visible = (bool)(dr.GetValue(2));
            main.menuItem2.Visible = (bool)(dr.GetValue(2));
            main.menuItem3.Visible = (bool)(dr.GetValue(2));
            main.menuItem5.Visible = (bool)(dr.GetValue(4));
            main.menuItem4.Visible = (bool)(dr.GetValue(3));
            main.menuItem5.Visible = (bool)(dr.GetValue(4));
            main.statusBarPanel2.Text = name.Text.Trim();
            main.statusBarPanel6.Text = "管理员";
            main.ShowDialog();
        }
        else
            MessageBox.Show("用户名或密码错误", "警告");
    }
    else if (radioPerson.Checked == true)
    {
        string sql = "select * from person where PID='"
          + name.Text.Trim() + "' and PCode='"
          + password.Text.Trim() + "'";
        cmd.CommandText = sql;
        if (null != cmd.ExecuteScalar())
        {
            this.Visible = false;
            main main = new main();
            main.Tag = this.FindForm();
            OleDbDataReader dr;
            cmd.CommandText = sql;
```

```
            dr = cmd.ExecuteReader();
            dr.Read();

            main.menuItem1.Visible = (bool)(dr.GetValue(9));
            main.menuItem2.Visible = (bool)(dr.GetValue(9));
            main.menuItem3.Visible = (bool)(dr.GetValue(9));
            main.menuItem4.Visible = (bool)(dr.GetValue(9));

            main.statusBarPanel2.Text = name.Text.Trim();
            main.statusBarPanel6.Text = "读者";

            main.ShowDialog();
        }
        else
            MessageBox.Show("用户名或密码错误","警告");
    }
    else
        MessageBox.Show("没有选择角色","提示");

    oleConnection1.Close();
    }
}
```

"取消"按钮的代码如下：

```
private void btnCancel_Click(object sender, System.EventArgs e)
{
    this.Close();
}
```

2．添加用户

添加用户功能由 AddUser.cs 来实现，其界面布局如图 15.5 所示。

图 15.5　添加用户界面

在 AddUser.cs 窗体中添加如表 15.6 所示的控件。

表 15.6 AddUser.cs 界面的控件

控件名称	控件 Name	控件的属性设置	控件的功能
Form	AddUser	Text：添加用户	窗体
Label	Label1	Text：用户名称	显示信息
Label	Label2	Text：密码	显示信息
Label	Label3	Text：密码确认	显示信息
TextBox	txtname	Text：	输入用户名
TextBox	txtpwd	Text： passwordChar：*	输入密码
TextBox	txtpwd2	Text： passwordChar：*	输入确认密码
GroupBox	groupBox1	Width：200 Height：48	放置角色选择控件
Radiobutton	radioManage	Text：管理人员	选择管理人员角色
Radiobutton	radioPerson	Text：读者	选择读者角色
Button	btnAdd	Text：添加	添加功能
Button	btnExit	Text：退出	退出功能

"添加"按钮的代码如下：

```csharp
private void btnAdd_Click(object sender, System.EventArgs e)
{
    if (textName.Text.Trim()=="" || textPassword.Text.Trim()==""
      || textPWDNew.Text.Trim()=="" || radioManage.Checked==false
      && radioWork.Checked==false)
    {
        MessageBox.Show("请输入完整信息！","警告");
    }
    else
    {
        if (textPassword.Text.Trim() != textPWDNew.Text.Trim())
        {
            MessageBox.Show("两次密码输入不一致！", "警告");
        }
        else
        {
            oleConnection1.Open();
            OleDbCommand cmd = new OleDbCommand("", oleConnection1);
            string sql = "select * from manager where MName = '"
              + textName.Text.Trim() + "'";
            cmd.CommandText = sql;
```

```csharp
        if (null == cmd.ExecuteScalar())
        {
            if (radioManage.Checked == true)
                sql = "insert into manager " + "values ('"
                    + textName.Text.Trim() + "','"
                    + textPWDNew.Text.Trim() + "',true,false,false)";
            else
                sql = "insert into manager " + "values ('"
                    + textName.Text.Trim() + "','"
                    + textPWDNew.Text.Trim() + "',false,true,false)";
            cmd.CommandText = sql;
            cmd.ExecuteNonQuery();
            MessageBox.Show("添加用户成功！", "提示");
            this.Close();
        }
        else
        {
            MessageBox.Show(
              "用户名" + textName.Text.Trim() + "已经存在！", "提示");
            textPWDNew.Text = "";
            textPassword.Text = "";
        }
        oleConnection1.Close();
    }
}
```

"退出"按钮的代码如下：

```csharp
private void btnExit_Click(object sender, System.EventArgs e)
{
    this.Close();
}
```

3. 添加借阅者

添加借阅者由 AddPerson.cs 来实现，其界面布局如图 15.6 所示。

图 15.6　添加借阅者界面

在 AddPerson.cs 窗体中添加控件，如表 15.7 所示。

表 15.7 添加借阅者界面 AddPerson.cs 的控件

控件名称	控件 Name	控件的属性设置	控件的功能
Form	AddPerson	Text：添加借阅者	窗体
Label	Label1	Text：添加借阅者	显示信息
Label	Label2	Text：借书证号	显示信息
Label	Label3	Text：姓名	显示信息
Label	Label4	Text：性别	显示信息
Label	Label5	Text：身份证号	显示信息
Label	Label6	Text：电话	显示信息
Label	Label7	Text：身份	显示信息
Label	Label8	Text：密码	显示信息
Label	Label9	Text：罚款	显示信息
Label	Label10	Text：备注	显示信息
TextBox	textID	Text：	输入借书证号
TextBox	textName	Text：	输入姓名
TextBox	textPN	Text：	输入身份证号
TextBox	textPhone	Text：	输入电话
TextBox	textCode	Text： passwordChar：*	输入密码
TextBox	textMoney	Text：	输入罚款
TextBox	textRemark	Text： Multiline：true	输入备注
ComboBox	comboSex	Items：男、女	选择性别
ComboBox	comboId		选择身份
Button	btnAdd	Text：确定	添加功能
Button	btnClose	Text：取消	退出功能

页面加载代码如下：

```
private void AddPerson_Load(object sender, System.EventArgs e)
{
    try
    {
        oleConnection1.Open();
        string sql = "select identity from identityinfo";
        OleDbDataAdapter adp = new OleDbDataAdapter(sql, oleConnection1);
        DataSet ds = new DataSet();
```

```
            adp.Fill(ds, "identi");
            comboId.DataSource = ds.Tables["identi"].DefaultView;
            comboId.DisplayMember = "identity";
            comboId.ValueMember = "identity";
            oleConnection1.Close();
        }
        catch (Exception ee)
        {
            Console.WriteLine(ee.Message);
        }
    }
```

"确定"按钮的代码如下:

```
private void btnAdd_Click(object sender, System.EventArgs e)
{
    if (textID.Text.Trim()=="" || textName.Text.Trim()==""
      || textCode.Text.Trim()=="" || textPN.Text.Trim()=="")
        MessageBox.Show("请填写完整信息", "提示");
    else
    {
        oleConnection1.Open();
        string sql = "select * from person where PID='"
          + textID.Text.Trim() + "' or PN='" + textPN.Text.Trim() + "'";
        OleDbCommand cmd = new OleDbCommand(sql, oleConnection1);
        if (null != cmd.ExecuteScalar())
            MessageBox.Show("图书证号或身份证号重复", "提示");
        else
        {
            sql = "insert into person values ('" + textID.Text.Trim()
              + "'," + "'" + textName.Text.Trim() + "','"
              + comboSex.Text.Trim() + "','" + textPhone.Text.Trim()
              + "','" + textPN.Text.Trim() + "'," + "'"
              + textCode.Text.Trim() + "'," + textMoney.Text.Trim()
              + ",'" + comboId.Text.Trim() + "','"
              + textRemark.Text.Trim() + "', false)";
            cmd.CommandText = sql;
            cmd.ExecuteNonQuery();
            MessageBox.Show("添加成功", "提示");
            clear();
        }
        oleConnection1.Close();
    }
}
private void clear()
{
    textID.Text = "";
    textName.Text = "";
```

```
    comboSex.Text = "";
    textPN.Text = "";
    textCode.Text = "";
    textRemark.Text = "";
    textMoney.Text = "";
    textPhone.Text = "";
}
```

"取消"按钮的代码如下:

```
private void btnClose_Click(object sender, System.EventArgs e)
{
    this.Close();
}
```

4．修改用户密码

修改用户密码主要实现修改已登录用户名的密码,它由 ModifyCode.cs 来实现,其界面布局如图 15.7 所示。

图 15.7 修改密码界面

在 ModifyCode.cs 窗体中添加的控件如表 15.8 所示。

表 15.8 修改用户密码界面 ModifyCode.cs 窗体的控件

控件名称	控件 Name	控件的属性设置	控件的功能
Form	ModifyCode	Text：修改密码	窗体
Label	Label1	Text：用户名称	显示信息
Label	Label2	Text：密码	显示信息
Label	Label3	Text：新密码	显示信息
Label	Label4	Text：密码确认	显示信息
TextBox	textName	Text：	输入用户名称
TextBox	textPWD	Text： passwordChar：*	输入密码
TextBox	textPWDNew	Text： passwordChar：*	输入新密码

续表

控件名称	控件 Name	控件的属性设置	控件的功能
TextBox	textPWDNew2	Text： passwordChar：*	确认新密码
Button	btnSave	Text：确定	修改功能
Button	btnClose	Text：退出	退出功能

"确定"按钮的代码如下：

```csharp
private void btnSave_Click(object sender, System.EventArgs e)
{
    if (textName.Text.Trim()=="" || textPWD.Text.Trim()==""
     || textPWDNew.Text.Trim()=="" || textPWDNew2.Text.Trim()=="")
        MessageBox.Show("请填写完整信息！", "提示");
    else
    {
        oleConnection1.Open();
        OleDbCommand cmd = new OleDbCommand("", oleConnection1);
        string sql1 = "select * from person where PID='"
          + textName.Text.Trim() + "' and PCode='"
          + textPWD.Text.Trim() + "'";
        string sql2 = "select * from manager where MName='"
          + textName.Text.Trim() + "' and MCode='"
          + textPWD.Text.Trim() + "'";
        if (label5.Text == "管理员")
            cmd.CommandText = sql2;
        else
            cmd.CommandText = sql1;
        if (null != cmd.ExecuteScalar())
        {
            if (textPWDNew.Text.Trim() != textPWDNew2.Text.Trim())
                MessageBox.Show("两次密码输入不一致！", "警告");
            else
            {
                sql1 = "update person set PCode='"
                  + textPWDNew.Text.Trim() + "' where PID='"
                  + textName.Text.Trim() + "'";
                sql2 = "update manager set MCode='"
                  + textPWDNew.Text.Trim() + "' where MName='"
                  + textName.Text.Trim() + "'";
                if (label5.Text == "管理员")
                    cmd.CommandText = sql2;
                else
                    cmd.CommandText = sql1;
                cmd.ExecuteNonQuery();
                MessageBox.Show("密码修改成功！", "提示");
```

```
            this.Close();
        }
    }
    else
        MessageBox.Show("密码错误！", "提示");
        oleConnection1.Close();
    }
}
```

"退出"按钮的代码如下：

```
private void btnClose_Click(object sender, System.EventArgs e)
{
    this.Close();
}
```

页面加载代码如下：

```
private void ModifyCode_Load(object sender, System.EventArgs e)
{
    textName.Text = this.Tag.ToString().Trim();
}
```

5. 修改借阅者信息

修改借阅者信息由 ModifyPerson.cs 来实现，其界面布局如图 15.8 所示。

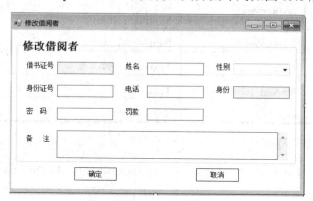

图 15.8　修改借阅者信息界面

在 ModifyPerson.cs 窗体中添加的控件如表 15.9 所示。

表 15.9　修改借阅者信息界面 ModifyPerson.cs 的控件

控件名称	控件 Name	控件的属性设置	控件的功能
Form	ModifyPerson	Text：修改借阅者	窗体
Label	Label1	Text：修改借阅者	显示信息
Label	Label2	Text：借书证号	显示信息

续表

控件名称	控件 Name	控件的属性设置	控件的功能
Label	Label3	Text：姓名	显示信息
Label	Label4	Text：性别	显示信息
Label	Label5	Text：身份证号	显示信息
Label	Label6	Text：电话	显示信息
Label	Label7	Text：身份	显示信息
Label	Label8	Text：密码	显示信息
Label	Label9	Text：罚款	显示信息
Label	Label10	Text：备注	显示信息
TextBox	textID	Text：	输入借书证号
TextBox	textName	Text：	输入姓名
TextBox	textPN	Text：	输入身份证号
TextBox	textPhone	Text：	输入电话
textBox	textCode	Text： passwordChar：*	输入密码
TextBox	textMoney	Text：	输入罚款
TextBox	textRemark	Text： Multiline：true	输入备注
ComboBox	comboSex	Items：男、女	选择性别
TextBox	textiden	Text：	输入身份
Button	btnAdd	Text：确定	添加功能
Button	btnClose	Text：取消	退出功能

"确定"按钮的代码如下：

```
private void btnAdd_Click(object sender, System.EventArgs e)
{
    if (textName.Text.Trim()=="" || textPN.Text.Trim()== ""
     || textCode.Text.Trim()=="")
        MessageBox.Show("请填写完整信息","提示");
    else
    {
        oleConnection1.Open();
        string sql1 = "select * from person where PID<>'"
          + textID.Text.ToString() + "' and PN='"
          + textPN.Text.ToString() + "'";
        OleDbCommand cmd = new OleDbCommand(sql1, oleConnection1);
        if (null != cmd.ExecuteScalar())
            MessageBox.Show("身份证号发生重复","提示");
```

```
        else
        {
            string sql2 = "update person set PName='"
                + textName.Text.Trim() + "',PSex='" + comboSex.Text.Trim()
                + "'," + "PN='" + textPN.Text.Trim() + "',PPhone='"
                + textPhone.Text.Trim() + "',PCode='" + textCode.Text.Trim()
                + "',"+ " PRemark='" + textRemark.Text.Trim()
                + "',PMoney='" + textMoney.Text.Trim() + "' where PID='"
                + this.textID.Text.Trim() + "'";
            OleDbCommand cmd2 = new OleDbCommand(sql2, oleConnection1);
            cmd2.ExecuteNonQuery();
            MessageBox.Show("信息修改成功", "提示");
            this.Close();
        }
        oleConnection1.Close();
    }
}
```

"取消"按钮的代码如下：

```
private void btnClose_Click(object sender, System.EventArgs e)
{
    this.Close();
}
```

15.2.5　图书信息管理

图书信息管理主要包括图书基本信息管理、添加图书信息、修改图书信息、图书查询等 4 个基本功能模块。

1. 图书基本信息管理

图书基本信息管理功能由 Book.cs 来实现，其界面布局如图 15.9 所示。

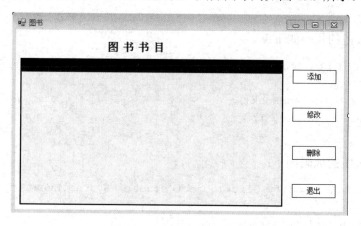

图 15.9　图书基本信息管理界面

在 Book.cs 窗体中添加的控件如表 15.10 所示。

表 15.10 图书基本信息管理界面 Book.cs 的控件

控件名称	控件 Name	控件的属性设置	控件的功能
Form	Book	Text：图书	窗体
Label	Label1	Text：图书书目	显示信息
DataGrid	dataGrid1	Text：	显示书目信息
Button	btnAdd	Text：添加	添加图书信息
Button	btnModify	Text：修改	修改图书信息
Button	btnDel	Text：删除	删除图书信息
Button	btnClose	Text：退出	退出功能

页面加载代码：

```
private void Book_Load(object sender, System.EventArgs e)
{
    oleConnection1.Open();
    string sql = "select BID as 图书编号,BName as 图书名,
      BWriter as 作者,BPublish as 出版社,BDate as 出版日期,BPrice as 价格,"
      + "BNum as 数量,type as 类型,BRemark as 备注 from book";

    OleDbDataAdapter adp = new OleDbDataAdapter(sql, oleConnection1);
    ds = new DataSet();
    ds.Clear();
    adp.Fill(ds, "book");
    dataGrid1.DataSource = ds.Tables["book"].DefaultView;
    dataGrid1.CaptionText =
      "共有" + ds.Tables["book"].Rows.Count + "条记录";

    oleConnection1.Close();
}
```

"添加"按钮的代码如下：

```
private void btn Add_Click(object sender, System.EventArgs e)
{
    addBook = new AddBook();
    addBook.ShowDialog();
}
```

"修改"按钮的代码如下：

```
private void btnModify_Click(object sender, System.EventArgs e)
{
    if (dataGrid1.DataSource!=null
      || dataGrid1[dataGrid1.CurrentCell]!=null)
```

```csharp
        {
            modifyBook = new ModifyBook();
            modifyBook.textID.Text = ds.Tables["book"]
              .Rows[dataGrid1.CurrentCell.RowNumber][0].ToString().Trim();
            modifyBook.textName.Text = ds.Tables["book"]
              .Rows[dataGrid1.CurrentCell.RowNumber][1].ToString().Trim();
            modifyBook.textWriter.Text = ds.Tables["book"]
              .Rows[dataGrid1.CurrentCell.RowNumber][2].ToString().Trim();
            modifyBook.textPublish.Text = ds.Tables["book"]
              .Rows[dataGrid1.CurrentCell.RowNumber][3].ToString().Trim();
            modifyBook.date1.Text = ds.Tables["book"]
              .Rows[dataGrid1.CurrentCell.RowNumber][4].ToString().Trim();
            modifyBook.textPrice.Text = ds.Tables["book"]
              .Rows[dataGrid1.CurrentCell.RowNumber][5].ToString().Trim();
            modifyBook.textNum.Text = ds.Tables["book"]
              .Rows[dataGrid1.CurrentCell.RowNumber][6].ToString().Trim();
            modifyBook.textType.Text = ds.Tables["book"]
              .Rows[dataGrid1.CurrentCell.RowNumber][7].ToString().Trim();
            modifyBook.textRemark.Text = ds.Tables["book"]
              .Rows[dataGrid1.CurrentCell.RowNumber][8].ToString().Trim();
            modifyBook.Show();
        }
        else
            MessageBox.Show("没有指定图书信息！", "提示");
}
```

"删除"按钮的代码如下：

```csharp
private void btnDel_Click(object sender, System.EventArgs e)
{
    if (dataGrid1.CurrentRowIndex>=0
      && dataGrid1.DataSource!=null
      && dataGrid1[dataGrid1.CurrentCell]!=null)
    {
        oleConnection1.Open();
        string sql = "select * from bookOut where BID='"
          + ds.Tables["book"].Rows[dataGrid1.CurrentCell
          .RowNumber][0].ToString().Trim() + "'";

        OleDbCommand cmd = new OleDbCommand(sql, oleConnection1);
        OleDbDataReader dr;
        dr = cmd.ExecuteReader();

        if (dr.Read())
        {
            MessageBox.Show("删除图书'" + ds.Tables["book"].Rows[dataGrid1
              .CurrentCell.RowNumber][1].ToString().Trim()
              + "'失败，该图书正在流通中！", "提示");
```

```
                dr.Close();
            }
            else
            {
                dr.Close();
                sql = "delete * from book where BID not in(select distinct BID
                    from bookOut) and BID "
                 + "= '" + ds.Tables["book"].Rows[dataGrid1.CurrentCell
                    .RowNumber][0].ToString().Trim() + "'";

                cmd.CommandText = sql;
                cmd.ExecuteNonQuery();

                MessageBox.Show("删除图书'" + ds.Tables[0].Rows[dataGrid1
                    .CurrentCell.RowNumber][1].ToString().Trim()
                    + "'成功", "提示");
            }

            oleConnection1.Close();
        }
        else
            return;
}
```

"退出"按钮的代码如下：

```
private void btnClose_Click(object sender, System.EventArgs e)
{
    this.Close();
}
```

2. 添加图书信息

添加图书信息功能由 AddBook.cs 来实现，其界面布局如图 15.10 所示。

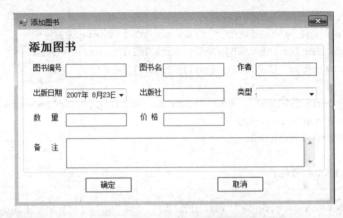

图 15.10　添加图书信息界面

在 AddBook.cs 窗体中添加的控件如表 15.11 所示。

表 15.11 添加图书信息界面 AddBook.cs 的控件

控件名称	控件 Name	控件的属性设置	控件的功能
Form	AddBook	Text：添加图书	窗体
Label	Label1	Text：添加图书	显示信息
Label	Label2	Text：图书编号	显示信息
Label	Label3	Text：图书名	显示信息
Label	Label4	Text：作者	显示信息
Label	Label5	Text：出版日期	显示信息
Label	Label6	Text：出版社	显示信息
Label	Label7	Text：类型	显示信息
Label	Label8	Text：数量	显示信息
Label	Label9	Text：价格	显示信息
Label	Label10	Text：备注	显示信息
TextBox	textID	Text：	输入图书编号
TextBox	textName	Text：	输入图书名
TextBox	textWriter	Text：	输入作者
DateTimePicker	date1		输入日期
TextBox	textPublish	Text：	输入出版社
ComboBox	comboType		选择类型
TextBox	textNum	Text：	输入数量
TextBox	textPrice	Text：	输入价格
TextBox	textRemark	Text： Multiline：true	输入备注
Button	btnAdd	Text：确定	添加功能
Button	btnClose	Text：取消	退出功能

页面加载代码：

```
private void AddBook_Load(object sender, System.EventArgs e)
{
    try
    {
        oleConnection1.Open();
        string sql = "select TID,type from type";
        OleDbDataAdapter adp = new OleDbDataAdapter(sql, oleConnection1);
        DataSet ds = new DataSet();
        adp.Fill(ds, "type");
```

```csharp
            comboType.DataSource = ds.Tables["type"].DefaultView;
            comboType.DisplayMember = "type";
            comboType.ValueMember = "TID";
            oleConnection1.Close();
        }
        catch (Exception ee)
        {
            Console.WriteLine(ee.Message);
        }
    }
```

"确定"按钮的代码如下：

```csharp
private void btnAdd_Click(object sender, System.EventArgs e)
{
    if (textID.Text.Trim()=="" || textName.Text.Trim()== ""
     || textNum.Text.Trim()=="" || textWriter.Text.Trim()=="")
        MessageBox.Show("请填写完整信息", "提示");
    else
    {
        oleConnection1.Open();
        string sql =
          "select * from book where BID='" + textID.Text.Trim() + "'";
        OleDbCommand cmd = new OleDbCommand(sql, oleConnection1);
        if (null != cmd.ExecuteScalar())
            MessageBox.Show("图书编号重复", "提示");
        else
        {
            sql = "insert into book values ('" + textID.Text.Trim()
                + "','" + textName.Text.Trim() + "','"
                + textWriter.Text.Trim() + "',"
                + "'" + textPublish.Text.Trim() + "','" + date1.Text.Trim()
                + "','" + textPrice.Text.Trim() + "','" + textNum.Text.Trim()
                + "'," + "'" + comboType.Text.Trim() + "','"
                + textRemark.Text.Trim() + "')";
            cmd.CommandText = sql;
            cmd.ExecuteNonQuery();
            MessageBox.Show("添加成功", "提示");
            clear();
        }
        oleConnection1.Close();
    }
}
private void clear()
{
    textID.Text = "";
    textName.Text = "";
    textWriter.Text = "";
```

```
    textPublish.Text = "";
    comboType.Text = "";
    textNum.Text = "";
    textPrice.Text = "";
    textRemark.Text = "";
}
```

"取消"按钮的代码如下:

```
private void btnClose_Click(object sender, System.EventArgs e)
{
    this.Close();
}
```

3. 修改图书信息

修改图书信息功能由 ModifyBook.cs 来实现,其界面布局如图 15.11 所示。

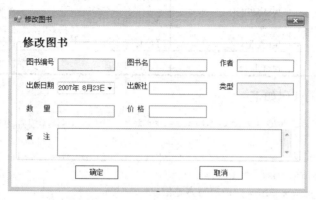

图 15.11 修改图书信息界面

在 ModifyBook.cs 窗体中添加的控件如表 15.12 所示。

表 15.12 修改图书信息界面 ModifyBook.cs 的控件

控件名称	控件 Name	控件的属性设置	控件的功能
Form	ModifyBook	Text:修改图书	窗体
Label	Label1	Text:修改图书	显示信息
Label	Label2	Text:图书编号	显示信息
Label	Label3	Text:图书名	显示信息
Label	Label4	Text:作者	显示信息
Label	Label5	Text:出版日期	显示信息
Label	Label6	Text:出版社	显示信息
Label	Label7	Text:类型	显示信息
Label	Label8	Text:数量	显示信息
Label	Label9	Text:价格	显示信息

续表

控件名称	控件 Name	控件的属性设置	控件的功能
Label	Label10	Text：备注	显示信息
TextBox	textID	Text：	输入图书编号
TextBox	textName	Text：	输入图书名
TextBox	textWriter	Text：	输入作者
DateTimePicker	date1		输入日期
TextBox	textPublish	Text：	输入出版社
TextBox	textType	Text：	输入类型
TextBox	textNum	Text：	输入数量
TextBox	textPrice	Text：	输入价格
TextBox	textRemark	Text： Multiline：true	输入备注
Button	btnAdd	Text：确定	添加功能
Button	btnClose	Text：取消	退出功能

"确定"按钮的代码如下：

```
private void btnAdd_Click(object sender, System.EventArgs e)
{
    if (textName.Text.Trim()=="" || textWriter.Text.Trim()==""
      || textNum.Text.Trim()=="")
        MessageBox.Show("请填写完整信息", "提示");
    else
    {
        oleConnection1.Open();
        string sql = "update book set BName='" + textName.Text.Trim()
          + "',BWriter='" + textWriter.Text.Trim() + "',BPublish='"
          + textPublish.Text.Trim() + "'," + "BDate='"
          + date1.Text.Trim() + "',BNum='" + textNum.Text.Trim()
          + "',BPrice='" + textPrice.Text.Trim() + "',BRemark='"
          + textRemark.Text.Trim() + "'" + " where BID='"
          + textID.Text.Trim() + "'";
        OleDbCommand cmd = new OleDbCommand(sql, oleConnection1);
        cmd.ExecuteNonQuery();
        MessageBox.Show("修改成功", "提示");

        this.Close();
        oleConnection1.Close();
    }
}
```

"取消"按钮的代码如下：

```
private void btnClose_Click(object sender, System.EventArgs e)
{
    this.Close();
}
```

4．图书信息查询

图书信息查询功能由 BookQuery.cs 来实现，其界面布局如图 15.12 所示。

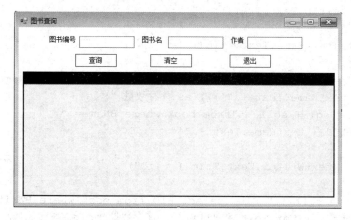

图 15.12　图书信息查询界面

在 BookQuery.cs 窗体中添加如表 15.13 所示的控件。

表 15.13　图书信息查询界面 BookQuery.cs 的控件

控件名称	控件 Name	控件的属性设置	控件的功能
Form	BookQuery	Text：图书查询	窗体
Label	Label1	Text：图书编号	显示信息
Label	Label2	Text：图书名	显示信息
Label	Label3	Text：作者	显示信息
TextBox	textID	Text：	输入图书编号
TextBox	textName	Text：	输入图书名
TextBox	textWriter	Text：	输入作者
Button	btnQuery	Text：查询	查询功能
Button	btnClear	Text：清空	清空功能
Button	btnClose	Text：退出	退出功能
DataGrid	dataGrid1		显示图书信息

"查询"按钮的代码如下：

```
private void btnQuery_Click(object sender, System.EventArgs e)
{
    string sql1 = "(BNum-(select count(*) from bookOut where ";
```

```csharp
string sql = "select BID as 图书编号,BName as 图书名,BWriter as 作者,"
  BPublish as 出版社,BDate as 出版日期,BPrice as 价格,"
  + "BNum as 数量,type as 类型,BRemark as 备注, ";
if (textID.Text.Trim() != "")
{
    sql1 =
      sql1 + " BID= " + "'" + textID.Text.Trim() + "')) as 库存数量 ";
    sql = sql + sql1 + "from book where BID= " + "'"
      + textID.Text.Trim() + "'";
}
else if (textName.Text.Trim() != "")
{
    sql1 = sql1 + " BID=(select BID from book where BName='"
      + textName.Text + "'))) as 库存数量 ";
    sql = sql + sql1 + "from book where BName= "
      + "'" + textName.Text + "'";
}
else if (textWriter.Text.Trim() != "")
{
    sql1 = sql1 + " BID=(select BID from book where BWriter='"
      + textWriter.Text + "'))) as 库存数量 ";
    sql = sql + sql1 + "from book where BWriter= " + "'"
      + textWriter.Text + "'";
}
else
{
    MessageBox.Show("请输入查询条件", "提示");
    return;
}
oleConnection1.Open();
OleDbDataAdapter adp = new OleDbDataAdapter(sql, oleConnection1);
DataSet ds = new DataSet();
ds.Clear();
adp.Fill(ds, "book");
dataGrid1.DataSource = ds.Tables[0].DefaultView;
dataGrid1.CaptionText = "共有" + ds.Tables[0].Rows.Count + "条查询记录";
oleConnection1.Close();
}
```

"清空"按钮的代码如下:

```csharp
private void btClear_Click(object sender, System.EventArgs e)
{
    textID.Text = "";
    textName.Text = "";
    textWriter.Text = "";
}
```

"退出"按钮的代码如下:

```
private void btClose_Click(object sender, System.EventArgs e)
{
    this.Close();
}
```

15.2.6 借阅信息管理

借阅信息管理主要包括借书、还书等功能。

1. 借书

借书功能由 BookOut.cs 来实现,其界面布局如图 15.13 所示。

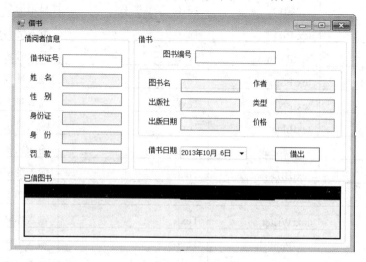

图 15.13 借书功能界面

在 BookOut.cs 窗体中添加的控件如表 15.14 所示。

表 15.14 借书功能界面 BookOut.cs 的控件

控件名称	控件 Name	控件的属性设置	控件的功能
Form	BookOut	Text:借书	窗体
Label	Label1	Text:借阅者信息	显示信息
Label	Label2	Text:借书证号	显示信息
Label	Label3	Text:姓名	显示信息
Label	Label4	Text:性别	显示信息
Label	Label5	Text:身份证	显示信息
Label	Label6	Text:身份	显示信息
Label	Label7	Text:罚款	显示信息
Label	Label8	Text:借书	显示信息

续表

控件名称	控件 Name	控件的属性设置	控件的功能
Label	Label9	Text: 图书编号	显示信息
Label	Label10	Text: 图书名	显示信息
Label	Label11	Text: 作者	显示信息
Label	Label12	Text: 出版社	显示信息
Label	Label13	Text: 类型	显示信息
Label	Label14	Text: 出版日期	显示信息
Label	Label15	Text: 价格	显示信息
Label	Label16	Text: 借书日期	显示信息
Label	Label17	Text: 已借图书	显示信息
TextBox	textPID	Text:	输入借书证号
TextBox	textPName	Text:	输入姓名
TextBox	textPSex	Text:	输入性别
TextBox	textPN	Text:	输入身份证
TextBox	textIden	Text:	输入身份
TextBox	textMoney	Text:	输入罚款
TextBox	textBID	Text:	输入图书编号
TextBox	textBName	Text:	输入图书名
TextBox	textWriter	Text:	输入作者
TextBox	textPublish	Text:	输入出版社
TextBox	textType	Text:	输入类型
TextBox	textBDate	Text:	输入出版日期
TextBox	textPrice	Text:	输入价格
DateTimePicker	date1		选择借书日期
Button	btnOut	Text: 借出	借出功能
DataGrid	dataGrid1		显示已借图书信息

"借出"按钮的代码如下:

```
private void btnOut_Click(object sender, System.EventArgs e)
{
    if (textPID.Text.Trim()=="" || textBID.Text.Trim()=="")
        MessageBox.Show("请输入完整信息", "提示");
    else
    {
        oleConnection1.Open();
        string sql = "select * from bookOut where BID='"
```

```
            + textBID.Text.Trim() + "' and PID='"
            + textPID.Text.Trim() + "'";
        OleDbCommand cmd = new OleDbCommand(sql, oleConnection1);
        if (null != cmd.ExecuteScalar())
            MessageBox.Show("你已经借了一本该书","提示");
        else
        {
            sql = "insert into bookOut (BID,PID,ODate) values ('"
                + textBID.Text.Trim() + "','" + textPID.Text.Trim()
                + "','" + date1.Text.Trim() + "')";
            cmd.CommandText=sql;
            cmd.ExecuteNonQuery();
            MessageBox.Show("借出成功","提示");
        }
    }
}
```

2. 还书

还书功能由 BookIn.cs 来实现，其界面布局如图 15.14 所示。

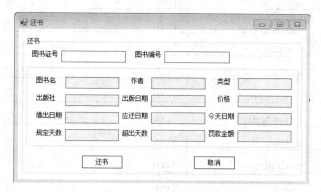

图 15.14　还书功能界面

在 BookIn.cs 窗体中添加如表 15.15 所示的控件。

表 15.15　还书功能界面 BookIn.cs 的控件

控件名称	控件 Name	控件的属性设置	控件的功能
Form	BookIn	Text：还书	窗体
Label	Label1	Text：还书	显示信息
Label	Label2	Text：图书证号	显示信息
Label	Label3	Text：图书编号	显示信息
Label	Label4	Text：图书名	显示信息
Label	Label5	Text：作者	显示信息
Label	Label6	Text：类型	显示信息
Label	Label7	Text：出版社	显示信息

续表

控件名称	控件 Name	控件的属性设置	控件的功能
Label	Label8	Text：出版日期	显示信息
Label	Label9	Text：价格	显示信息
Label	Label10	Text：借出日期	显示信息
Label	Label11	Text：应还日期	显示信息
Label	Label12	Text：今天日期	显示信息
Label	Label13	Text：规定天数	显示信息
Label	Label14	Text：超出天数	显示信息
Label	Label15	Text：罚款金额	显示信息
TextBox	textPID	Text：	输入图书证号
TextBox	textBID	Text：	输入图书编号
TextBox	textBName	Text：	输入图书名
TextBox	textWriter	Text：	输入作者
TextBox	textType	Text：	输入类型
TextBox	textPublish	Text：	输入出版社
TextBox	textBDate	Text：	输入出版日期
TextBox	textPrice	Text：	输入价格
TextBox	textOutDate	Text：	输入借出日期
TextBox	textInDate1	Text：	输入应还日期
TextBox	textNow	Text：	输入今天日期
TextBox	textBigDay	Text：	输入规定天数
TextBox	textDay	Text：	输入超出天数
TextBox	textMoney	Text：	输入罚款金额
Button	btnIn	Text：还书	还书功能
Button	btnClose	Text：取消	退出功能

"还书"按钮的代码如下：

```
private void btnIn_Click(object sender, System.EventArgs e)
{
    if (textBID.Text.Trim() == null)
        MessageBox.Show("请填写图书编号", "提示");
    else
    {
        oleConnection1.Open();
        string sql = "delete * from bookOut where BID = '"
          + textBID.Text.Trim() + "',and PID='"
          + textPID.Text.Trim() + "'";
```

```
        OleDbCommand cmd = new OleDbCommand(sql, oleConnection1);
        cmd.ExecuteNonQuery();

        MessageBox.Show("还书成功", "提示");
    }
}
```

"取消"按钮的代码如下:

```
private void btnClose_Click(object sender, System.EventArgs e)
{
    this.Close();
}
```

15.2.7 系统方案设计方法及配置

1. 系统开发环境

该系统的开发环境如下。
- 数据库：MS Access 2003。
- 技术平台：Microsoft .NET Framework 4.5 版本。
- IIS：Internet Information Server 8.0 版本。
- 开发工具：Microsoft Visual Studio 2012。
- 开发语言：采用 C#语言实现。
- 服务器操作系统：开发过程中使用 Windows 7 操作系统。

2. 发布和安装窗体应用程序

具体操作过程在第 14 章已经介绍，在此就不再赘述。

3. 安装数据库

只需要把数据库文件放置到 bin 目录下的 Debug 文件夹下即可。

4. 修改数据库连接字符串

图书馆管理信息系统数据库连接字符串在项目目录 database 文件夹的 dbConnection.cs 文件中，代码如下所示：

```
public static string connection
{
    get
    {
        return "Data Source=libraryMIS.mdb;Jet OLEDB:Engine Type=5;
              Provider=Microsoft.Jet.OLEDB.4.0;";
    }
}
```

5. 运行图书馆管理信息系统

针对管理人员图书证 admin 的密码为"admin"。具体的运行结果就不再赘述，前面的具体操作步骤中已经做了相应的介绍。

15.3 小　　结

本章首先介绍了软件工程的一些基本常识，使读者了解了软件的开发周期及相关文档设计。此外，本章还给出了一个图书馆管理信息系统的开发流程及相关数据库的设计和操作。通过对本章的学习，读者可以掌握一个小型信息系统的一般开发流程，以及常用控件的使用方法。

参 考 文 献

1. 郑广成，沈蕴梅，周玲余等. C#程序设计项目化教程. 北京：中国水利水电出版社，2012
2. 刘甫迎，刘光会，王蓉. C#程序设计教程(第 2 版). 北京：电子工业出版社，2008
3. 北京阿博泰克北大青鸟信息技术有限公司. 使用 C#开发数据应用程序. 北京：科学技术文献出版社，2008
4. 北京阿博泰克北大青鸟信息技术有限公司. 深入.NET 平台和 C#编程. 北京：科学技术文献出版社，2008
5. 孙践知，张迎新，肖媛媛. C#程序设计. 北京：清华大学出版社，2012
6. 新世纪高职高专教材编审委员. Windows 应用程序设计(C#). 大连：大连理工大学出版社，2010
7. Geetanjali Arora，Balasubramanniam Aiaswamy，Nitin Pandey. 徐成敖，王雷译. C#专业项目实例开发. 北京：中国水利水电出版社，2003